Was ist Leben?
Die Zukunft der Biologie

Michael P. Murphy und
Luke A. J. O'Neill (Hrsg.)

Was ist Leben? Die Zukunft der Biologie

Eine alte Frage in neuem Licht – 50 Jahre nach Erwin Schrödinger

Aus dem Englischen übersetzt von
Susanne Kuhlmann-Krieg, Juliane Meyerhoff,
Ina Raschke und Michael Stöltzner

Spektrum Akademischer Verlag Heidelberg · Berlin · Oxford

Originaltitel: What is life? The next fifty years. Speculations on the future of biology.

Aus dem Englischen übersetzt von Susanne Kuhlmann-Krieg, Juliane Meyerhoff, Ina Raschke und Michael Stöltzner

Englische Originalausgabe

Die Deutsche Bibliothek – CIP-Einheitsaufnahme

Was ist Leben? Die Zukunft der Biologie
eine alte Frage in neuem Licht – 50 Jahre nach Erwin Schrödinger /
Michael P. Murphy und Luke A. J. O'Neill (Hrsg.).
Aus dem Englischen übersetzt von Susanne Kuhlmann-Krieg ...
Heidelberg ; Berlin ; Oxford : Spektrum, Akad. Verl., 1997
Einheitssacht.: What is life? The next fifty years <dt.>
ISBN 3-8274-0120-8
NE: Murphy, Michael; EST

Lektorat: Frank Wigger, Marion Handgrätinger (Ass.)
Redaktion: Michael Groß
Produktion: Elke Littmann
Umschlaggestaltung: Kurt Bitsch, Birkenau
Satz: Kühn & Weyh, Freiburg
Druck und Verarbeitung: Franz Spiegel Buch GmbH, Ulm

Inhalt

Autoren

Ruth Braunizer
Alpbach, Tirol

Christian de Duve
International Institute of Cellular and Molecular Pathology, Brüssel, und Rockefeller University, New York

Jared Diamond
Department of Physiology, University of California Medical School, Los Angeles

Manfred Eigen
Max-Planck-Institut für Biophysikalische Chemie, Göttingen

Stephen Jay Gould
Museum of Comparative Zoology, Harvard University, Cambridge, Massachusetts

Hermann Haken
Institut für Theoretische Physik und Synergetik, Universität Stuttgart

Stuart A. Kauffman
Santa Fe Institute, New Mexico, USA

James J. Kay
University of Waterloo, Waterloo, Ontario, Kanada

J. A. Scott Kelso
Center for Complex Systems, Florida Atlantic University, Boca Raton, Florida

John Maynard Smith
Department of Biology, University of Sussex, Falmer, Brighton, Großbritannien

Michael P. Murphy
Department of Biochemistry, University of Otago, Dunedin, Neuseeland

Luke A. J. O'Neill
Department of Biochemistry, Trinity College, Dublin

Roger Penrose
Mathematical Institute, University of Oxford

Eric D. Schneider
Hawkwood Institute, Livingston, Montana, USA

Eörs Szathmáry
Institut für Pflanzentaxonomie und -ökologie, Eötvos-Universität, Budapest

Walter Thirring
Institut für Theoretische Physik, Universität Wien

Lewis Wolpert
Department of Anatomy and Developmental Biology, University College London

Vorwort

Mit einer Konferenz am Trinity College in Dublin würdigten Forscher einer Vielzahl von Disziplinen vom 20. bis 22. September 1993 das 50. Jubiläum von Erwin Schrödingers Vorlesungen zur Frage *Was ist Leben?*. Gegenstand dieses Treffens im Geiste Schrödingers war die Entwicklung der Biologie in den nächsten fünfzig Jahren. Dieser Band enthält neben den zentralen Tagungsbeiträgen Artikel von Wissenschaftlern, die nicht an der Konferenz teilnehmen konnten.

Die Herausgeber danken der Otago University, dem Wellcome Trust, der Österreichischen Botschaft, der Biochemical Society in London, der TCD Association and Trust, dem Dublin Institute for Advanced Studies, der Royal Irish Academy, BioResearch Ireland, dem British Council, Biotrin International und Pharmacia Biotech für ihre großzügige Unterstützung. Unser Dank gilt außerdem Dr. Joe Carroll (Dean of Science, Trinity College, Dublin), Dr. Margaret Worrall (Newman Fellow, Trinity College, Dublin), Dr. Tim Mantle (Department of Biochemistry, Trinity College, Dublin), Alex Anderson (Trinity College, Dublin), Professor John Lewis (Dublin Institute for Advanced Studies), Professor David McConell (Department of Genetics, Trinity College, Dublin), Professor Keith Tipton (Department of Biochemistry, Trinity College, Dublin), Associate Professor Merv Smith (Department of Biochemistry, University of Otago, Dunedin), Dr. Garret Fitzgerald (Dublin) und Louis le Brocquy (Garros, Frankreich), die uns während der Arbeit mit Rat und Tat zur Seite standen.

1. *Was ist Leben?* Die nächsten fünfzig Jahre*

Michael P. Murphy

Department of Biochemistry,
University of Otago, Dunedin, Neuseeland

Luke A. J. O'Neill

Department of Biochemistry,
Trinity College, Dublin

Das vorliegende Buch geht auf eine Konferenz vom September 1993 am Trinity College in Dublin zurück, mit der an das fünfzigjährige Jubiläum einer Vortragsreihe erinnert werden sollte, die Erwin Schrödinger im Jahre 1943 unter dem Titel *What is Life?* am Trinity College gehalten hatte. Schrödinger – Physiker, Nobelpreisträger und einer der Begründer der Quantenmechanik – war 1939 der Einladung Èamon de Valeras, des Taoiseach (Premierministers) von Irland, gefolgt, in Dublin den Lehrstuhl für theoretische Physik am neu gegründeten Dublin Institute for Advanced Studies zu übernehmen (Moore 1989; Kilmister 1987). Die Einladung war eine Reaktion auf Schrödingers Amtsenthebung vom Lehrstuhl für theoretische Physik der Universität Graz beim Anschluß Österreichs an das Dritte Reich. Schrödinger gefiel es in Dublin; er paßte dorthin, und er entwickelte sich zu einem der führenden Köpfe im intellektuellen Leben der Stadt. Er blieb hier bis zu seiner Rückkehr nach Österreich im Jahre 1956, wo er fünf Jahre später starb.

Schrödingers Interessen waren breit gefächert, und in Dublin widmete er sich neben seiner Arbeit auf dem Gebiet der theoretischen Physik auch ver-

* Der Titel des Originalbuches lautet *What Is Life? The Next Fifty Years.*

schiedenen Fragen der Philosophie und der Biologie. In diesem Buch befassen wir uns mit Schrödingers Betrachtungen zur Biologie. Im Zentrum von *What is Life?* stehen zwei biologische Themen: das Wesen der Vererbung und die Thermodynamik lebender Systeme. Großen Einfluß auf Schrödingers Überlegungen zur Vererbung hatte Max Delbrück, während seine Arbeiten zur Thermodynamik lebender Systeme zu einem großen Teil von Ludwig Boltzmann stimuliert wurden. Für die erste Präsentation seiner Gedanken zur Biologie wählte Schrödinger die Form der öffentlichen Vorlesung. Je eine solche Vorlesung pro Jahr gehört zu den festen Lehrverpflichtungen des Dublin Institute for Advanced Studies, und im Februar des Jahres 1943 hielt Schrödinger vor einer breit gefächerten Zuhörerschaft eine Reihe von drei Vorlesungen. Diese Veranstaltungen waren in Dublin ungemein populär, und bei jedem der drei Vorträge fanden sich mehr als 400 Zuhörer ein. Einen Teil ihrer Popularität verdankten diese Vorlesungen zweifellos dem provokanten Titel sowie der Tatsache, daß die Unterhaltungsangebote während der damaligen Zeit des „Notstands", wie man den Zweiten Weltkrieg im neutralen Irland nannte, äußerst eingeschränkt waren, doch Schrödinger war zudem ein begnadeter Redner, und er verstand es, sein Publikum zu fesseln.

Die Vorträge wurden von Cambridge University Press zu einem Buch zusammengefaßt und im Jahr darauf publiziert (Schrödinger 1944). Das Buch, das auch international beträchtliche Aufmerksamkeit erregte (die deutsche Fassung erschien 1946 im Verlag A. Francke in Bern), wurde weithin gelesen und entwickelte sich zu einem der einflußreichsten „kleinen Bücher" in der Geschichte der Wissenschaft (Kilmister 1987). Obwohl so gut wie niemand den Einfluß von *What is Life?* auf die Begründer der modernen Molekularbiologie leugnet (Judson 1979), besteht doch über die tatsächliche Rolle dieses Buches noch immer weitgehende Uneinigkeit (Judson 1979; Pauling 1987; Perutz 1987; Moore 1989). Einen Teil seiner Anziehungskraft und seines Einflusses verdankt es zweifellos seinem klaren Stil und der überzeugenden Darlegung seiner Argumente. Schrödinger, der sich selbst als »naiven Physiker« darstellte, versuchte deutlich zu machen, wie man lebende Systeme unter denselben Gesichtspunkten betrachten könne wie physikalische Systeme. Dieser Denkansatz war damals selbstverständlich bereits weit verbreitet, aber erst *What is Life?* machte ihn populär und überzeugte Physiker davon, daß es an der Zeit war, sich biologischer Probleme anzunehmen.

Um welche Ideen geht es nun in diesem Buch? Schrödinger diskutierte zwei aus seinen Überlegungen zu Vererbung und Thermodynamik abgeleitete Prinzipien. Hinter einem davon – gewöhnlich umschrieben mit dem Begriff „Ordnung aus Ordnung" (*order from order*) –, steht die Frage, wie Organismen Information von einer Generation zur nächsten weitergeben.

Grundlage seiner Diskussion war der bekannte Artikel von Timoféeff-Ressovsky, Zimmer und Delbrück (1935) über Mutationsschäden bei Taufliegen, in dem die Autoren für ein Gen eine Größe von ungefähr 1000 Atomen errechneten. Das Problem, vor dem eine Zelle demnach steht, liegt in der Frage, wie ein Gen dieser Größe dem thermischen Zerfall zu widerstehen und so seine Information an die nächste Generation weiterzugeben vermag. Schrödinger schlug vor, daß ein Gen, um diesem Problem zu entgehen, sich möglicherweise als „aperiodischer Kristall" verhalten könnte, in dessen Struktur die Information verschlüsselt niedergelegt ist. Wie jedermann weiß, hat sich diese prophetische Überlegung durch die Forschungen zur DNA-Struktur als richtig erwiesen, die zur Formulierung des zentralen Dogmas der Molekularbiologie geführt haben. Das zweite von Schrödinger formulierte Prinzip betrifft die „Ordnung aus Unordnung" (*order from disorder*). Das Problem, vor dem alle Organismen stehen, lautet: Wie läßt sich ihre immens unwahrscheinliche, hoch geordnete Struktur angesichts des Zweiten Hauptsatzes der Thermodynamik erhalten? Schrödinger kam zu dem Schluß, daß Organismen ihre innere Ordnung schaffen, indem sie in ihrer unmittelbaren Umgebung Unordnung erzeugen. Sein Begriff der „negativen Entropie" („Negentropie") allerdings wurde von anderen Wissenschaftlern nicht sehr freundlich aufgenommen (zum Beispiel Pauling 1987).

In den 50 Jahren seit Schrödingers Vorlesungsreihe ist uns das Prinzip „Ordnung aus Ordnung" vertraut geworden, und ein Großteil des erstaunlichen Erfolgs der Molekularbiologie im Laufe der letzten fünf Jahrzehnte läßt sich als praktische Umsetzung dieser Überlegung verstehen. Vor allem diesem Umstand verdankt *What is Life?* seinen Ruhm. Das Prinzip „Ordnung aus Unordnung" ist stets als weniger bedeutsam erachtet worden. Nun aber, da man die Erkenntnisse zur Thermodynamik von Systemen fernab des Gleichgewichts und von „dissipativen" Strukturen auch auf lebende Systeme überträgt, rückt die Bedeutung dieses Prinzips möglicherweise wiederum in den Vordergrund. In weiteren 50 Jahren wird *What is Life?* vielleicht weniger für seine theoretische Vorausnahme der strukturellen Organisation von Genen berühmt sein als vielmehr für seine prophetischen Ansichten zur Thermodynamik lebender Systeme.

Wenn auch der Einfluß von *What is Life?* unbestritten ist, so sind doch einige der darin formulierten Ideen Gegenstand heftiger Diskussionen und werden von dem einen oder anderen als unoriginell oder falsch angefochten (Pauling 1987; Perutz 1987), von anderen wiederum vehement verteidigt (Moore 1987; Schneider 1987). Es ist wahr, daß vieles von dem, was in *What is Life?* explizit angesprochen wird, implizit bereits in früheren Arbeiten enthalten ist. Kritiker übersehen dabei jedoch einen sehr wichtigen Gesichtspunkt, der dieses Buch so einzigartig macht: die Tatsache, daß ein

Physiker auf seinen Streifzügen aus dem eigenen Erfahrungsbereich heraus und in fremde Gebiete hinein die Forschung anregen konnte. Daß provokative Fragen interdisziplinär angegangen werden, ist in der Wissenschaft selten, und in *What is Life?* waren die Grübeleien eines Physikers nachfolgenden Wissenschaftlergenerationen eine Inspiration. In diesem Geiste wollten wir an Erwin Schrödingers wichtige Vortragsreihe von vor 50 Jahren erinnern. Wir haben zu diesem Anlaß eine Reihe von Beiträgen zusammengestellt, in denen Wissenschaftler ihre Spekulationen über die Zukunft der Biologie anstellen. Viele der hier vertretenen Ideen mögen sich am Ende als falsch erweisen; doch wir sind der Ansicht, daß diese Art von Erkundungsgeist die beste Art ist, an die vor 50 Jahren erfolgte Publikation von *What is Life?* zu erinnern.

Literatur

Judson, H. F. *The Eighth Day of Creation: Makers of the Revolution in Biology.* New York (Simon & Schuster) 1979. [Deutsche Ausgabe: *Der 8. Tag der Schöpfung.* Wien/München (Meyster) 1980.]

Kilmister, C. W. (Hrsg.) *Schrödinger: Centenary Celebration of a Polymath.* Cambridge (Cambridge University Press) 1987.

Moore, W. J. *Schrödinger's Entropy and Living Organisms.* In: *Nature* 327 (1987) S. 561.

Moore, W. J. *Schrödinger: Life and Thought.* Cambridge (Cambridge University Press) 1989.

Pauling, L. *Schrödinger's Contribution to Chemistry and Biology.* In: Kilmister, C. W. (Hrsg.) *Schrödinger: Centenary Celebration of a Polymath.* Cambridge (Cambridge University Press) 1987. S. 225–233.

Perutz, M. F. *Erwin Schrödinger's What is Life and Molecular Biology.* In: Kilmister, C. W. (Hrsg.) *Schrödinger: Centenary Celebration of a Polymath.* Cambridge (Cambridge University Press) 1987. S. 234–251.

Schneider, E. D. *Schrödinger's Grand Theme Shortchanged.* In: *Nature* 328 (1978) S. 300.

Schrödinger, E. *What is Life? The Physical Aspect of the Living Cell.* Cambridge (Cambridge University Press) 1944. [Aktuell lieferbare deutsche Ausgabe: *Was ist Leben? Die lebende Zelle mit den Augen des Physikers betrachtet.* München (Piper) 1993.]

Timoféeff-Ressovsky, N. W.; Zimmer, K. G.; Delbrück, M. *Über die Natur der Genmutation und der Genstruktur.* In: *Nachrichten der Gesellschaft für Wissenschaften zu Göttingen* (Fachgruppe VI) I/13 (1935) S. 189–245.

2. Was bleibt von der Biologie des 20. Jahrhunderts?*

Manfred Eigen

Max-Planck-Institut für Biophysikalische Chemie, Göttingen

„Quo Vadis, Humanitas?"

Wir befinden uns im letzten Dezennium dieses Jahrhunderts! Kein Jahrhundert zuvor hat so tief in das Leben des Menschen eingegriffen. Kaum ein Jahrhundert zuvor hat ähnlich viel Angst und Schrecken erzeugt und im Bewußtsein des Menschen verankert. Man ist mißtrauisch geworden. Wenn heutzutage eine Entdeckung oder Erfindung bekannt wird, so lautet die erste Frage nicht etwa wie in früherer Zeit: Welchen Nutzen kann sie der Menschheit bringen? Sie lautet: Welche Schäden wird sie heraufbeschwören? Wie wird sie unser Wohlbefinden beeinträchtigen, unsere Gesundheit, die uns – erst aufgrund wissenschaftlicher Erkenntnis – heute ein durchschnittliches Lebensalter von beinahe 75 Jahren, nahe der natürlichen biologischen Altersgrenze, beschert. Noch zu Beginn dieses Jahrhunderts waren es lediglich 50 Jahre und zu Anfang des vorigen Jahrhunderts nur etwa 40 Jahre. Auch in den Entwicklungsländern steigt die Kurve der Lebenserwartung; sie hinkt unserer, die inzwischen ein Sättigungsverhalten anstrebt, um ungefähr 50 Jahre nach. Dennoch schauen wir, wie wohl nie zuvor, mit Sorge in die Zukunft, auch wenn sich im politischen Bereich – im letzten Jahrzehnt – einige der gravierendsten Fehlentwicklungen der Menschheit in unserem Jahrhundert (mühsam) zu korrigieren scheinen. Ob das in positivem Sinn möglich ist, wird sich in diesem Jahrzehnt kaum entscheiden.

---

* Dieser Beitrag ist eine geringfügig veränderte Version eines bereits früher publizierten Artikels (*Europäisches Forum Alpbach 1992.* Wien (Ibera-Verlag) 1993).

Dieses Jahrzehnt ist aber nicht nur das letzte seines Jahrhunderts. Es führt uns zugleich in ein neues Jahrtausend. Um so mehr Grund und Anlaß, über *Woher* und *Wohin* nachzudenken. Ja, hier drängt sich uns die Frage in verschärfter Form auf: Wird die Menschheit überhaupt das Ende des kommenden Jahrtausends erleben? 1000 Jahre sind nicht viel mehr als 30 Menschengenerationen, von denen wir heute zwei bis drei selbst miterleben. 30 Generationen lassen sich bequem auf einer DIN-A4-Seite auflisten, und dennoch sind 1000 Jahre eine unser Vorstellungsvermögen bereits überfordernde Zeitspanne. Was etwa hätte Karl der Große über unser Zeitalter, unseren Lebensstil voraussagen können? Zur Extrapolation in die Zukunft braucht man die Erfahrung der Vergangenheit. Jedoch das wirklich Neue bleibt dabei unberücksichtigt. Das ist in der Grundlagenforschung nicht anders. Neue Erkenntnis ist wie die Entdeckung eines neuen Kontinents. Das, was unsere heutige Lebensweise bestimmt, geht im wesentlichen auf Entdeckungen und Erkenntnisse der jüngsten Vergangenheit zurück. Was wir wirklich über die Zukunft aussagen können, ist nahezu eine Binsenweisheit: Die Veränderungen in der Struktur und im Lebensstil der Menschheit werden im kommenden Jahrtausend ungleich drastischer ausfallen als jene in dem nunmehr zur Neige gehenden.

Die Weltbevölkerung wächst zur Zeit nach einem hyperbolischen Gesetz. Was ist der Unterschied zum Exponentialgesetz, von dem in den meisten Veröffentlichungen zu diesem Thema die Rede ist? Beim letzteren verdoppelt sich eine Menge in jeweils gleichen Zeitabschnitten. Beim hyperbolischen Gesetz verkürzen sich darüber hinaus diese Zeitabschnitte stetig. Das liegt im Falle des Bevölkerungswachstums vor allem daran, daß abgesehen von dem in geometrischer Progression fortschreitenden Vermehrungsprozeß gleichzeitig aufgrund einer Verbesserung der hygienischen Bedingungen sowie der medizinischen Versorgung die Säuglings- und Kindersterblichkeit in den Entwicklungsländern absinkt und dadurch ein größerer Prozentsatz der Menschen das geschlechtsreife Alter erreicht. Das Zeitintervall für die Verdoppelung der Erdbevölkerung betrug zuletzt knapp 27 Jahre. Wir sind zur Zeit über sechs Milliarden Menschen auf der Erde. Wenn es nach dem – nunmehr schon über 100 Jahren gültigen – hyperbolischen Zeitgesetz weiterginge, wären wir im Jahre 2020 bereits zwölf Milliarden, und im Jahre 2040 würde die hyperbolische Wachstumsfunktion im Unendlichen verschwinden. Ich sehe mich bereits in den Gazetten zitiert: »Wissenschaftler prophezeit Wachstumskatastrophe für das Jahr 2040.« Doch gemach – die einzige Voraussage, die ich mit Sicherheit machen kann, ist die, daß dies auf keinen Fall eintreten wird, nicht eintreten *kann*, weil in unserer Welt nichts unendlich wird. Wir wissen nicht, wo es im kommenden Jahrhundert hingehen wird. Allein das wirklich Ungemütliche an unserer Situation ist nicht dieses achselzuckende *nescimus*, es ist vielmehr die Tatsache, daß wir – nicht einmal im Prinzip – irgend etwas Bestimmtes aus dem gegenwärtigen Wachstumsverhalten ableiten können. In der Nähe einer Singularität können (sogar kleinste) Schwankungen infolge der inhärenten Verstärkungsmechanismen größte Auswirkungen haben. Katastrophen, lokale bis hin zu globalen, werden das Unendlichwerden der Weltbevölkerung verhindern. Solche Katastrophen stellen für uns nicht einmal etwas Neues dar. Wir wissen auch, daß wir ihnen technisch hilflos gegenüberstehen. Es ist etwas faul an unserer Ethik, die sich noch immer an einer Zeit orientiert, in der das Überleben der Menschheit (oder einzelner Bevölkerungsgruppen) durch hohe Nachkommenschaft gesichert werden mußte.

Man wird hier gleich einwenden, daß sich die Bevölkerungszahlen der Industrienationen längst eingependelt haben und heute in manchen Ländern sogar rückläufig sind. Doch das ist in erster Linie eine Konsequenz des Wohlstands. Immerhin ist *unsere* Bevölkerungsdichte so hoch, daß sie, auf die gesamte Landfläche der Erde extrapoliert, eine Weltbevölkerung von 30 bis 40 Milliarden Menschen ergäbe. Nach einer Studie von Roger Revell wäre das etwa die Zahl von Menschen, die sich bei einer Mobilmachung aller erdenklichen Reserven unseres Planeten und bei einer Steigerung der Ernteerträge weltweit auf den (derzeit) höchsten Stand – entsprechend beispielsweise der Maisernte im US-Bundesstaat Iowa – gerade noch ernähren ließen. Von generellem Wohlstand könnte da keine Rede mehr sein. Der von Revell errechnete Globalwert bedeutet, daß vielleicht an einigen wenigen Stellen noch weiterhin Überfluß herrschte, daß aber die meisten Regionen katastrophal unterversorgt wären. Dabei habe ich noch gar nicht von den Umweltproblemen gesprochen, die sich schon jetzt weltweit unserer Kontrolle entziehen, nicht von den Engpässen in der Rohstoffgewinnung und Nutzenergieerzeugung, nicht von hygienischen und medizinischen Notständen.

Soweit meine Einleitung. Ich wollte damit das Szenario zeichnen, vor dessen Hintergrund sich die Entwicklung der Menschheit abspielen wird und das wir bei einer Erörterung der Zukunft der Wissenschaften und den daran geknüpften Erwartungen, Befürchtungen und Hoffnungen nicht aus den Augen verlieren sollten.

Und nun zum eigentlichen Thema, das ich mit einer Bestandsaufnahme eröffnen will.

Die Biologie des 20. Jahrhunderts

Man hat mit gutem Recht die zweite Hälfte dieses Jahrhunderts als eine Ära der Molekularbiologie bezeichnet, ähnlich wie die erste Hälfte als Zeitalter der Atomphysik gilt.

Tatsächlich waren es Physiker, von denen die wichtigsten Anregungen für eine Auseinandersetzung mit dem Begriff „Leben" ausgingen, auch wenn diese zunächst in die falsche Richtung zielten. Pascual Jordans *Die Physik und das Geheimnis des organischen Lebens* aus dem Jahre 1945, vor allem aber Erwin Schrödingers 1944 in England erschienenes Buch *What is Life?* sind Musterbeispiele. Schrödingers Schrift war epochemachend, nicht weil sie einen brauchbaren Ansatz zum Verständnis des Phänomens „Leben" enthalten hätte, sondern weil sie neue Denkanstöße vermittelte. Vieles, worüber Schrödinger in seinem Buch orakelte, war zwar von den Biochemikern längst aufgeklärt worden, aber niemand vor ihm hatte derart unbekümmert nach dem Grundsätzlichen gefragt. So waren es auch zu Beginn nicht die der Komplexität des Belebten hilflos gegenüberstehenden Theoretiker, die den Umschwung in der Biologie auslösten und die neue Wissenschaft, die Molekularbiologie, etablierten. Vielmehr waren es Physiker, die in ganz neuer Weise zu experimentieren begannen, indem sie von dem bereits vorhandenen Grundwissen über die chemische Natur der Lebensvorgänge ausgingen. Da war Max Delbrück, theoretischer Physiker aus der Göttinger Schule und begeistert von Niels Bohrs Komplementaritätsidee, der beschloß nachzusehen, wie Vererbung im molekularen Detail aussieht, und dabei die Phagengenetik begründete; oder Linus Pauling, Physiker aus der Sommerfeldschule, der die Natur der Proteine, der molekularen Exekutive der lebenden Zelle, weiter hinterfragte und dabei wesentliche Strukturelemente, sozusagen die Nahtstelle zwischen Chemie und Biologie, entdeckte. Da war vor allem Francis Crick, technischer Physiker und im Krieg mit Radarproblemen befaßt, der gemeinsam mit James Watson 1953 die Doppelhelixstruktur der DNA aus Röntgenbeugungsreflexen rekonstruierte und daraus – was der Entdeckung erst das entscheidende Gewicht verlieh – ableitete, wie genetische Information gespeichert und von Generation zu Generation übertragen werden kann. Ebenfalls in Cambridge arbeitete Max Perutz am Cavendish Laboratory unter Sir William Lawrence Bragg, dessen Methode der Röntgenstrahlinterferenzen er auf so komplexe Moleküle wie den roten Blutfarbstoff Hämoglobin anwandte und dabei gemeinsam mit John Kendrew zum ersten Mal den Feinbau einer biomolekularen Maschine im Detail aufklärte. Das war die Geburtsstunde der Molekularbiologie.

Heute kennen wir weitgehend den molekularen Aufbau der lebenden Zelle wie auch die Mechanismen der molekularen Prozesse, die den Zellfunktionen zugrunde liegen. Wir wissen über Störung und Entgleisungen solcher Funktionen, wie sie sich in verschiedensten Krankheitsbildern äußern, desgleichen wie Parasiten, Bakterien, Pilze und Viren den Lebenszyklus eines Organismus stören. Ja, wir können heute selbst regelnd in diesen Lebensprozeß der Zelle eingreifen bis hin zur dauernden Veränderung ihres genetischen Programms. In wachsendem Maße macht die zunächst mehr chemisch orientierte Pharmaindustrie Gebrauch von unserem molekularbiologischen Detailwissen und seinen technologischen Möglichkeiten. Vor allem aber ist es die Grundlagenforschung, aus der die sogenannte Rekombinationstechnik nicht mehr fortzudenken ist. Was wüßten wir ohne diese Technologie heute über den molekularen Aufbau des Immunsystems, was über Onkogene oder AIDS?

Ich will Sie nun aber nicht mit einer lexikalischen Aufzählung aller Highlights der Molekularbiologie strapazieren oder gar all die Namen von Avery, Luria und Delbrück bis hin zu Neher und Sakmann auflisten, die diese Glanzleistungen der Wissenschaft repräsentieren. Auch will ich in meiner Bilanz nicht näher auf die Biologie der ersten Jahrhunderthälfte eingehen. Sie erschöpfte sich keineswegs in einer Vollendung der großen Konzepte des 19. Jahrhunderts, der Ideen von Charles Darwin und Gregor Mendel, der Einsichten von Louis Pasteur, Robert Koch, Emil von Behring und Paul Ehrlich. Die erste Jahrhunderthälfte etablierte vor allem die chemische Grundlage – etwa im Werk von Otto Warburg, Otto Meyerhof, seinen Schülern Hans Krebs und Fritz Lipmann sowie vielen anderen –, auf der sich die Molekularbiologie der zweiten Jahrhunderthälfte dann entwickeln konnte. Ich möchte mich hier vielmehr den Fundamentalfragen der Biologie zuwenden, deren Beantwortung erst aufgrund des im 20. Jahrhundert gesammelten molekularbiologischen Detailwissens in den Bereich des Möglichen gerückt ist. Dabei werden wir die Schwelle des 21. Jahrhunderts überschreiten und einen Blick in die Zukunft werfen. Denn viele Fragen, die wir heute formulieren können, werden erst im kommenden Jahrhundert eine befriedigende Antwort finden.

Was ist Leben?

Dies ist nicht nur eine schwierige, sondern vielleicht nicht einmal eine gute Frage. Zu sehr unterscheiden sich die Träger der Eigenschaft „Leben" in ihren Merkmalen und Leistungen, als daß eine allgemeine Definition uns auch nur den Hauch einer Vorstellung von der Vielfalt geben könnte, die sich in diesem Begriff vereint. Gerade die Vielfalt, Fülle und Komplexität ist eines der *wesentlichen* Kennzeichen des Lebens. Möglicherweise dauert es nicht mehr lange, bis wir „alles" über das Coli-Bakterium oder gar über die

Taufliege *Drosophila* wissen. Doch was wüßten wir dann schon über den Menschen? So ist es zunächst sicher sinnvoller zu fragen: Worin unterscheidet sich ein belebtes System von einem unbelebten? Wann und wie hat sich dieser Übergang in der Entwicklungsgeschichte unseres Planeten (oder des Universums) vollzogen?

Als Chemiker werde ich oft gefragt: Wie unterscheidet sich ein – noch so komplexes – Schema gekoppelter chemischer Reaktionen von einem belebten System, in dem wir schließlich auch nichts anderes als eine Fülle von chemischen Reaktionen vorfinden. Die Antwort lautet: Alle Reaktionen im belebten System erfolgen in kontrollierter Weise nach einem Programm, das von einer Informationszentrale instruiert und gesteuert wird. Ziel dieses Reaktionsprogrammes ist die Selbstreproduktion aller Bestandteile des Systems einschließlich der Duplizierung des Programmes selbst beziehungsweise seines materiellen Trägers. Jede Reproduktion ist mit einer mehr oder weniger geringfügigen Modifizierung des Programmes verknüpft. Das konkurrierende Wachstum aller modifizierten Systeme ermöglicht eine selektive Bewertung ihrer Effizienz: »To be or not to be, that is the question.«

Wir finden in diesem Verhalten drei essentielle Eigenschaften realisiert, die jedem uns bisher bekannten belebten System zugrunde liegen:

- Selbstreproduktion: Ohne sie ginge die Information nach jeder Generation wieder verloren.
- Mutagenese: Ohne sie wäre die Information nicht abwandelbar und somit gar nicht erst entstanden.
- Metabolismus: Ohne diesen würde das System in den Gleichgewichtszustand „abfallen“, in dem keine Veränderung mehr möglich ist (wie Erwin Schrödinger bereits 1944 richtig diagnostizierte).

Ein System, das diese Eigenschaften aufweist, ist zur Selektion prädestiniert. Das bedeutet, Selektion ist keine zusätzliche, von außen her zu aktivierende Komponente. Zu fragen, wer selektiert, wäre sinnlos. Selektion ist eine inhärente, also dem System innewohnende, Form der Selbstorganisation und als solche eine direkte – wie wir heute wissen – (physikalische) Konsequenz von mutagener Selbstreproduktion, fernab vom Gleichgewicht. Equilibrierung würde lediglich die stabilste Struktur auslesen. Selektion – eine zum Gleichgewicht alternative und mit diesem nicht kompatible Kategorie – wählt eine hinreichend stabile Struktur aus, die an bestimmte Funktionen, die Selbsterhaltung und Wachstum gewährleisten, optimal angepaßt ist. Evolution auf der Grundlage natürlicher Selektion bedeutet: Erzeugung von Information.

Um Informationen strukturell zu fixieren, bedarf es der Existenz definierter Klassen von Symbolen, etwa der Buchstaben unseres Alphabets oder der binären Symbole der Computersprache. Wir benötigen außerdem Verknüpfungsrelationen der Symbole zu Wörtern und syntaktische Regeln für die Verbindung der Wörter zu Sätzen. Allerdings erfordert Information gleichermaßen Vorrichtungen zum Lesen der Symbolsequenzen. Und schließlich ist allein das Information, was sich verstehen und bewerten läßt. Die Handhabung von Information in unserer Sprache ist an die Existenz unseres Zentralnervensystems geknüpft.

Wie aber sieht das bei Molekülen aus? Informationsspeicherung in Molekülen setzt ebenfalls voraus, daß die so gespeicherte Information „lesbar“ und bewertbar ist. Erst mit den Nucleinsäuren lernten die Moleküle lesen. Grundlage ist die komplementäre Wechselwirkung, die inhärent spezifische Paarwechselwirkung zwischen jeweils zwei Nucleinsäurebausteinen, die wir als Komplementarität bezeichnen. Die Grundlage der molekularen Informationsverarbeitung ist also die von Watson und Crick gefundene Basenpaarung, eine zunächst rein chemische Wechselwirkung, vermittels derer die Chemie jedoch transzendiert wird. Denn die chemischen Bausteine fungieren in erster Linie als Informationssymbole. Die durch Reproduktion und Selektion möglich gewordene – zunächst molekulare, dann zelluläre und schließlich organismische – Evolution selektiert nicht mehr nach rein chemischen Gesichtspunkten, sondern nach den Kriterien funktionscodierender Information. Der Mensch unterscheidet sich vom Coli-Bakterium nicht durch eine effizientere Chemie, sondern durch mehr Information (und zwar 1 000mal mehr als beim Coli-Bakterium). Diese Information codiert für raffiniertere Funktionen und ermöglicht komplexeres Verhalten.

Die Bildung eines informationsverarbeitenden subzellulären Systems erfolgte – wie wir heute aus vergleichenden Untersuchungen an den Adaptoren des genetischen Codes rekonstruieren können – vor etwa 3,8 ± 0,5 Milliarden Jahren. Das Leben ist danach vermutlich auf der Erde und nicht „irgendwo“ im Universum entstanden. Es ist nicht älter, aber auch nicht viel jünger als unser Planet. Das heißt, Leben entstand, sobald die Bedingungen dafür günstig waren. Spätestens vor 3,5 Milliarden Jahren gab es bereits Einzeller. Gleichwohl war der Weg zu den wahren Kunstwerken der Evolution, den vielzelligen Lebewesen, den Pflanzen, Insekten, Fischen, Vögeln und Säugetieren, der weitere drei Milliarden Jahre in Anspruch nahm, noch lange und mühsam. Wir Menschen sind sozusagen erst im letzten Augenblick, vor rund einer Million Jahren, auf die Bühne dieses grandiosen Schauspiels getreten.

Die Molekularbiologie, indem sie die Gene der Lebewesen auf ihre Gemeinsamkeiten untersuchen kann, hat damit Darwins Grundidee klar bestätigt. Information, und zwar im Falle der Entstehung des Lebens genetische Information, bildet sich durch sukzessive Selektion heraus. Darwin hatte sein Prinzip für die Evolution autonomer Lebewesen aufgestellt. Der

Schritt einer Extrapolation zu präzellulären Stadien, also eine Beantwortung der Frage: „Wie entstand das erste Lebewesen, woher kam der erste autonome Einzeller?“ schien ihm zu gewagt. Einmal äußerte er ein spekulatives »if« und fügte gleich hinzu: »Oh, what a big if!«. Die aufregende Erkenntnis unserer Tage ist, daß Selektion in der Tat schon auf molekularer Ebene, nämlich bei reproduktionsfähigen Molekülen wie RNA und DNA wirksam ist und als solche aus physikalisch-chemischen Eigenschaften von Molekülen abgeleitet werden kann. Damit schließt sich die Lücke, die zwischen Physik und Chemie auf der einen und Biologie auf der anderen Seite klaffte. Das bedeutet nicht, daß Biologie sich einfach auf Physik und Chemie im herkömmlichen Sinne reduzieren ließe. Es besagt lediglich, daß eine Kontinuität zwischen Physik, Chemie und Biologie existiert. Die Physik der belebten Systeme hat eigene charakteristische Gesetzmäßigkeiten – sie ist eine Physik der Informationserzeugung.

Im Detail führt die neue Theorie der Selbstorganisation weit über Darwin hinaus und beantwortet Fragen, die bei ihm offenbleiben mußten oder gar Widersprüche provozierten. Darwins Ideengut ist ein Vermächtnis des 19. Jahrhunderts. Ludwig Boltzmann sagte einmal (1886): »Wenn Sie nach meiner innersten Überzeugung fragen, ob man es einmal das eiserne Jahrhundert oder das Jahrhundert des Dampfes oder der Elektrizität nennen wird, so antworte ich ohne Bedenken, das Jahrhundert der mechanischen Naturerfassung, das Jahrhundert Darwins wird es heißen.« Sicherlich hat Boltzmann dabei ein wenig sein Licht unter den Scheffel gestellt. Erst heute wird offenbar, daß die Zurückführung der Lebenserscheinungen auf eine mechanische Naturauffassung bloß die eine Seite der Medaille ist. Die der Selektion und Evolution zugrundeliegenden Naturprinzipien führen zur Überwindung einer kausalistisch-mechanischen Naturauffassung und beschreiben eine Welt mit einer offenen, nicht festlegbaren Zukunft. Dieser Paradigmenwechsel – vielleicht der einzige in der Physik, der diesen Namen verdient – ist nicht auf die Biologie beschränkt, sondern hat in den letzten Jahrzehnten die gesamte Physik erfaßt und wird weit über diese hinauswirken. Indem wir lernen, wie Information entstehen kann, bauen wir an einer Brücke zwischen Natur und Geist.

Wie entsteht (biologische) Information?

Seit Mitte dieses Jahrhunderts besitzen wir eine Theorie, die den Namen Informationstheorie trägt. Ihr Begründer, Claude Shannon, hat aber von Anfang an darauf hingewiesen, daß es sich nicht um eine Theorie der Information selbst, sondern der Kommunikation von Information handelt. Die

Information als solche bleibt in dieser Theorie ausgeklammert, sie wird als gegeben vorausgesetzt, *eine* Symbolsequenz aus einer großen Zahl von Alternativen. Diese muß – unabhängig von ihrem semantischen Gehalt oder Wert – muß bei der Übertragung oder Kommunikation erhalten bleiben. Information erscheint in dieser Theorie lediglich als Komplexitätsmaß: Eine aus zwei Symbolklassen, zum Beispiel 0 und 1, bestehende Sequenz der Länge N hat 2^N mögliche Alternativen. Schon bei Sequenzlängen N von etwa 300, also bei relativ kleinen Schriftsätzen, die sich auf einer halben DIN-A4-Seite unterbringen lassen, wird die Zahl 2^N alternativer Schriftsätze größer als die Zahl der Atome, die im gesamten Universum enthalten sind. Die Unterscheidung zwischen sinnvollen und sinnlosen Sequenzen vermag allein eine dynamische Selektionstheorie zu bewerkstelligen, und zwar vermittels Kriterien, die den semantischen oder phänotypischen Gehalt der Sequenz bewerten. Damit eine evolutive Optimierung diese Gehalts möglich ist, bedarf es einer endlichen Fehlerrate bei der Reproduktion. Ja, es existiert eine Fehlerschwelle, dicht unterhalb derer eine evolutive Anpassung optimal ist, bei deren Überschreitung aber die Information einer Fehlerkatastrophe zum Opfer fällt. Sie „verdampft“, wie bei einer materiellen Phasenumwandlung.

Wir erkennen hier bereits die Modifizierung des Darwinschen Weltbildes. Selektion ist nicht lediglich das einfache Wechselspiel von zufälliger Mutation und deterministischer, mit Notwendigkeit erfolgender Selektion. Bei der großen Zahl möglicher Alternativen treten die Glückstreffer einer vorteilhaften Mutante viel zu selten auf. Man kann dieses Wechselspiel von Zufall und Notwendigkeit heute leicht im Computer simulieren. Es zeigt sich, daß ein nach diesem Schema ablaufenden Prozeß eine viel zu geringe Fortschrittsrate aufweist. Wäre die natürliche Evolution auf diese Weise vorangeschritten, gäbe es uns nicht.

In Wirklichkeit baut sich in der molekularen Evolution nahe der Fehlerschwelle ein äußerst breit gestreutes Mutantenspektrum auf. Der bestangepaßte (*fittest*) Typ, der Wildtyp, der in Darwins Theorie eine so große Rolle spielt, ist auf molekularer Ebene nur noch in einer zur Gesamtpopulation relativ geringen Zahl vertreten. Allerdings scharen sich um diesen bestangepaßten Typ all die vielen Mutanten so, daß dieser durch die mittlere Sequenz, die „Konsensussequenz“ der gesamten Population, repräsentiert wird. Die Molekularbiologen haben gelernt, solche Sequenzen zu bestimmen. Bei Klonierungsexperimenten stellte sich heraus, daß der Wildtyp dem Mittelwert eines unübersehbaren Spektrums alternativer Sequenzen entspricht. Im wesentlichen setzt sich diese ausschließlich aus solchen Mutanten zusammen, die sich selber effizient reproduzieren können. Dieser von der Theorie vorhergesagte Tatbestand wurde an Viruspopulationen experimentell bestätigt. Da es in einer Molekül- oder Virusverteilung viele Milliarden von mehr oder weniger stark mutierten Kopien gibt – unterhalb der Fehlerschwelle eine durchaus stabile Verteilung –, wird sozusagen auf Milliarden von Kanälen parallel um Mutanten „gewürfelt". Erscheint dabei eine besser angepaßte Variante, so bedeutet das eine Verletzung der Fehlerschwelle für die vorherige Verteilung. Diese wird instabil, ihre Information „verdampft", und sie „kondensiert" wieder in der Nachbarschaft eines neuen Wildtyps. Evolution erfolgt somit trotz Kontinuität der zugrunde liegenden molekularen Prozesse in diskreten Sprüngen. Selektion erweist sich deshalb als so effizient, weil sie eine Eigenschaft der gesamten Population, eine massiv parallel ablaufende Ereignisfolge darstellt. Wollte man diesen Prozeß auf einem Computer simulieren, so bräuchte man eine neuartige Version von Parallelcomputern, denn auf den in Serie arbeitenden konventionellen Rechnern ist eine solche Simulation äußerst aufwendig und aus Zeit- und Kostengründen kaum ausführbar. Die Natur demonstriert sinnfällig, wie der Computer der Zukunft aussehen wird. Unser Gehirn ist ein solcher Parallelcomputer mit vielen Milliarden von Nervenzellen, deren jede mit ungefähr 1 000 bis 10 000 Nachbarzellen über Synapsen verknüpft ist. Auch unser Immunsystem ist ein zelluläres Netzwerk diese Komplexitätsgrades.

Wir befinden uns am Ende des 20. Jahrhunderts in einer Phase, in der uns bewußt wird, daß es in den sehr verschiedenartigen Bereichen der Biologie letztlich um analoge Fragestellungen geht, nämlich: Wie entsteht Information? Dies gilt für den Evolutionsprozeß auf molekularer Ebene, für den Differenzierungsprozeß auf zellulärer Ebene und ebenso für den Denkprozeß im Netzwerk der Nervenzellen. Noch aufregender ist die Erkenntnis, daß die Natur bei der offensichtlich ganz verschiedenen technischen Realisierung im molekulargenetischen Bereich, im Immunsystem oder im Zentralnervensystem von gleichartigen fundamentalen Naturprinzipien Gebrauch macht. Die neunziger Jahre wurden in den USA als Dezennium für die Erforschung des menschlichen Gehirns erkoren. Das Vermächtnis der biologischen Forschung dieses Jahrhunderts wird ein tiefgreifendes Verständnis der informationserzeugenden Prozesse in der belebten Welt sein. Das beinhaltet möglicherweise eine Antwort auf die Frage: Was ist das Leben?

Allein – der Teufel steckt im Detail. Wir werden sehr bald die Baupläne vieler Lebewesen kennen, uns wir werden wissen, wie diese im Laufe der Evolution entstanden sind. Die historischen Anfänge allerdings liegen noch völlig im dunkeln. Schon die Scholastiker fragten: Wer kam zuerst, die Henne oder das Ei – in moderner Lesart: das Protein oder die Nucleinsäure, Funktion oder Information? Die RNA-Welt, also eine Welt, in der RNA sowohl genetische Legislative als auch gleichzeitig funktionierende Exekutive darstellt, vermag einen Ausweg aus dem Dilemma zu bieten. Allerdings wissen wir (noch) nicht, wie die ersten RNA-Moleküle „auf die Welt kamen". Historisch gesehen sollten die Proteine „zuerst" dagewesen sein; doch das historische „Zuerst" ist nicht notwendigerweise identisch mit dem kausalen „Zuerst". Evolutive Optimierung bedarf eines selbstreproduktiven Informationsspeichers, und als solchen kennen wir nur die Nucleinsäuren. RNA (oder einer ihrer Vorläufer) wäre somit notwendig, um das Karussell der Evolution in Bewegung zu setzen.

Wir sind in der Lage, den Prozeß der Informationsentstehung in Systemen, die beide Komponenten, Proteine (als Enzyme) und Nucleinsäuren (als Informationsspeicher), enthalten, im Laboratorium nachzuvollziehen. Viren sind hervorragende Modellsysteme. Viren sind jedoch nicht präbiotischer Natur. Sie bedürfen zum „Überleben" der Wirtszelle, mit deren Hilfe sie sich in der Evolution – also vermutlich erst postbiotisch – herausbildeten.

Unser in den letzten 20 Jahren angesammeltes Wissen um den Prozeß der Informationserzeugung beginnt bereits Früchte zu tragen. Wir werden nach den Methoden der Natur im Laboratorium neuartige „natürliche" Medikamente und Wirkstoffe erzeugen können. Diese Kenntnisse sind aber nicht auf die molekulare Ebene beschränkt. Gleichermaßen werden wir die ontogenetische Ebene der Lebewesen verstehen und bei Entartungen, beispielsweise bei der Entstehung von Tumoren, heilend eingreifen. Wir werden unser Nervensystem und seine Funktionsweise kennen und modellieren lernen. Künstliches Leben und denkende Computer werden nicht mehr in den Bereich von Science-fiction gehören. Dies alles wird unser Leben in einem kaum abzuschätzenden Maß verändern.

Aber, es wird Grenzen geben, natürliche und normative. Wir müssen herausfinden, was wir von unserem Wissen anwenden dürfen, was wir – womöglich unter Inkaufnahme sekundärer Nachteile – anwenden müssen, um zu überleben, und was wir auf keine Fall ausführen – möglicherweise nicht einmal ausprobieren – dürfen. Blinde Anwendungswut ist so gefährlich wie striktes Anwendungsverbot. Wir, das heißt die gesamte Gesellschaft, müssen mit Vernunft herausfinden, was oder was nicht sein soll, muß oder darf. Gerade in diesem Kontext sehe ich das größte bisher nicht befriedigend gelöste Problem, das uns im kommenden Jahrhundert beschäftigen wird.

Welche Probleme sind am Ende dieses Jahrhunderts ungelöst?

Einige Probleme wurden bereits angesprochen; doch selbst wenn ich nunmehr ausschließlich die ungelösten Probleme aufzählen wollte, die wir exakt zu definieren vermögen, so würde meine Liste unübersehbar lang werden. Ich kann also nur exemplarisch vorgehen und wähle zwei Probleme aus meinem engeren Forschungsbereich aus:

- ein wissenschaftliches Problem mit großen Konsequenzen für die Gesellschaft und
- ein gesellschaftliches Problem mit großen Konsequenzen für die Wissenschaft.

Ein trotz intensivster Forschung noch nicht gelöstes Problem ist AIDS. Was ist AIDS? Das Wort ist eine Abkürzung für *Acquired Immune Deficiency Syndrom* (deutsch: erworbene Immunschwäche). Die Krankheit wird durch ein Virus ausgelöst oder – vorsichtig ausgedrückt – steht mit der Infektion eines Virus in kausalem Zusammenhang, wobei über die Frage, ob das Virus sowohl notwendig als auch hinreichend für den Ausbruch von Krankheitssymptomen ist, derzeit heftig diskutiert wird. Es sind zwei Subtypen des menschlichen Immunschwächevirus bekannt: HIV-1 und HIV-2. Daneben ist inzwischen eine größere Zahl von Affenviren isoliert worden, die zum Teil keine pathogenen Effekte in ihren natürlichen Wirten, wohl aber bei Übertragung auf andere Affenpopulationen zeigen. Das US-amerikanische Center for Disease Control hat ermittelt, daß durchschnittlich zehn Jahre zwischen der Infektion durch das Virus und dem Ausbruch von Krankheitssymptomen vergehen. Genauer gesagt findet man, daß nach zehn Jahren etwa 50 Prozent der Infizierten Krankheitssymptome zeigen, die sehr bald zu einer vollständigen Lahmlegung des Immunsystems führen. Die Krankheit AIDS hat dann durchweg einen tödlichen Verlauf, zumeist aufgrund einer Infektion durch einen Erreger, mit dem das Immunsystem normalerweise ohne weiteres fertiggeworden wäre. Viele Patienten sterben an einer Lungenentzündung, ausgelöst durch ein Bakterium (*Mycobacterium tuberculosis*), mit dem nahezu jeder zweite Mensch latent befallen ist. Während der symptomfreien Zeit ist das AIDS-Virus in sehr niedriger Populationszahl im Organismus vorhanden, der in großen Mengen Antikörper produziert, mit deren Hilfe in den AIDS-Tests die Präsenz des Virus nachgewiesen wird. In den USA ist die Zahl der registrierten AIDS-Fälle inzwischen auf weit über 100 000 gestiegen. Weltweit schätzt man die Zahl der mit dem AIDS-Virus Infizierten auf nahezu zehn Millionen, wobei die

Schwerpunkte in Zentral- und Westafrika sowie in Südostasien liegen. Eine auf Dauer wirksame Therapie ist bisher nicht bekannt.

Woher kommt AIDS? Wie alt ist das Virus? Wann trat es zum erstenmal in menschlichen Populationen als Pathogen in Erscheinung? Die wildesten Hypothesen wurden zu diesen Fragen geäußert. Sie gipfelten in der Behauptung, das Virus sei in einem US-Armee-Laboratorium „komponiert" worden und durch ein Versehen in die Umwelt entwichen. Das ist purer Unsinn! Aus Sequenzanalysen von Genen dieses Virus läßt sich seine evolutionäre Vergangenheit weitgehend aufklären, zumindest quantitativ eingrenzen. Dies sind die Resultate:

1. Beide menschlichen Subtypen HIV-1 und HIV-2 sowie sämtliche bisher bekannten Affenviren haben einen gemeinsamen Vorfahren, der sich auf etwa 1000 Jahre zurückdatieren läßt.
2. Alle HIV- und SIV-Sequenzen zeigen übereinstimmende Positionen (~ 20 Prozent) und in diesen klare Homologien zu anderen Retroviren von Säugetieren, einschließlich des Menschen. Der AIDS-Erreger ist somit ein Abkömmling einer alten Virusfamilie, deren Ursprung viele Millionen Jahre zurückreicht.
3. Der größte Teil der variablen Positionen hat eine mittlere Austauschzeit von ungefähr 1000 Jahren. Innerhalb solcher Zeiträume kann sich die spezielle Natur dieses Retrovirus, vor allem seine Pathogenität, grundlegend ändern. Das bedeutet, Seuchen wie AIDS mögen kommen und gehen, sie mögen sich für manche Arten mehr, für andere minder pathogen auswirken.
4. Ein kleiner Teil der Positionen (~ zehn Prozent) erweist sich als hypervariabel mit einer mittleren Austauschzeit von etwa 30 Jahren. Das sind immerhin noch so viele Positionen, daß ihre verschiedenen Kombinationen eine Unzahl von Mutanten ergeben, unter denen sich immer wieder Fluchtmutanten befinden, die der Immunabwehr des Wirtes ausweichen können. Das führt schließlich zur Erschöpfung des Immunsystems und dürfte wohl der Hauptgrund für die Pathogenität des Virus sein.
5. Das AIDS-Virus ist mit Sicherheit vor den sechziger Jahren weder in den USA noch in Europa oder Japan aufgetreten. In Afrika lassen sich Abkömmlinge bis auf das vorige Jahrhundert zurückdatieren. Innerhalb der letzten hundert Jahre sind horizontale Übertragungen zwischen Affen und Menschen zu beobachten. Der Fokus von HIV-1 liegt in Zentralafrika, der von HIV-2 in Westafrika. HIV-1 und HIV-2 haben sich – wie die meisten speziesspezifischen Affenviren – bereits vor vielen hundert Jahren voneinander getrennt.

Die hohe Pathogenität des Virus hat drei Ursachen:

1. Da HIV ein Retrovirus ist, wird sein Genom nach Infektion in das genetische Programm der Wirtszelle integriert. Ein einmal Infizierter kann also die Virusinformation nicht wieder loswerden, sondern allenfalls ihre Expression unterdrücken.
2. Die Zielscheibe des Virus ist das Immunsystem selbst, dessen Steuerzentrale durch das Virus lahmgelegt wird.
3. Das Virus besteht – wegen seiner hohen Mutationsrate, die übrigens genau seinem Fehlerschwellenwert entspricht – aus einem weit gestreuten Mutantenspektrum, in dem es eine große Zahl von Fluchtmutanten gibt. Das Virus evolviert sozusagen ständig unter dem Selektionsdruck, den das Immunsystem des Wirtes ausübt.

Die Kombination dieser drei Effekte führt schließlich zu einem *point of no return*, von dem aus eine progressive Erschöpfung des Immunsystems erfolgt. Der Infizierte ist somit jedem an sich harmlosen Parasiten schutzlos ausgeliefert.

Die Schwierigkeit bei der Bekämpfung des Virus liegt in dessen großer Adaptionsfähigkeit. Das Virus vermag die Abwehrmaßnahmen mit Hilfe von Ausweichmutanten zu unterlaufen. Da man die Strategie des Virus nunmehr kennt, besteht Hoffnung, eine antivirale Strategie zu finden, die das Ausweichverhalten berücksichtigt und damit dem Virus keine Überlebenschance läßt. Zum Auffinden einer solchen Strategie braucht man nicht nur genetische Technologie, sondern auch Tierversuche. Wie immer wir dazu stehen, die Realität lautet: zehn Millionen HIV-Infizierte, von denen der größere Teil bis zur Jahrhundertwende AIDS-Symptome entwickeln und dann kaum überleben wird – es sei denn, wir haben bis dahin eine wirksame Therapie gefunden.

Das zweite Problem ist in seiner Polarität genau umgekehrt, nämlich von der Gesellschaft zur Wissenschaft gerichtet. Wir haben seit einigen Jahren in der Bundesrepublik Deutschland ein Gengesetz, wohl das schärfste auf der ganzen Welt. Es hat bei uns zu Lähmungserscheinungen in der Forschung und in der industriellen Entwicklung geführt. Demgegenüber ist zu beachten, daß weltweit bisher keine Entgleisungen oder Unfälle bekannt geworden sind. Neuere Bestrebungen gehen sogar so weit, den *vorherigen* Nachweis absoluter Schadensfreiheit eines Verfahrens zu verlangen. Aber was heißt „absolute Schadensfreiheit"? Auch jetzt werden vor einer Anwendung alle erdenklichen Tests ausgeführt und lange Erprobungszeiten eingehalten. Neuerdings wird jedoch gefordert, etwas auszuschließen, das noch gar nicht bekannt ist. Das würde die Forschung vollständig zum Erliegen bringen und folglich die Entwicklung neuer Medikamente unmöglich machen. (Bestrebungen beim Tierschutzgesetz gehen ebenfalls in diese Richtung.) Hierzu nun mein Beispiel:

Vor Beginn der sechziger Jahre war die spinale Kinderlähmung, die Poliomyelitis, in unseren Breiten eine katastrophale Seuche, die sowohl in Einzelfällen als auch in weltweiten Epidemien auftrat und viele Todesopfer forderte oder zu lebenslanger Behinderung führte. Allein 1950 wurden in den USA über 30000 Erkrankungen registriert. Heute ist dieses Krankheitsbild dank rigoros durchgeführter vorbeugender Impfmaßnahmen bei uns nahezu vollständig verschwunden. Lediglich in den Entwicklungsländern – und hier zum Teil wegen mangelnder Impfvorsorge – ist die Poliomyelitis nach wie vor ein ernsthaftes Problem. Der Erreger ist ein Virus, ein sogenanntes Picorna-Virus. Es gibt zur Zeit zwei Impfstoffe: eine Mixtur aus abgetöteten Viren (Salk-Vakzine) oder ein sogenanntes abgeschwächtes Virus (Sabin-Vakzine), eine nicht mehr pathogene Mutante des Wildtyps, die aber noch immunogen wirksam ist, und zwar in stärkerem Maße als das abgetötete Virus. Besonders dieser, als Schluckimpfung verabreichten, Vakzine mit ihrer leichten Anwendbarkeit und großen Wirksamkeit ist es zu verdanken, daß das Virus in der westlichen Welt nahezu vollkommen ausgerottet werden konnte. Zwar werden gelegentliche Erkrankungen beobachtet, sie zeigen jedoch einen relativ milden Verlauf.

So weit, so gut! Um so größer war die Überraschung, als vor wenigen Jahren die RNA-Sequenz eines Impfstofftyps bekannt wurde. Es stellte sich heraus, daß es sich dabei im wesentlichen um eine Zweifehlermutante eines pathogenen Wildtyps handelte. Binnen 48 Stunden kann eine solche Mutante durch Rückmutation zum Wildtyp revertieren. Offensichtlich ist diese Zeit ausreichend, um den Aufbau einer wirksamen Immunabwehr einzuleiten. Da Mutationen Zufallsprozesse sind, ist eine gelegentliche schnellere Rückmutation möglich, und das mag die singulär auftretenden Krankheitsfälle mit leichten Symptomen erklären. Im Falle des AIDS-Virus würde eine derartige Impfaktion mit Sicherheit eine verheerende Epidemie auslösen.

Was ist beim Polio-Virus anders als beim AIDS-Virus, dessen Genom ebenfalls aus einem einsträngigen RNA-Molekül besteht? Die Mutationsraten erweisen sich in beiden Fällen als etwa gleich – zumindest in der Größenordnung. Mit Hilfe einer neuen Methode zur vergleichenden Sequenzanalyse, der sogenannten statistischen Geometrie, fanden wir heraus, daß es einen großen Unterschied in der Fixierung von Mutationen in den verschiedenen Codonpositionen des für ein Oberflächenprotein codierenden Gens gibt. Jeder Proteinbaustein ist durch ein Codon bestimmt, das drei Positionen beinhaltet, von denen die beiden ersten für die Übersetzung in die betreffende Aminosäure determinant sind, während die letzte Codonposition zumeist beim Austausch synonyme Übersetzungsprodukte liefert, also bloß einen geringfügigen Einfluß auf die Aminosäuresequenz des Übersetzungsproduktes, des Proteinmoleküls, hat. Während beim AIDS-Virus alle drei Codonpositionen mit gleicher (hoher) Mutationsrate ausgetauscht werden und dabei ein großes Spektrum verschiedener Proteinmoleküle erzeugen (von denen einige der Immunabwehr entweichen), werden im Falle des Polio-Virus fast nur die Mutationen fixiert, die in der dritten Codonposition erfolgen. Jedenfalls finden wir bei den verschiedenen, weit gestreuten Mutanten nahezu ausschließlich solche, die den dritten Codonpositionen zuzuordnen sind. Diese sind so zahlreich, daß es hier zu einem weitgehend vollständigen Austausch kommt, während die ersten und zweiten Codonpositionen in allen Mutanten nahezu unverändert überdauern. Das bedeutet, die Proteine in der Oberfläche des Polio-Virus verändern sich kaum. Es gibt damit keine Fluchtmutanten. Das Immunsystem kann sich „einschießen", das heißt, ein wirksamer Immunschutz baut sich innerhalb kurzer Zeit auf.

Doch nun zur Moral der Geschichte: Hätte man gewußt, daß das abgeschwächte Virus ein so naher Verwandter des pathogenen Wildtyps ist, hätte man sicherlich allergrößte Skrupel gehabt, einen solchen Impfstoff zuzulassen. Nach heutiger Auffassung wäre das mit Sicherheit unmöglich, da es inzwischen üblich ist, solche Mutanten durch gezielte Mutagenese, das heißt gentechnologisch, zu erzeugen. Man würde ja nunmehr „einen genetisch manipulierten pathogenen Keim in Umlauf bringen". Jedenfalls könnten wir bei unserem Kenntnisstand ein Risiko, das ja auch tatsächlich vorhanden ist, wie die gelegentlichen Erkrankungen nach der Schluckimpfung zeigen, nicht ausschließen. Von alledem wußte man nichts, als man seinerzeit – völlig legitim – vorging und die abgeschwächten Proben empirisch testete. Anders war das damals gar nicht möglich.

Eine gentechnologisch erzeugte Mutante ist jedoch nichts anderes als auf natürlichem Wege entstandene. In dem einen Fall manipulieren *wir und wissen, was geschieht.* Im anderen Fall manipuliert die Natur, und wir wissen nicht, was dabei herauskommt, sondern sind allenfalls in der Lage, empirisch zu testen, was geschieht. Das eine wird verteufelt, das andere als „natürlich" akzeptiert, obwohl sich ein Risiko bei *bewußtem* Handeln immer leichter kontrollieren läßt als bei unbewußtem Hantieren. Beim Durchlesen der Texte in unserem Gengesetz stößt man immer wieder auf solche Widersinnigkeiten. Man möchte jedes Risiko 100prozentig ausschließen, wobei andere Unwägbarkeiten fast bedenkenlos in Kauf genommen werden, beispielsweise, daß Forschungsarbeiten, die einmal zur Abwendung einer Gefahr dienen könnten, vollständig unterbleiben. Im Falle von Polio hätte man mit Sicherheit den nicht ganz risikofreien Weg einer bewußten Genmanipulation gescheut, und das hätte *de facto* den Tod vieler Kinder bedeutet. Die Sabin-Vakzine hat sie gerettet, weil man der Natur bedenkenlos traute und dabei – unbewußt – das Risiko in Kauf nahm.

In diesem Zusammenhang ist die Frage zu stellen: Wie weit darf die indifferente Mehrheit der Gesellschaft gegen den Rat Fachkundiger den von einer ideologisch argumentierenden Minderheit geschürten Emotionen nachgeben? Was bedeutet am Ende die im Grundgesetz garantierte Freiheit der Forschung? Freiheit interpretiere ich dabei keineswegs als grenzenlose Freizügigkeit. Weder können wir alles, was wir wissen, noch dürfen wir alles, was wir können. Wie anders als mit den Mitteln der Vernunft können wir Entscheidungen fällen. Im Falle von Hiroshima mangelte es an politisch-militärischer, im Falle von Tschernobyl an technischer Vernunft. Wissen kann nicht „zurückgenommen" werden. Wir müssen lernen, mit Wissen zu leben. Dazu bedarf es eines vernünftigen rechtlichen Rahmens, der *international* verbindlich sein sollte. Es gibt darüber hinaus die ethische Pflicht, verfügbares Wissen zum Wohle der Menschheit einzusetzen, sei es, um Leiden einzelner zu vermindern, sei es, um Gesundheit und Ernährung aller Menschen zu sichern. Ich komme hiermit auf das in meiner Einleitung gezeichnete Szenario der künftigen Menschheit zurück. Eine umweltgerechte Sicherung der Nahrungserzeugung für eine viele Milliarden Individuen zählende Weltbevölkerung, eine ausreichende hygienische und medizinische Versorgung derartiger „Menschenmassen", ist heute nur noch unter Einsatz allen verfügbaren Wissens möglich. Das schließt eine gentechnische Züchtung neuer Nahrungsträger sowie die kerntechnische Erzeugung von Elektrizität ein.

Die Zukunft: Das Studium der Menschheit ist der Mensch!

Wir leben in einer Gesellschaft, die das Risiko scheut. Wird es dazu kommen, daß eben aus diesem Grunde die Gesellschaft sich einmal der Wissenschaft, vor allem aber der Grundlagenforschung vollständig verweigert? Schon jetzt würde es mich nicht wundern, auf der Heckscheibe eines – blaugraue Abgase verpuffenden – Autos den Aufkleber „Grundlagenforschung – nein danke!" zu sehen. Was einige Tierschützer zur Zeit betreiben, ist zumindest auf diesem Niveau. So genügt es auch den Atomkraftgegnern, daß bei ihnen zu Hause der Strom aus der Steckdose kommt. Wir können nichts Nützliches tun, ohne gleichzeitig Risiken in Kauf zu nehmen. Unterlassung kann am Ende den größeren Schaden bedeuten. Wir müssen lernen abzuwägen, und dabei sind Parolen wenig hilfreich.

Wenn ich von der Zukunft der biologischen Forschung spreche, dann werden es in zunehmendem Maße Fragen der Risikobewertung, der Verantwortung und Ethik sein, mit denen wir uns auseinanderzusetzen haben. Denn der zentrale Gegenstand der biologischen Forschung ist der Mensch und seine – das heißt die auf den Menschen bezogene – Umwelt. Ergebnisse der Forschung sind somit unmittelbar für jedermann relevant.

Ich will nicht versuchen, für das kommende Jahrhundert oder gar Jahrtausend Szenarios aufzustellen. Nach Friedrich Dürrenmatt wären die Probleme erst zu Ende gedacht, »wenn man sich ihre schlimmstmöglichen Wendungen vor Augen geführt hat«. Futurologen unterliegen dagegen oft der Gefahr, die bestmögliche Wendung auszumalen.

Wir werden die genetische Natur des Menschen sehr viel besser erforschen können, als wir es uns je erträumt haben; denn es wird Automaten geben, die die drei Milliarden Buchstaben des menschlichen Erbguts innerhalb eines Monats zu „lesen" vermögen. Damit werden vor allem vergleichende Untersuchungen möglich. Ebenso werden wir die Gensequenzen sehr vieler Lebewesen bestimmen und damit unsere evolutionäre Herkunft im Detail aufklären können. Wir werden das menschliche Gehirn ergründen und Computer konstruieren, die in Teilleistungen das Gehirn weit übertreffen. Ich glaube nicht, daß wir jemals einen Computer besitzen werden, der dem menschlichen Gehirn in allen Leistungen auch nur nahekommt, aber ein Verbund von Mensch und Computer wird in der Lage sein, „übermenschliche" Leistungen zu erbringen. Wir werden keinen Homunculus „kristallisieren", jedoch Roboter werden mit Fähigkeiten aufwarten, die bisher ausschließlich in der belebten Welt anzutreffen waren. Ob wir das als *artificial life* (künstliches Leben) bezeichnen oder nicht, ist reine Geschmackssache. Wir werden den Krebs heilen können, weil wir kontinuierlich mehr und mehr seine Ursachen ergründen. Des weiteren werden wir bei Herz-Kreislauf-Erkrankungen in der Lage sein, früher eine Diagnose zu stellen, um dann rechtzeitig für Abhilfe zu sorgen. Gleichwohl wird es am Ende unerheblich sein, an welcher Krankheit wir sterben, denn auch in Zukunft dürfte unser Alter kaum 100 Jahre übersteigen. Uns kann es eigentlich gleichgültig sein, ob die Stadt der Zukunft einen gläsernen Himmel und eine künstliche Atmosphäre hat. Wir sollten uns aber sehr wohl heute schon fragen, wo wir all die Energie hernehmen, die für eine Kreislaufwirtschaft und für die mit starker Entropieerzeugung belastete Reinhaltung von Luft und Gewässern benötigt wird. Hier wäre *Vorsorge* beizeiten nötig. Freilich wird es viele neuartige Entdeckungen und Erfindungen geben, die sich unsere Phantasie zum jetzigen Zeitpunkt nicht erträumen läßt. Gerade deshalb wird jedes Zukunftsszenario im Detail falsch sein. Es geht uns nicht anders, als es Karl dem Großen ergangen wäre, wenn ein Zeitgenosse ihn nach der Welt des 20. Jahrhunderts gefragt hätte.

Dennoch – *eine* Prognose läßt sich mit ziemlicher Sicherheit stellen: Ob die Geschichte der Menschheit eher die schlechtestmögliche oder die bestmögliche Wendung nehmen wird, hängt davon ab, ob der Mensch endlich lernt, was er in den vergangenen fünf Jahrtausenden seiner Kulturgeschichte nicht gelernt hat, nämlich im Sinne der Menschheit *vernünftig* zu handeln und dafür – analog einem genetischen Programm – definierte Regeln zu erarbeiten und für alle verbindlich zu etablieren.

Der Mensch steht auf der höchsten Sprosse der Evolutionsleiter. Das sage ich nicht, weil ich mir nichts Vollkommeneres vorstellen könnte, sondern weil die Evolution im Menschen eine neue Plattform erreicht hat, die keinem anderen Lebewesen zugänglich ist und von der aus die Evolution in völlig anderer Weise voranschreiten muß. Evolution auf der Basis von Selektion bedarf ständiger mutagener Reproduktion von Informationen, die als „Schriftsatz“ in unseren Genen niedergelegt ist. Mit der Ausbildung von Zellstrukturen und Netzwerken sind neue Formen der Kommunikation zwischen den Zellen entstanden, zunächst vermittels chemischer Signale, die von spezifischen Rezeptoren eingefangen werden, schließlich durch elektrische Signale, die über Synapsen empfangen und weitergeleitet werden. Dadurch konnte sich ein korreliertes Gesamtverhalten des differenzierten Zellsystems entwickeln, das allein in seiner Anlage im Genom vorprogrammiert ist. Selektion hat sichergestellt, daß diese Anlage sich zum Vorteil des Gesamtorganismus auswirkt. Das schließt aus, daß einzelne Zellen oder Zellsysteme gegeneinander arbeiten. Solches geschieht lediglich bei krankhaften Entartungen, etwa beim Krebs. In den Zentralnervensystemen hat sich diese Kommunikation zwischen Zellen zu einer inneren Sprache entwickelt, die das Verhalten, Emotionen, Affekte und Gefühle steuert. Auch diese Anlage wurde genetisch verankert und so selektiert, daß sie sich nicht gegen die Art richtet. Auf diese Weise ist der Mensch in der Evolution entstanden. Dieses genetisch programmierte individualistische und artspezifische Verhalten ist inhärent egoistischer Natur, ist auf Konkurrenz und Sichbehaupten eingestellt, und da, wo es altruistischer Natur zu sein scheint, dient es doch letztlich einem Art- oder Clan-Vorteil, der sich wiederum in irgendeiner Form zum Wohle des Individuums auswirkt.

Der Mensch hat auf diesem Wege eine spezifische, von den übrigen Primaten abweichende Anlage entwickelt, die es ihm gestattete, zu einer Formalisierung der inneren, primär in Entladungen von Nervenzellen codierten Sprache zu gelangen. Diese Formalisierung erleichterte nicht nur die Kommunikation zwischen Artgenossen, sondern begründete die Fähigkeit zu denken, die Resultate niederzulegen, zum Allgemeingut der Menschheit werden zu lassen und nachfolgenden Generationen – in der Form schriftlicher Fixierung – zu vererben. Das bedeutet eine neue Ebene der Informationsvermittlung, ähnlich der primären Ebene der genetischen Information, die der Chemie eine ganz neue Qualität hinzufügte. Auf der Ebene des menschlichen Geistes kann eine neue Form von Evolution stattfinden, die kulturelle Evolution der Menschheit.

Doch da liegt *das* Problem. Die Menschheit ist nicht so etwas wie ein vielzelliger Organismus, in dem zwar jede Zelle ihr individuelles Leben fortführt, jedoch durch die genetische Legislative dem Gesamtwohl der Zellgemeinschaft verpflichtet ist. Kulturelle Information wird dem Individuum nicht vererbt, ebensowenig wie soziales Wohlverhalten. Trotz kultureller Evolution der Menschheit über viele Jahrtausende hinweg führen die Menschen auch heute noch Kriege, und in diesen Kriegen sind sie nicht weniger grausam als eh und je. Wir bilden uns ein, soziales Wohlverhalten sei etwas Naturgegebenes, unsoziales Verhalten dagegen etwas Krankhaftes. Es ist Norm lediglich im Sinne der ursprünglichen Bedeutung des lateinischen Wortes *norma*, das „Regel" oder „Vorschrift" bedeutet.

Wir befinden uns in einem echten Dilemma, denn alle bisherigen Versuche, die Freiheit des Individuums einem Diktat zu unterwerfen, das Individuum zur willenlosen Zelle eines zentral gesteuerten Gesamtorganismus verkümmern zu lassen, haben der menschlichen Gesellschaft letztlich nur geschadet, ja haben Teile der Menschheit geradezu ins Verderben gestürzt. Diese Versuche scheiterten zum einen daran, daß der neue Organismus gar nicht die gesamte Menschheit, sondern lediglich eine bestimmte Gruppierung mit partikulären, oftmals menschenverachtenden Interessen repräsentierte, zum anderen daran, daß die „Führungszellen", die „Gehirnzellen" in diesem Organismus, zumeist selbst verbohrte oder egoistische menschliche Krüppel waren, denen es primär um die Ausübung von Macht ging. Unerhörtes Elend war die Folge derartiger gesellschaftlicher Experimente.

Ideologien können Vernunft nicht ersetzen. Das sollten auch alle politischen Gruppierungen, die auf Parteidisziplin setzen, zur Kenntnis nehmen. Sicher vertreten sie Ideale, die einen richtigen Ansatz enthalten, ob sie sich als rot bezeichnen (wer wäre nicht für soziales Verhalten?), als grün (wer wollte nicht die Umwelt rein erhalten?) oder als schwarz (wer wollte eine Menschheit ohne Barmherzigkeit und Nächstenliebe?). Das gilt ebenso für jene, die die Freiheit des Individuums über alles setzen wollen. Jedes dieser Motive, für sich allein zur Doktrin erhoben, richtet sich gegen unsere Vernunft – bei der übrigens nicht nur der Verstand, sondern auch das limbische System, Emotion und Gefühl, mitwirken. Man kann daher auch in Zukunft die Vernunft keineswegs einfach einem Computer überantworten.

Ein Blick auf die gegenwärtige Lage der Welt mag eher pessimistisch stimmen. Dieses Jahrhundert hat uns in der ersten Hälfte zwei der entsetzlichsten Kriege beschert. Und was haben wir daraus gelernt? Es wird sich nichts ändern, wenn wir nicht unsere Vernunft mobilisieren und Humanität als moralischen Imperativ akzeptieren. Die Zukunft der Menschheit wird nicht auf der genetischen Ebene entschieden. Wir brauchen eine für alle Menschen verbindliche Ethik. Hier harrt die Evolution – eine Evolution vom menschlichen Individuum zur Menschheit – ihrer Vollendung.

3. „Was ist Leben?“ als ein Problem der Geschichte

Stephen Jay Gould

Museum of Comparative Zoology,
Harvard University, Cambridge, Massachusetts

Was ist Leben? als modernistisches Manifest

Das Offensichtliche kann unter Umständen teuflisch schwer zu definieren sein – das beste Beispiel hierfür ist Louis Armstrongs Antwort auf die Frage eines naiv-leidenschaftlichen Fans nach der Definition von Jazz: »Mensch, wenn Du schon fragen mußt, wirst Du es nie begreifen.« Ähnlich unbestreitbar ist die Tatsache, daß Erwin Schrödingers *What is Life*? zu den wichtigsten Büchern der Biologie im 20. Jahrhundert gehört, und doch bleiben die Gründe für seinen Erfolg auf seltsame Weise im dunkeln. Kürze ist der Klugheit Seele, das wußte schon der schwatzhafte alte Polonius, und kurze Werke sind ein seltener Segen in einem Berufsstand, der Wert nur zu oft an Wortreichtum mißt. Doch *What is Life*? scheint mit seinen 90 Seiten doch ein bißchen zu dünn und zu leichtgewichtig, um eine solche intellektuelle Bürde zu tragen (wenngleich man es auch mit unbarmherzigem Pragmatismus so sehen kann, als mache solche Kürze in einem Berufsfeld, das eher von Machern als von Lesern beherrscht wird, den grundlegenden Unterschied zwischen Gelesenwerden und Nichtgelesenwerden aus. So können wir beispielsweise ziemlich sicher sein, wie die richtige, obschon notwendigerweise hypothetische Antwort auf eine alte Frage der „Was-wäre-wenn“-Historie lauten würde: Welchen Unterschied hätte es für die Geschichte der Wissenschaft bedeutet, wenn Wallace nie gelebt und Darwin demzufolge die Muße gehabt hätte, das von ihm geplante vielbändige Werk zu schreiben – statt sich in aller Eile dessen „Kurzfassung“ mit dem wohlbekannten Titel *On the Origin of Species* abzuringen? Da die intellektuelle Welt dem Thema Evolution eindeutig wohlwollend gegenüberstand, lautet die Antwort ohne

Zweifel: überhaupt keinen, außer daß sehr viel weniger Leute Darwins Buch gelesen hätten – sein Einfluß wäre derselbe geblieben. Hinzukommt, daß sich ein Großteil der geistigen Grundlage von *What is Life?* – Delbrücks frühe Überlegungen zur Stabilität von Genen – als falsch erweisen sollte (Crow 1992, S. 238). Weshalb also verdient es dieses 50jährige Jubiläum so sehr, von uns begangen zu werden?

Zunächst einmal läßt sich kaum leugnen, welche Wertschätzung dieser Schrift von vielen Mitbegründern der modernen Molekularbiologie entgegengebracht wurde, die sie als zukunftsweisendes Werk priesen. Jim Watson schreibt Schrödingers Buch *den* entscheidenden Einfluß zu, der ihn dazu veranlaßt habe, sich mit der Struktur von Genen zu beschäftigen (Judson 1979). Francis Crick behauptet von sich Ähnliches, wenngleich mit derselben Verwunderung, der so viele andere auch Ausdruck geben: »Es ist vor allem ein Buch, das von einem Physiker geschrieben ist, der sich in der Chemie überhaupt nicht auskennt! Aber ... es ließ erkennen, daß man über biologische Probleme mit physikalischen Begriffen nachdenken konnte – und erweckte dadurch den Eindruck, daß aufregende Dinge auf diesem Gebiet in nicht allzu weiter Ferne lagen« (zitiert in Judson 1979, S. 109). (Zur Illustration jener allgemeinen Verwunderung sei an dieser Stelle ein Kommentar von Jim Crow aus jüngster Zeit angeführt (1992, S. 238): »Genau wie Gunter Stent weiß auch ich nicht, weshalb das Buch einen solchen Einfluß hatte, aber ich weiß, was mich damals am meisten beeindruckt hat.«)

Crow bringt anschließend eine exzellente Zusammenfassung der Hauptgedanken und -erkenntnisse des Buches, welche die zweite Ursache für seinen Einfluß darstellen:

> »Vielleicht war es Schrödingers Charakterisierung des Gens als „aperiodischer Kristall". Vielleicht war es seine Sicht des Chromosoms als eine verschlüsselte Botschaft. Vielleicht war es seine Feststellung, daß Leben sich ›aus negativer Entropie speist‹. Vielleicht war es seine Vorstellung, daß die in der Quantenmechanik geltende Unbestimmtheit auf Genebene durch die Zellproliferation zu molarer Bestimmtheit konvertiert wird. Vielleicht war es seine Betonung der Stabilität des Gens und seiner Fähigkeit, Ordnung aufrechtzuerhalten. Vielleicht war es sein Glaube, daß die allzu augenfälligen Schwierigkeiten bei der Erklärung von Leben mittels physikalischer Gesetze nicht notwendigerweise bedeuten müsse, daß man irgendein superphysikalisches Gesetz zu finden habe, wenngleich ein paar neue physikalische Gesetze vielleicht schon nötig seien.«

Ich habe nicht vor, diesen höchst angemessenen Festakt madig zu machen, indem ich die Bedeutung von *What is Life?* in irgendeiner Form in Frage stelle. Ich möchte aber doch zu bedenken geben, daß Schrödingers deutlich formulierter Anspruch auf die nahezu selbstverständliche Allgemeingültigkeit der von ihm gewählten Form der Auseinandersetzung mit biologischen Problemen zum einen logisch überzogen, zum anderen aber gesellschaftlich unabdingbar war, und zwar durch die Zeit, in der er lebte. Diese beiden einschränkenden Faktoren sind im übrigen sehr hilfreich, wenn wir verstehen wollen, weshalb ein beachtlicher Teil der biologischen Gemeinde, darunter auch meine Amtsbrüder aus der Paläontologie und den Evolutionswissenschaften, durch Schrödingers Argumente weit weniger beeindruckt und beeinflußt wurde und unbeirrt an der Überzeugung festhielt, daß man zur Beantwortung von „Was ist Leben?“ sehr viel mehr Dinge zu berücksichtigen hat, als Schrödingers Philosophie sich hätte träumen lassen.

Schrödinger (1944, S. VII; dieser und alle folgenden Auszüge aus *What Is Life?* sind nach der aktuell lieferbaren deutschen Ausgabe (Piper, München, 1993) zitiert) beginnt sein Vorwort damit, daß er die vereinheitlichende Betrachtungsweise zum erklärten Traum und Ziel aller Wissenschaft erklärt:

> »Wir haben von unseren Vorfahren das heftige Streben nach einem ganzheitlichen, alles umfassenden Wissen geerbt. Bereits der Name der höchsten Lehranstalten erinnert uns daran, daß seit dem Altertum und durch viele Jahrhunderte nur die *universale* Betrachtungsweise voll anerkannt wurde ... Es wird uns klar, daß wir erst jetzt beginnen, verläßliches Material zu sammeln, um unser gesamtes Wissensgut zu einer Ganzheit zu verbinden.«

Schrödinger stellt dieses Streben nach Vereinheitlichung als das unangefochtene, logisch notwendige, dringende Bedürfnis von Wissenschaftlern aller Zeitalter dar. Dabei gilt im Grunde genau das Gegenteil. Die von ihm umrissene Universalität war das definierte Ziel einer eigenständigen Bewegung, die aus den besonderen sozialen Umständen zu Zeiten des jungen Schrödinger erwachsen war; dem nationalistischen Blutbad des Ersten Weltkriegs folgte die Hoffnung auf eine vernunftregierte Universalität. Wenn wir den gesellschaftlich bedingten Charakter seiner Hauptaussagen in Betracht ziehen, verstehen wir, weshalb Schrödingers Antwort auf die Frage „Was ist Leben?“ keinen Anspruch auf Allgemeingültigkeit besitzt, sondern als vergängliches Produkt einer bestimmten Epoche der Geschichte des 20. Jahrhunderts gesehen werden muß.

Das Streben nach einer „Einheitswissenschaft“ bildete einen Hauptaspekt des logischen Positivismus, einer in den zwanziger Jahren von den Philosophen der Wiener Schule begründeten Denkrichtung. Unter der Federführung zweier prominenter Vertreter des „Wiener Kreises“, Rudolf Carnap und Otto Neurath, vertraten die Anhänger dieser Bewegung die Ansicht, daß allen Wissenschaften eine gemeinsame Sprache, gemeinsame Gesetze und Methoden zugrunde liegen müssen. Man ging davon aus, daß zwischen biologischer und physikalischer Wissenschaft oder auch zwischen

Natur- und mit exakten Methoden betriebener Sozialwissenschaft keine grundlegenden Unterschiede existieren.

Dieses Streben nach einer Einheit der Wissenschaften hatte auf die Biologie einen enormen Einfluß, war dieses Gebiet doch über lange Zeit hinweg als zu eigentümlich und zu beschreibend erachtet worden, um unter dem Dach einer allgemeinen Wissenschaftstheorie Platz zu finden (zur Rolle dieser Wissenschaftslehre bei der Entwicklung der „synthetischen Theorie" der Evolution der dreißiger und vierziger Jahre siehe Smocovitis 1992). Schrödinger befand sich in einer idealen Position für die Umsetzung der Ziele dieser Bewegung in die Biologie. In Wien geboren und aufgewachsen, hatte er an der Universität Wien studiert. Er erhielt den Nobelpreis in Physik, der „zentralen" oder „höchsten" Wissenschaft, der sich nach der fundamental reduktionistischen Sichtweise der Wissenschaftslehre des Wiener Kreises – sowie des logischen Positivismus insgesamt – alle anderen Wissenschaften zuzuordnen haben würden. Wie hätte Schrödinger sein Buch anlegen sollen, wenn nicht im Sinne einer Suche nach Vereinheitlichung auf der Grundlage physikalischer Gesetze?

Wenn Schrödingers Glaube an eine reduktive Vereinheitlichung dem Streben nach einer Einheit der Wissenschaften entsprang, so war diese Bewegung selbst und die ihr zugrundeliegende Philosophie wiederum eingebettet in die größere kulturelle Strömung der „Moderne" mit ihren tiefgreifenden Einflüssen auf Gebieten wie Kunst, Literatur und Architektur. Das künstlerische Streben der Moderne galt vor allem anderen der Reduktion und Vereinfachung, der Abstraktion und der Universalität. In den Händen eines Meisters wie des Architekten Mies van der Rohe mögen moderne Gebäude (des sogenannten „internationalen Stils", der seinen Namen eben jener Utopie von Universalität verdankt) elegant und mächtig wirken; die Tausende von eilig hingehauenen Nachbildungen aber, jener Abklatsch, der inzwischen überall auf unserem Planeten aus dem Boden schießt und ihn verschandelt, sind der Fluch der Städte in der Dritten Welt und bilden die Antithese zum Beharren auf regionalen Eigenheiten und zur Pflege berechtigten lokalen Stolzes.

What is Life? wird in der Regel als zeitlose Darstellung einer unverrückbaren Logik der Wissenschaften gesehen; ich schlage eine entgegengesetzte Lesart vor: Sehen wir es als ein soziales Dokument an, das die Ziele jener Bewegung zur Vereinheitlichung der Wissenschaften repräsentiert, als Ausdruck einer übergeordneten Weltsicht, die wir als Moderne bezeichnen. So betrachtet sind die Stärken und Schwächen in Schrödingers Buch mit den Stärken und Schwächen der Moderne im allgemeinen verwoben. Einem Großteil des modernistischen Geistes kann ich meinen Beifall zollen, insbesondere seinem Optimismus und seinem Streben nach gegenseitigem Verstehen auf der Grundlage einheitlicher Prinzipien. Gleichzeitig bedaure ich aber seine Tendenz zur Normierung in einer Welt von solch wunderbarer Vielfalt. Und den seiner Suche nach allgemeingültigen Gesetzen von höchster Abstraktion zugrundeliegenden Reduktionismus lehne ich ausdrücklich ab.

Die weithin anerkannten gesellschaftlichen Schwächen der Moderne (vor allem ihre Tendenz, einer Mode die Vorherrschaft über andere legitime Mitbewerber zuzuerkennen), haben in unserer Generation eine Gegenbewegung entstehen lassen, die man (ohne große Phantasie) als Postmoderne bezeichnet. Und wenn ich auch vieles an der Postmoderne als beklagenswert empfinde (angefangen von Albernheiten auf dem Gebiet der Architektur bis hin zu literarischen Plattheiten) und obgleich man die postmodernen „Errungenschaften“ keineswegs als höhere Wahrheiten betrachten darf, sondern lediglich als gesellschaftliche Merkmale unserer eigenen Zeit (gerade so, wie die Moderne frühere Dekaden widerspiegelte), so finde ich doch eine ganze Menge Aspekte von unschätzbarem Wert in der postmodernen Ablehnung der modernistischen Suche nach alleingeltenden, abstrakten Lösungen. Mein Beifall gilt besonders der postmodernen Betonung von Spielfreudigkeit und Pluralismus, seiner Anerkennung der unverminderbaren Bedeutung lokaler Details und der Überzeugung, daß es vielleicht eine einzige Wahrheit geben mag (eine Annahme, die viele Postmodernisten allerdings ebenfalls bestreiten würden, wobei ich mich persönlich von derartigen nihilistischen Tendenzen distanzieren möchte), daß aber unsere Perspektiven der Wahrheit von ebenso vielfältiger Gültigkeit sind wie unsere durch die jeweilige gesellschaftliche Position bedingte Art ihrer Betrachtung. Ein Postmodernist würde wohl kaum einer universalen Antwort auf eine Frage wie „Was ist Leben?“ Glauben schenken – schon gar nicht einer Antwort, die, wie Schrödingers, ihre Wurzeln in der modernistischen Maxime einer Reduktion auf allgemeingültige, grundlegende Prinzipien hat.

Kurz, vieles an Schrödingers Buch gefällt mir außerordentlich, seine Schwächen sehe ich als Ausdruck genereller Probleme der modernistischen reduktionistischen Philosophie, die diese Arbeit durchdringt. Als Evolutionsbiologe, welcher der Betrachtung von Gesamtorganismen und ihrer Lebensgeschichte verpflichtet ist, empfinde ich Schrödingers Antwort sicher nicht als falsch, wohl aber als beklagenswert fragmentarisch und als eine Antwort, die die tiefgreifendsten Belange meines eigenen Gebietes kaum berührt.

Man kann sich kaum eine sympathischere oder konziliantere Form des Reduktionismus vorstellen als das von Schrödinger als zentrales Thema von *What is Life?* vorgebrachte Argument – denn er vertritt hier nicht die anmaßende alte Newtonsche Behauptung, daß biologische Wesen »nichts anderes« sind als physikalische Objekte von höchster Komplexität und demzufolge schlußendlich reduzierbar sein müssen auf die von der Königin der

Wissenschaften herausgearbeiteten allgemeingültigen Gesetze. Schrödinger gesteht zu, daß biologische Objekte von anderer, eigener Qualität sind. Letztlich müssen sie durch physikalische Prinzipien zu erklären sein, doch dies müssen nicht notwendigerweise Prinzipien sein, die uns bereits bekannt sind. Aus diesem Grunde wird die Biologie (indem sie das Material liefert, aus dem sich diese unbekannten Gesetze werden ableiten lassen) der Physik einen ebenso großen Dienst erweisen, wie ihn die Physik der Biologie erweisen kann, indem sie letztendlich eine universale Erklärung für alle Dinge liefert:

> »Aus Delbrücks allgemeinem Bild von der Erbsubstanz geht hervor, daß die lebende Materie zwar den bis jetzt aufgestellten „physikalischen Gesetzen" nicht ausweicht, wahrscheinlich aber doch bisher unbekannten „anderen physikalischen Gesetzen" folgt, die einen ebenso integrierenden Teil dieser Wissenschaft bilden werden wie die ersteren, sobald sie einmal klar erkannt sind.« (Schrödinger 1944, S. 69.)

Anschließend versucht Schrödinger, das Wesen der Erbsubstanz aus eben diesem fehlenden Einklang mit jenen physikalischen Gesetzen herzuleiten, von denen man weiß, daß sie für die kleinsten Teilchen der unbelebten Materie gelten:

> »... nach allem, was wir von der Struktur der lebenden Materie gehört haben, müssen wir darauf gefaßt sein, daß sie auf eine Weise wirkt, die sich nicht auf die gewöhnlichen physikalischen Gesetze zurückführen läßt, und zwar nicht deswegen, weil eine „neue Kraft" oder etwas ähnliches das Verhalten der einzelnen Atome innerhalb eines lebenden Organismus leitete, sondern weil sich dessen Bau von allem unterscheidet, was wir je im physikalischen Laboratorium untersucht haben.« (Schrödinger 1944, S. 76.)

In seiner neuen Welt der Quanten schafft der »Wahrscheinlichkeitsmechanismus der Physik« (Schrödinger 1944, S. 79) makroskopische Ordnung aus molekularer Unordnung. »Unsere schöne statistische Theorie, auf die wir mit Recht so stolz waren, ... weil sie uns erlaubte, hinter den Vorhang zu sehen und zu beobachten, wie aus atomarer und molekularer Unordnung die großartige Ordnung exakter physikalische Gesetze entsteht« (Schrödinger 1944, S. 80). Die Komplexität der Erbsubstanz erfordert ein neues Prinzip der „Ordnung aus Ordnung":

> »Die Geordnetheit in der Entfaltung des Lebens entspringt einer anderen Quelle. Offenbar gibt es zwei verschiedene „Mechanismen" zur Erzeugung geordneter Vorgänge, den „statistischen Mechanismus", der Ordnung aus Unordnung erzeugt, und den neuen Mechanismus, der „Ordnung aus Ordnung" schafft ... deshalb waren die Physiker so stolz, daß sie auf das andere Prinzip gestoßen waren, auf das der „Ordnung aus Unordnung", nach dem die Natur tatsächlich verfährt ... . Wir dürfen nun aber nicht erwarten, daß die daraus ab-

> geleiteten „Gesetze der Physik“ ohne weiteres das Verhalten der lebenden Substanz erklären, deren auffallendste Merkmale sichtlich weitgehend auf dem Prinzip der „Ordnung aus Ordnung“ beruhen. Man wird nicht erwarten, daß zwei vollständig voneinander verschiedene Mechanismen die gleiche Art von Gesetzlichkeit hervorbringen – man wird schließlich auch nicht erwarten, daß der eigene Hausschlüssel auch zur Türe des Nachbarn paßt.« (Schrödinger 1944, S. 80.)

Diese Argumente veranlaßten Schrödinger zu seiner wohl berühmtesten Schlußfolgerung, jener Idee, die seinem kleinen Buch einen solch historischen Einfluß sichern sollte – die Überlegung, daß man das Gen als einen „aperiodischen Kristall“ zu betrachten habe.

„Was ist Leben?“ – eine Frage nach Pluralismus

Ein Titelproblem

Vor dem soeben umrissenen Hintergrund kann man mir, glaube ich, weder Haarspalterei noch übertriebene Trivialität vorwerfen, wenn ich feststelle, daß mein Hauptproblem bei *What is Life?* mit dem unausgesprochenen Anspruch seines Titels zu tun hat. Gleich auf der ersten Seite formuliert Schrödinger die Frage, die er in seinem Buch zu beantworten sucht:

> »Die große, wichtige und heiß umstrittene Frage lautet: Wie lassen sich die Vorgänge in Raum und Zeit, welche innerhalb der räumlichen Begrenzung eines lebenden Organismus vor sich gehen, durch die Physik und die Chemie erklären?« (Schrödinger 1944, S. 1.)

(Diese Formulierung liefert zumindest eine Plattform von den Dimensionen eines kompletten lebenden Organismus, obwohl *What is Life?* dann im weiteren nahezu ausschließlich die physikalische Beschaffenheit der Erbsubstanz diskutiert.)

Kurz gesagt, – argumentiert Schrödinger ganz im reduktionistischen Geiste der Moderne –, daß wir die Antwort auf die Frage „Was ist Leben?“ in dem Moment haben werden, in dem wir verstanden haben, woraus die kleinsten Teile der Erbsubstanz bestehen und welchem universalen Funktionsprinzip sie folgen. Ich verkenne nicht, welch unschätzbarer Wert darin besteht, sich über Beschaffenheit und Bauprinzip des genetischen Materials klar zu werden. Doch gibt uns dieses Wissen wirklich eine angemessene Antwort auf „Was ist Leben?“ Gehört nicht mehr, sehr viel mehr dazu, und müßte sich diese Tatsache nicht in jedem einigermaßen einfühlsamen Konzept einer entsprechenden Frage niederschlagen? Von einem sehr einseitigen Standpunkt als Paläontologe her betrachtet, muß ich Schrödingers enggefaßte Formulierung zurückweisen, denn ihre Gültigkeit machte mein eigenes Arbeitsgebiet irrelevant oder bestenfalls vollkommen nebensächlich. Wenn das Wissen um die physikalische Beschaffenheit der Erbsubstanz die Frage „Was ist Leben?" beantwortet, warum versucht dann mein eigener Berufsstand so unermüdlich, der Entwicklungsgeschichte über Zeiträume in Größenordnungen von Jahrmilliarden nachzuspüren? Die Erde wäre demnach bestenfalls eine Plattform, auf der die Einzelheiten einer Geschichte dokumentiert sind, die durch eine Theorie bestimmt ist, welche sich einzig und allein auf das Wissen um die Beschaffenheit der kleinsten Bausteine der zugrundeliegenden Materie gründet. Von diesem Standpunkt aus betrachtet wäre es den Paläontologen unmöglich, irgendeine Theorie aus der Makrowelt abzuleiten oder irgendeinen Beitrag zur vollständigen Beantwortung von „Was ist Leben?" zu leisten. Uns bliebe nur die Dokumentation einer tatsächlichen, Realität gewordenen Geschichte, und ein solches Unterfangen ist trivial, wenn sich aus ihm keine theoretischen Einsichten ergeben.

Immanente Quellen für eine reduktionistische Sichtweise

Was also ist Leben, wenn man über das Funktionieren seiner kleinsten Teile hinausgeht? Was hat uns veranlaßt anzunehmen, daß wir eine so weitreichende Frage in einem so begrenzten Rahmen würden beantworten können? Und weshalb sind so viele von uns mit so unvollständigen Antworten wie denen Schrödingers vollkommen zufrieden? Zum Teil liegt die Schuld hierfür in einer Reihe von Traditionen und sozialen Gegebenheiten, die außerhalb der Paläontologie und anderer Unterabteilungen der organischen Biologie ihren Ursprung haben. Physikneid ließ die Verlautbarungen großer Wissenschaftler auf diesem Gebiet, insbesondere die von Nobelpreisträgern (denn unsere Disziplinen werden mit dieser Art von Preisen niemals bedacht), des besonderen Respekts würdig (und in hohem Maße immun gegen Kritik) erscheinen. Die Popularität der Moderne gab alten reduktionistischen Tendenzen neuen Auftrieb. Mangelnder Stolz auf unsere eigenen Erkenntnisse (eine weitere Konsequenz des Reduktionismus und des Physikneids) machte uns empfänglich für fremde Gurus.

Andere Faktoren aber haben mit unseren ureigenen Gepflogenheiten und konventionellen Erklärungsformen zu tun – und deshalb müssen wir auch allein uns selbst die Schuld dafür geben, daß wir den Reduktionismus allzu bereitwillig akzeptiert und unsere eigenen Phänomene, die uns Stoff genug zur Entwicklung von Theorien für eine vollständigere Antwort auf

„Was ist Leben?“ geboten hätten, zu bedenkenlos preisgegeben haben. Der klassische Darwinismus selbst akzeptiert nicht nur, er propagiert sogar eine reduktionistische Denkweise, welche die geologische Bühne schon lange vor der späteren, drastischeren Version der Molekulargenetik zu theoretischer Bedeutungslosigkeit verdammt hatte.

Es gibt zwei wesentliche Gesichtspunkte in einem streng darwinistischen Weltbild, die der Reduktion der schillernden biologischen Prachtentfaltung in geologischen Zeiträumen auf das aktuelle Funktionieren von Organismen – wenn nicht sogar bis hinunter auf das Niveau der physikochemischen Beschaffenheit der Erbsubstanz – Vorschub leisten. Zum einen identifiziert die Theorie der natürlichen Selektion den um seinen Fortpflanzungserfolg ringenden Organismus als einzigen Ort kausaler Veränderungen – und spricht dabei ausdrücklich einer „höheren“ biologischen Instanz wie Art oder Ökosystem jedweden kausalen Einfluß ab. Die Schönheit und die Radikalität von Darwins System liegt vor allem in seiner Verneinung irgendeines übergreifenden Ordnungsprinzips (wie des göttlichen Waltens in älteren Theorien) sowie in der Tatsache, daß es Phänomene höherer Ordnung (wie die Harmonie von Ökosystemen oder die vorteilhafte Anlage organischer Baupläne) Konsequenzen und Nachklängen einer Kausalität zuschreibt, die auf einem niedrigeren Niveau fußt.

Zum zweiten addieren sich in der großen Vision der Universalität – so überaus eindrucksvoll gepredigt von Darwins Guru Charles Lyell – reibungslos alle Zeitmaßstäbe und alle Größenordnungen von Ereignissen, so daß die Summe all dessen als Extrapolation von beobachtbaren kausalen Abläufen geringfügigster, in kurzen Augenblicken stattfindender Ereignisse verstanden werden kann – der Grand Canyon als Körnchen für Körnchen über Jahrmillionen hinweg akkumulierte Erosion, Evolutionstendenzen als graduelle Ansammlung zahlloser minimaler Veränderungen, die sich Generation für Generation aufsummieren.

Wir beobachten diese nahtlos ineinander fließenden Kausalzusammmenhänge geringfügigster Ereignisse in Darwins eigenem Gedankengebäude der natürlichen Selektion, die er als analog zu den beobachtbaren Vorgängen der künstlichen Auslese im Rahmen von Domestikation und Landwirtschaft formuliert, bei der sich Ereignisse von noch geringeren Größenordnungen addieren. Wenn schon Menschen mit ihrem so fragmentarischen Wissen im Laufe der Jahrhunderte Veränderungen haben bewirken können, was vermag dann erst eine rücksichtslos effiziente, über riesige Zeiträume hinweg wirkende Natur erreichen:

> »Wenn schon der Mensch durch seine planmäßige und unbewußte Zuchtwahl große Erfolge erzielt, was muß erst die natürliche Zuchtwahl erreichen können! Der Mensch kann nur auf äußerlich sichtbare Merkmale wirken; die Natur ... fragt nicht nach dem Aussehen ... sie kann auch auf innere Organe wir-

ken, auf den kleinsten körperlichen Unterschied, auf die ganze Maschinerie des Lebens ... Wie unbestimmt sind die Wünsche und Anstrengungen des Menschen, wie knapp bemessen ist seine Zeit. Und wie armselig sind seine Erfolge im Vergleich zu denen, die die Natur im Laufe ganzer geologischer Perioden hervorgebracht hat.« (Darwin 1859, S. 125.)

Hinzu kommt, daß der Schauplatz Natur es geringfügigen, alltäglichen Ereignissen gestattet, jede nur erforderliche Größenordnung zu erreichen – einfach, indem er ihnen genügend Zeit gewährt. Zur Erreichung neuer Maßstäbe benötigen wir keine neuen Kräfte, keine Katastrophen von globalen Ausmaßen. Der Reduktionismus funktioniert, weil sich die gesamte Kausalstruktur sowohl der Erd- als auch der Lebensgeschichte in innerhalb beobachtbarer Augenblicke ablaufenden minimalen Ereignissen dingfest machen läßt.

Dieser Glaube an ein kausales Gleichmaß lieferte die Grundlage für ein gradualistisches Credo, auf dessen Konto ein weites Spektrum an Irrtümern im Rahmen unserer Bemühungen um ein Verständnis der Naturgeschichte geht – angefangen von den tröstlichen Darstellungen (Gould 1989) der Evolution als einer Leiter des Fortschritts (was die Morphologie betrifft) oder eines Kegels von zunehmender Breite (was die Vielfalt angeht) bis hin zu Dogmen über den steten Gang geologischer Veränderungen, die Davies in den einleitenden Worten seiner Rezension von Derek Agers posthum erschienenem Buch über den Neokatastrophismus so treffend wiedergibt:

»„Faschist!" Bei politischen Kundgebungen ist das die ultimative Beleidigung, sie wird zumeist als Einleitung zu weiteren, noch gröberen linken Verbalattacken gebrüllt. „Katastrophist!" In meinen frühen Forschertagen war das die ultimative Beleidigung, die man einem Geologen entgegenschleuderte, der außerhalb des gerade herrschenden Dogmas vom Gleichmaß geologischer Abläufe herumstreunte. ... Wir zogen es vor zu glauben, daß alles erdgeschichtlich Bedeutsame Ergebnis langfristiger gradualistischer Naturvorgänge sei. ... In mariner Umgebung gebildete Sedimentschichten interpretierten wir als ganz allmähliche Akkumulation von Teilchen, die über Äonen hinweg Stück für Stück auf den Meeresboden geregnet waren.« (Davies 1993, S. 115.)

„Was ist Leben?" als hierarchisches und historisches Problem

Unter dem Einfluß des pluralistischen Geistes der Postmoderne entfernt sich die zeitgenössische Evolutionstheorie heute von den einschränkenden reduktionistischen Ansätzen sowohl eines Schrödinger (demzufolge „Was ist Leben?" sich aus der Kenntnis der physikalischen Beschaffenheit der kleinsten Bestandteile beantworten läßt) als auch eines Darwin (demzufolge Vorgänge auf höherer Ebene und in größeren Zeitmaßstäben sich als kausale Extrapolationen aus Vorgängen ableiten lassen, die in einer beobachtbaren Gegenwart auf Einzelorganismen einwirken). Zwei Aspekte – Hierarchie und die Zufallsabhängigkeit (*contingency*) der Geschichte – verhelfen uns zu der Einsicht, daß eine Lösung im Sinne Schrödingers oder Darwins jeweils nur eine Teilantwort auf „Was ist Leben?“ geben kann und daß viele lebenswichtige und legitime Fragen, die mit diesem Mysterium der Zeitalter verflochten sind, nach einer geschlossenen Theorie verlangen, die über eine reine Phänomenologie hinausgeht – eine Theorie, deren zentrales Thema die Vorgänge auf der Ebene großer Zeiträume und die großen Umwälzungen der Evolution sind und die sich nur aus diesen ableiten läßt.

Hierarchie

Zwei voneinander unabhängige Aspekte, die sich beide auf ein allgemeines Konzept einer strukturierten Organisation von Phänomenen in zeitlicher Abfolge und in Ebenen von unterschiedlicher Komplexität gründen, stehen der Hoffnung entgegen, eine adäquate Antwort auf „Was ist Leben?“ allein auf der Ebene von Genen und deren Aufbau finden zu können.

Hierarchie in der Formulierung einer evolutionären Theorie der Selektion. Die Begründer der modernen Evolutionstheorie haben stets eine gewisse deskriptive Hierarchie zugestanden (Dobzhansky 1937, Kommentar in Gould 1982), doch akzeptierten diese Wissenschaftler im allgemeinen eine kausale Reduktion auf variable Genhäufigkeiten innerhalb einer Population. Die Annahme einer expliziten kausalen Hierarchie innerhalb der Selektionstheorie hat seit den frühen siebziger Jahren eine umfassende Diskussion ausgelöst. Die gemäßigte Form hierarchischer Überlegungen in diesem Zusammenhang besagt, daß Ereignisse auf Makroevolutionsebene mit Mikroevolutionstheorien zwar vollständig im Einklang stehen, daß sie sich jedoch nicht allein aus den Dogmen der Mikrowelt ableiten lassen, weshalb eine direkte Beschäftigung mit Phänomenen auf höherer Ebene erforderlich sei (Stebbins und Ayala 1981).

Die verschärfte Form setzt sich von Darwins Schlüsselforderung ab, daß Organismen der ausschließliche Angriffspunkt der natürlichen Selektion sind (oder von dem noch reduktionistischeren Argument von Dawkins (1976) und anderen, daß möglicherweise Gene als die eigentlichen „Personen“ fungieren). Die hierarchische Theorie der natürlichen Selektion geht davon aus, daß biologische Objekte auf verschiedenen, aufsteigenden Ebenen einer strukturellen Hierarchie, innerhalb derer sich aufeinanderfolgende Organisationsstufen jeweils einschließen darunter vor allem Gene, Organismen und Arten, allesamt (parallel) als rechtmäßige Zentren der natürlichen Selektion gelten können. (Arten sind natürliche Objekte, keine Abstraktionen, und sie verfügen über alle Schlüsseleigenschaften – Individualität, Fortpflanzungsfähigkeit und Vererbung –, die es einer biologischen Einheit erlauben, als Einheit der Selektion aufzutreten.) Wenn Arten jedoch wichtige, unabhängige Selektionseinheiten darstellen und wenn man einen Großteil der Evolution als den unterschiedlichen Selektionserfolg von Arten ansehen muß und nicht als eine Extrapolation der Vorherrschaft bevorzugter Gene in Populationen, dann ist es notwendig, das Muster der Evolution – ein wichtiger Teil von „Was ist Leben?“ – unter dem Gesichtspunkt der mannigfaltigen Lebensdauern von Arten zu untersuchen. Dies aber bedeutet nichts anderes als eine Betrachtung in geologischen Zeiträumen (Stanley 1975, Vrba und Gould 1986, Lloyd und Gould 1993, Williams 1992).

Das Verhalten der Erde. Selbst wenn die natürliche Selektion im Prinzip Evolutionsprozesse jeder Größenordnung durch einfaches Anhäufen entstehen lassen könnte, müßte die Erde diesen Fortgang auch zulassen, damit der gradualistische Durchsatz stattfinden kann. Verhielte sich die Erde nämlich ungebührlich, indem sie beispielsweise die sich allmählich ansammelnden Sequenzen immer wieder durch Katastrophen größeren Ausmaßes entgleisen ließe oder zurückwerfen würde, dann wären die Ursachen für ein evolutionäres Gesamtmuster überaus komplex – die Komponente, die seltenen Ereignisse von großer Tragweite zuzuschreiben ist, kann mit Hilfe der traditionellen, vereinheitlichten Analyse gewöhnlicher, stetig ablaufender Ereignisse nicht erfaßt werden.

Die indirekte Bestätigung (Krogh et al. 1993) der Alvarez-Hypothese von einem meteoritenbedingten Massensterben der Arten am Ende der Kreidezeit (Alvarez et al. 1980) hat eine allgemeine Neubewertung angeregt und auch die Bereitwilligkeit erhöht, solchen Ereignissen und Vorgängen auf höheren Ebenen der Hierarchie von Zeit und Größenordnung eine wichtige Rolle zuzugestehen. Davies (1993, S. 115) fährt mit seiner Kritik am klassischen Uniformitarianismus fort:

> »Nun ist alles anders geworden. Wir schreiben die Erdgeschichte neu. Wo wir einst ein glattes Förderband sahen, finden wir nun eine Rolltreppe. Die Stufen dieser Rolltreppe repräsentieren lange Ruhephasen, in denen relativ wenig geschieht. Die Absätze stellen Episoden relativ plötzlicher Veränderungen dar, in deren Verlauf Landschaften und ihre Bewohner in einen gänzlich neuen Zustand versetzt werden. Sogar die konservativsten Geologen unserer Zeit berufen sich inzwischen auf Sedimentverwerfungen, Phasen explosiver organischer Evolution, massive Vulkanausbrüche, kontinentale Kollisionen und furchterre-

gende Meteoriteneinschläge. Wir Leben in einer Ära des Neokatastrophismus.«

Betrachten wir nur einmal drei in den vergangenen 20 Jahren viel diskutierte Beispiele für makroevolutionäre Phänomene, die zu den Kernpunkten jeder befriedigenden Antwort auf „Was ist Leben?“ gehören sollen, sich aber durch das bloße Verständnis von der Struktur des genetischen Materials oder durch irgendeine sinnvolle Herleitung aus dieser Mikroebene nicht zufriedenstellend lassen.

1. Evolutionäre Trends in einer Welt des unterbrochenen Gleichgewichts (Eldredge und Gould 1972; Gould und Eldredge 1993), in der sich Gerichtetheit aus dem unterschiedlichen Erfolg unterschiedlich prädisponierter Teilgruppen stabiler Arten innerhalb von Kladen und nicht aus der anagenetischen Transformation (Höherentwicklung) innerhalb einer Linie ergibt und in der ein beachtlicher Anteil des unterschiedlichen Erfolgs von Arten durch Selektion auf dem Artniveau selbst zu erklären ist.
2. Massensterben, die rascher erfolgt sind (in manchen Fällen durch echte Katastrophen im Zeitrahmen von Augenblicken bis Tagen und mit tödlichen Auswirkungen über vielleicht nur Jahrhunderte oder Jahrtausende), und von höherer Wirksamkeit, von größerer Häufigkeit und auf ein sehr viel breitergefächertes Ursachenspektrum zurückzuführen sind, als wir uns dies in unserer bisher bevorzugten Lyellschen Denkweise hätten träumen lassen.
3. Die zeitliche Beschränkung und die Effektverstärkung, die bestimmte Episoden der Neuentstehung in der Naturgeschichte zeigen, insbesondere jene „kambrische Explosion“, aus der nahezu alle (heute noch gültigen) Hauptentwürfe vielzelligen Lebens hervorgegangen sind. Durch neue und sehr präzise radiochemische Altersbestimmung hat man inzwischen die kambrische Explosion auf einen Zeitraum von nur etwa fünf Millionen Jahren eingeschränkt (Bowring et al. 1993). Im Gegensatz zur früheren, traditionell progressivistischen Sichtweise, der zufolge aus diesem Ereignis lediglich die Vorläuferformen moderner Vertreter hervorgegangen sind, läßt eine nach 30 Jahren unternommene Neuuntersuchung des Burgess-Schiefers (mit jener spektakulären Weichtierfauna aus der Mitte des Kambriums, die unmittelbar nach besagter Explosion entstanden sein muß) darauf schließen, daß die Bandbreite der damals vorhandenen anatomischen Entwürfe unseren heutigen Rahmen weit überschreitet (obwohl seither 500 Millionen Jahre Zeit gewesen wäre, neue Anatomien zu entwickeln) und daß die Naturgeschichte seit der kambrischen Explosion im großen und ganzen eine Geschichte der Beschneidung ursprünglich vorhandener Möglichkeiten gewesen ist. Von

einer einzigen Ausnahme (den zu Beginn des anschließenden Ordiviziums entstandenen Bryozoen) abgesehen ist seit der kambrischen Explosion kein neuer Tierstamm mehr entstanden. Welche genetischen und entwicklungsbiologischen Ausgangsbedingungen dieses Kardinalereignis auch immer zugelassen haben, hier hat es sich gewiß nicht um einen normalen Gang der Dinge gehandelt, wie er sich einfach aus darwinistischen Veränderungen in modernen Populationen ableiten ließe (Whittington 1985; Gould 1989). Auf „Was ist (vielzelliges) Leben?" können wir erst antworten, wenn wir solche Ereignisse verstehen.

Die Zufallsabhängigkeit der Geschichte

Wenden Sie alle herkömmlichen „Naturgesetze" an, die Ihnen einfallen; fügen Sie diesem reichhaltigen Schatz alles hinzu, was wir lernen werden, wenn wir die Gesetze und Prinzipien von höheren Ebenen, anderen Größenordnungen und längeren Zeiträumen begreifen – und immer noch wird uns ein entscheidendes Puzzleteil zur Beantwortung von „Was ist Leben?" fehlen. Wir können die Ereignisse unserer komplexen natürlichen Welt vielleicht in zwei große Gruppen einteilen – wiederholbare und vorhersagbare Vorfälle von hinreichender Allgemeingültigkeit, um als Konsequenzen natürlicher Gesetze erklärbar zu sein, und einzigartige Zufallsereignisse, die in einer Welt voller Chaos wie auch echter ontologischer Zufälligkeit auftreten, weil sich bestimmte komplexe historische Entwicklungen eben auf besondere Art und Weise abgespielt und nicht irgendeine andere der Myriaden von nicht minder plausiblen Alternativen eingeschlagen haben.

Diese zufälligen Ereignisse, von der traditionellen Wissenschaft argwöhnisch beäugt und heruntergespielt, sollte man als nicht minder bedeutsam, nicht minder ungewöhnlich und nicht minder interessant, sogar als nicht minder lösbar erachten als die konventionelleren vorhersagbaren Begebenheiten. Zufällige Ereignisse sind in der Tat unvorhersehbar, diese Eigenschaft aber entspringt dem Charakter der Welt – womit sie eine ebenso unmittelbare Bedeutung erlangt wie alles andere, was die Natur hervorbringt – und beruht nicht auf der Beschränktheit unserer Methodik. Zufällige Ereignisse sind – wenn auch zu Beginn ihrer Entstehung unvorhersagbar – anschließend um nichts weniger erklärbar als jedes andere Phänomen. Die Deutung einer Begebenheit als zufällig und als nicht gesetzmäßig begründet setzt eine Kenntnis der speziellen historischen Sequenz voraus, die das Ergebnis hervorgebracht hat, denn solche Erklärungen müssen einen eher beschreibenden als deduktiven Charakter haben. Viele Naturwissenschaften, mein eigenes Gebiet, die Paläontologie, eingeschlossen, sind in diesem Sinne historisch zu nennen und können – falls das erhaltene Archiv dazu ausreicht – solche Informationen liefern.

Jemand, der dem Zufall keine maßgebliche Bedeutung zuerkennt, gesteht vielleicht sämtliche vorhergehenden Behauptungen zu, bemerkt dazu jedoch: Ja, ich lasse Ihnen Ihre zwei Reiche, aber die Wissenschaft hat nur mit der „oberen“ Schicht der Allgemeingültigkeit zu tun. Der „untere“ Bereich des Zufalls ist klein und unbedeutend, niedergedrückt von der aufragenden Größe über ihm, und er bietet lediglich Raum für witzige kleine Details, die auf das grundlegende Wirken der Natur keinerlei Einfluß haben. Im Mittelpunkt meines Arguments steht die Ablehnung dieser allgemeinen Vorstellung und die Wiederaufwertung des Zufalls als einer gegenüber den aus Naturgesetzen Ableitbaren nicht minder weitreichenden und bedeutungsvollen Kraft – denn das Reich des Zufalls schließt auch Probleme ein wie die allgemeine Frage: „Weshalb diese und nicht irgendeine andere von 1000 möglichen Alternativen?“

Das Hauptargument läßt sich vielleicht am besten als historische oder psychologische Beobachtung darstellen. In unserer Arroganz, aber auch in angemessener Ehrfurcht neigen wir dazu, unsere tiefgehendsten biologischen Fragen als Allgemeingültigkeiten zu formulieren, deren Lösung in den Naturgesetzen zu finden sein muß: Weshalb verläuft das Leben als natürliche Selektion an Substraten, die nach Nucleinsäurencodes aufgebaut sind? Wo im ökologischen Theoriengebäude finden wir die Antwort darauf, warum die Erde so viele Insekten – und so wenige Bartwürmer – beherbergt? Was, schließlich, ist Leben (als ein vorhersagbares Phänomen, das sich ein zweites Mal auf dieselbe Art und Weise entwickeln würde und das nicht viel anders aussehen kann, als es jetzt ist)? Doch die meisten dieser Fragen entstehen, weil wir so verzweifelt darauf aus sind, etwas ebenso Faszinierendes und sehr viel Spezifischeres zu verstehen: Wer sind wir als menschliche Wesen, und warum gibt es uns? Protagoras hatte recht mit seinem berühmten Aphorismus, demzufolge der Mensch das Maß aller Dinge ist (was sich entweder als Ausdruck höchsten Humanismus oder als engstirnige Anmaßung verstehen läßt). Wir, als einzelne Art, als Endprodukt einer Zufallsreihe, die niemals zu so etwas wie uns geführt haben könnte, wenn sich auch nur ein einziger der abertausend vorangegangenen Schritte ein kleines bißchen anders abgespielt hätte (was zweifelsohne hätte geschehen können) – wir, die wir Ergebnisse des Zufalls und keine vorhersagbare Unausweichlichkeit sind –, wir sind nun fest eingebettet in das Reich des Zufalls. Und alle Fragen, die wirklich und wahrhaftig uns selbst betreffen, sind – auch wenn sie als Erforschung zeitloser Grundprinzipien verbrämt daherkommen – letztlich Fragen, die man mit dem Zufall im Blick beantworten muß.

Geringfügigste Nuancen im Reich der zufallsabhängigen Geschichte, die jedem zeitgenössischen Beobachter völlig belanglos scheinen mögen, addieren sich zu dramatisch verschiedenen Endergebnissen, durch die sich die Frage „Was ist Leben?“ grundlegend verändert. Der Zufall ist nicht allein auf Triviales beschränkt. Das Wirken des Zufalls gleicht einem Fraktal und durchdringt alle Ebenen der Naturgeschichte von den großen Umwälzungen der Biosphäre bis hin zu den Eigenarten einzelner Linien. Warum ist *Homo sapiens* hier? – so lautet die Frage, die all unsere Überlegungen zu „Was ist Leben?“ in Wahrheit beherrscht (wie wir in ehrlichen Augenblicken zugeben werden). Durchschreiten wir die fraktalen Größenordnungen, und wir werden überall auf den Zufall stoßen. Es gibt uns, weil im Sterberegister der anatomischen Produkte der kambrischen Explosion eine kleine und „wenig vielversprechende“ Chordatengruppe fehlte, die im Burgess-Schiefer durch die Art *Pikaia* repräsentiert ist. (Jeder Neudurchlauf des Lebensbandes durch die Lotterie des Burgess-Schiefers hätte eine völlig andere Zusammensetzung des überlebenden Organismenspektrums zur Folge gehabt; so gesehen verdankt jede heute lebende Gruppe ihre Existenz einem glücklichen Zufall.) Begeben wir uns auf die Ebene des Überlebens der Säugetiere. Ohne jenen Feuerball der späten Kreidezeit (dem ultimativen zufälligen Blitz aus heiterem Himmel) würden wohl immer noch die Dinosaurier das Reich der landlebenden Wirbeltiere beherrschen, und die Säugetiere wären wohl weiterhin auf ein Dasein als rattengroße Geschöpfe in den Nischen der Echsenwelt beschränkt (die Dinosaurier hatten die Säugetiere über mehr als hundert Millionen Jahre hinweg in dieser Weise dominiert, warum also nicht für weitere 65 Millionen Jahre?) Begeben wir uns auf die Ebene einer Linie von Menschenaffen, die vor zehn Millionen Jahren in den afrikanischen Wäldern lebte. Bei diesem Neudurchlauf des Bandes kommt es nicht zu einer Klimaveränderung, die Wälder wandeln sich nicht zu Grasland und Savannen. Die besagte Linie führt in den überdauernden Wäldern ihr Affenleben fort – es geht ihnen gut in einer anderen heutigen Welt, danke der Nachfrage.

Schrödinger schrieb über seine prägenden Vorlieben und Abneigungen: »Ich war ein guter Student, unabhängig vom Fach. Ich mochte Mathematik und Physik, aber auch die strenge Logik der Grammatik alter Sprachen. Was ich haßte, war das Auswendiglernen von „irgendwelchen“, historischen und biogeographischen Daten und Fakten.« Welch eine Ironie, daß ein großer Vorreiter einer wissenschaftlichen Revolution, die durch das Konzept der Unbestimmtheit auf Quantenebene den Naturgesetzen einen neuen Rahmen gab, die Form des Zufalls für Ereignisse der Makrowelt als jenseits allen wissenschaftlichen Interesses, weil von bloß historischer Bedeutung, auf diese Weise abtat. „Was ist Leben?“ ist mit Sicherheit eine Frage, die man, wie Schrödinger es getan hat, mit den geltenden Naturgesetzen zu beantworten suchen muß. Aber „Was ist Leben?" ist in genau demselben Maße ein historisches Problem.

Buckminster Fuller, ein moderner Prophet, hat oft gesagt: »Einheit heißt Mehrzahl und im Mindestfalle zwei«. Die Gesetze der Natur und Zufallsabhängigkeit der Geschichte müssen bei der Beantwortung von „Was ist Leben?" als gleichberechtigte Partner zusammenwirken. Denn, wie ein alter Prophet einst feststellte (Amos 3,3): »Können denn etwa zwei miteinander wandern, sie seien denn einig untereinander?«

Literatur

Alvarez, L. W.; Alvarez, W.; Asaro, F.; Michel, H. V. *Extraterrestrial Cause for the Cretaceous-Tertiary Extinction.* In: *Science* 208 (1980) S. 1095–1108.

Bowring, S. A.; Grotzinger, J. P.; Isachsen, C. E.; Knoll, A. H.; Pelechaty, S. M.; Kolosov, P. *Calibrating Rates of Early Cambrian Evolution.* In: *Science* 261 (1993) S. 1293–1298.

Crow, J. F. *Erwin Schrödinger and the Hornless Cattle Problem.* In: *Genetics* 130 (1992) S. 237–239.

Darwin, C. *On the Origin of Species.* London (John Murray) 1959. [Deutsche Ausgabe: *Die Entstehung der Arten.* (In der Übersetzung von Carl W. Neumann.) Stuttgart (Philipp Reclam) 1963).]

Davies, G. H. L. *Bangs Replace Whimpers.* In: *Nature* 365 (1993) S. 115.

Dawkins, R. *The Selfish Gene.* Oxford (Oxford University Press) 1976. [Deutsche Ausgabe: *Das egoistische Gen.* Erg. und überarb. Neuaufl., Heidelberg (Spektrum Akademischer Verlag) 1994.]

Dobzhansky, T. *Genetics and the Origin of Species.* New York (Columbia University Press) 1937.

Eldredge, N.; Gould, S. J. *Punctuated Equlibria: An Alternative to Phylogenetic Gradualism.* In: Schopf, T. J. M. (Hrsg.) *Models in Paleobiology.* San Francisco (Freeman, Cooper & Co) S. 82–115.

Gould, S. J. *Introduction: Geneticists and Naturalists.* In: Dobzhansky, T. (Hrsg.) *Genetics and the Origin of Species.* New York (Columbia University Press) 1982. S. xvii–xxxix.

Gould, S. J. *Wonderful Life.* New York (W. W. Norton & Co) 1989. [Deutsche Ausgabe: *Das Wunder des Lebens als Spiel der Natur.* München (Hanser) 1991.]

Gould, S. J.; Eldredge, N. *Punctuated Equilibrium Comes of Age.* In: *Nature* 366 (1993) S. 223–227.

Judson, H. F. *The Eighth Day of Creation.* New York (Simon and Schuster) 1979. [Deutsche Ausgabe: *Der 8. Tag der Schöpfung.* Wien/München (Meyster) 1980.]

Krogh, T. E.; Kamo, S. L.; Sharpton, V. L.; Marin, L. E.; Hildebrand, A. R. *U-Pb Ages of Single Shocked Zircons Linking Distal K/T Ejecta to the Chicxulub Crater.* In: *Nature* 366 (1993) S. 731–734.

Lloyd, E. A.; Gould, S. J. *Species Selection on Variability*. In: *Proceedings of the National Academy of Sciences USA* 90 (1993) S. 595–599.

Schrödinger, E. *What is Life?* Cambridge (Cambridge University Press) 1944. [Aktuell lieferbare deutsche Ausgabe: *Was ist Leben? Die lebende Zelle mit den Augen des Physikers betrachtet.* München (Piper) 1993.]

Smocovitis, V. B. *Unifying Biology: the Evolutionary Synthesis and Evolutionary Biology*. In: *Journal of the History of Biology* 26 (1992) S. 1–65.

Stanley, S. M. *A Theory of Evolution Above the Species Level.* In: *Proceedings of the National Academy of Sciences USA* 72 (1975) S. 646–650.

Stebbins, G. L.; Ayala, F. J. *Is a New Evolutionary Synthesis Necessary?* In: *Science* 216 (1981) S. 380–387.

Vrba, E. S.; Gould, S. J. *The Hierarchical Expansion of Sorting and Selection: Sorting and Selection Cannot Be Equated.* In: *Paleobiology* 12 (1986) S. 217–228.

Whittington, H. B. *The Burgess Shale.* New Haven, Connecticut (Yale University Press) 1985.

Williams, G. C. *Natural Selection: Domains, Levels, and Challenges.* New York (Oxford University Press) 1992.

4. Die Evolution der menschlichen Erfindungsgabe

Jared Diamond

Department of Physiology,
University of California Medical School, Los Angeles

Wie kommt es, daß wir Menschen uns so sehr von anderen Tieren unterscheiden? Bevor Darwin gezeigt hatte, daß sich die Unterschiede zwischen uns und dem Tierreich im Laufe der Evolution entwickelt haben, hätte diese Frage gar nicht gestellt werden können. Wir wurden nicht anders geschaffen als Tiere, sondern wir sind mit der Zeit anders geworden als sie.

Bis vor nicht allzu langer Zeit gehörte die Frage, wie es dazu gekommen ist, ausschließlich in das Reich der Paläontologie und der vergleichenden Anatomie. Heute fließen Erkenntnisse aus allen möglichen Gebieten ein – aus der Molekularbiologie, der Linguistik, der kognitiven Psychologie und sogar aus der Kunstgeschichte. Infolgedessen scheint das Problem der Evolution menschlichen Einfallsreichtums und Erfindergeistes (*inventiveness*) schließlich und vielleicht doch endlich einer Lösung näher zu kommen. Mit Sicherheit gehört es derzeit zu den faszinierendsten Fragen der Biologie.

Trotz Darwin fassen wir alle noch immer Muscheln, Schaben und Kuckucke unter dem Sammelbegriff „Tiere" zusammen und stellen sie uns Menschen gegenüber – als ob Muscheln, Schaben und Kuckucke irgendwie mehr miteinander als mit uns gemeinsam hätten. Sogar Schimpansen werfen wir in diesen Abgrund tierischen Seins, während wir allein weit oben stehen.

All unsere einzigartigen Merkmale sind letztendlich Ausdruck der uns eigenen Ingeniosität. Betrachten wir nur einige der einmaligen Erscheinungsformen unseres Erfindergeistes:

1. Im Gegensatz zu jedem anderen Tier kommunizieren wir miteinander mit Hilfe gesprochener Sprache und geschriebener Bücher.
2. Deshalb wissen wir auch über Dinge Bescheid, die, wie Schrödingers Vorträge aus dem Jahre 1943, an entfernten Orten und in längst vergangener

Zeit stattgefunden haben. Welche Tierart verfügt schon über irgendwelches Wissen von Dingen, die irgendein anderes Mitglied seiner eigenen Art auf einem anderen Kontinent vor 50 Jahren gedacht haben mag?
3. In unserem Leben sind wir vollständig auf Werkzeuge und Maschinen angewiesen.
4. Wir stellen Kunst her und erfreuen uns an ihr.
5. Und wir bedienen uns unseres Einfallsreichtums, um Maßnahmen zum Völkermord zu ersinnen, Drogenmißbrauch zu begehen, einander genüßlich zu quälen und andere Arten zu Tausenden auszurotten.

Keine andere Tierart tut etwas Ähnliches. Konsequenterweise besteht – in Irland ebenso wie in allen anderen Ländern – die Gesetzgebung darauf, daß Menschen in rechtlicher und moralischer Hinsicht Tieren nicht gleichzusetzen sind.

Wir können aber nicht nur zum gegenwärtigen Zeitpunkt als einzigartig gelten: Die Paläontologie lehrt uns, daß wir auch im Rahmen der Entwicklung des Leben auf der Erde als einmalig zu betrachten sind. Wären unsere Unterschiede zum Tierreich rein quantitativer Natur, so hätten die Fossilienfunde vielleicht Hinweise auf paläozoische Trilobiten erbracht, die sich zusammengesetzter Steinwerkzeuge bedienten, auf Dinosaurier, die kurz vor dem Übergang von der Kreidezeit zum Tertiär mit batteriebetriebenen Rattenfallen experimentierten, oder auf die Entwicklung der Fingermalerei durch Paviane im Miozän. Alle diese technischen Meisterleistungen aber mußten bis zum Auftreten des *Homo sapiens* warten.

Die Paläontologie spricht eindeutig gegen unsere historische Vermutung, daß Intelligenz von Wert sei. Im Gegenteil: Die wirklich erfolgreichen Arten der Erde wie Ratten und Käfer haben sehr viel bessere Wege zu ihrer gegenwärtigen Vorherrschaft beschritten und dabei nur wenig Energie auf kostspieliges Hirngewebe verschwendet. Allem Anschein nach sind wir sogar nicht nur auf der Erde einzigartig, sondern auch in der näheren Umgebung unserer Galaxie, denn alle Versuche der Astronomen, irgendwelche Zeichen außerirdischer Intelligenz zu vernehmen, ergaben nichts als Totenstille.

Trotz all dieser Beweise für unsere Einzigartigkeit ist gleichzeitig nicht zu übersehen, daß wir kein bißchen einmalig sind. Wir gehören nicht nur tatsächlich zu den Tieren, sondern wir können sogar sagen, welche Art von Tier wir ganz genau sind. Wir gehören zu den afrikanischen Menschenaffen. Wir verfügen über dieselbe Anatomie wie Menschenaffen, und wir besitzen dieselben – oder beinahe dieselben – Proteine. Unter den bis heute beim Menschen und bei Schimpansen gleichermaßen sequenzierten Proteinen – fünf Hämoglobinketten, Myoglobin, Cytochrom c, Carboanhydrase und die Fibrinopeptide A und B – zeigen die meisten Moleküle bei beiden Arten nicht einmal den Unterschied von einer einzigen Aminosäure. Unter den 1271 sequenzierten Aminosäureresten finden sich nur fünf Aminosäureaustausche.*

Um sich von unserer verwandtschaftlichen Nähe zu Affen zu überzeugen, reicht es, sich einige Studenten und Angestellte des Trinity College – unbekleidet, mit einem Sprachverbot belegt und über ein paar Jahre hinweg von Friseurbesuchen verschont – in einem Käfig im Londoner Zoo vorzustellen. Es würde rasch offenbar, daß sie – und wir – aufrechte Affen mit einem dünnen Haarkleid sind.

Sowohl aus Fossilienfunden als auch aus molekularbiologischen Analysen geht hervor, daß unsere Vorfahren sich von den Vorfahren heute lebender Menschenaffen vor nur knapp sieben Millionen Jahren getrennt haben. Gemessen an evolutionären Zeiträumen ist das nicht mehr als ein Augenblick, weniger als ein Prozent der Geschichte irdischer Lebensformen. Infolgedessen ähneln wir hinsichtlich unserer DNA heute noch zu 98,4 Prozent den anderen beiden Schimpansenarten – dem Zwergschimpansen oder Bonobo und dem gewöhnlichen Schimpansen. Genetisch stehen wir den Schimpansen näher, als Fitis und Zilpzalp, die beiden so ungemein ähnlichen Singvogelarten, einander nahestehen. Falls man sich entschlösse, zur Artenklassifizierung einen unvoreingenommenen außerirdischen Zoologen ans Trinity College zu berufen, so würde uns dieser Besucher schlicht als dritte Schimpansenart einordnen.

Im Grunde ist es sogar eine ziemliche Übertreibung unserer Verschiedenheit, wenn wir behaupten, daß wir uns von den Schimpansen um 1,6 Prozent unterscheiden, denn unsere einzigartigen Merkmale gründen sich auf weit weniger als auf eine DNA-Abweichung von 1,6 Prozent. Bedenken Sie, daß 90 Prozent unserer DNA nichtcodierender Schrott sind. Bedenken Sie auch, daß die meisten Unterschiede innerhalb codierender DNA zwischen uns und den Schimpansen triviale oder keine Konsequenzen für unser Verhalten haben – beispielsweise die Tatsache, daß unser Myoglobin sich in einer von 153 Aminosäureresten vom Schimpansenmyoglobin unterscheidet. Hinzukommt, daß, wie wir sehen werden, die meisten der Änderungen innerhalb codierender DNA-Regionen offenbar lange vor dem Zeitpunkt geschehen sind, an dem sich die interessanten Verhaltensunterschiede zwischen Mensch und Schimpanse zu entwickeln begannen. Somit läßt sich die Tatsache, daß wir heute in der Sprache eines James Joyce über die Evolution diskutieren, statt uns wie andere Schimpansen sprachlos durch den Dschungel

---

* Quellenangaben hierzu sowie zu anderen Aussagen finden sich in meinen beiden früheren Betrachtungen zur Evolution des Menschen: *The Rise and Fall of the Third Chimpanze*. London (Vintage) 1992 [Deutsche Ausgabe: *Der dritte Schimpanse*. Frankfurt (S. Fischer) 1994.] und *The Evolution of Human Creativity*. In: Campbell, J.; Schopf, J. W. *Creative Evolution*. London (Jones & Bartlett) 1994.

zu hangeln, vermutlich auf eine winzige Abweichung von höchstens 0,16 Prozent unserer DNA zurückführen.

Welche paar Gene sind für solche Verhaltensunterschiede verantwortlich? Wie konnten diese wenigen Gene einen so großen Verhaltensunterschied bewirken? Diese Fragen gehören zu den faszinierendsten Themen der modernen Biologie.

Vermutlich würde so gut wie jeder ohne zu zögern antworten: Verantwortlich müssen jene Gene sein, die dafür gesorgt haben, daß unser Gehirn, der Sitz aller Intelligenz und Phantasie, so ungeheuer groß geworden ist. Unser Gehirn ist ungefähr viermal so groß wie das eines Schimpansen, und in Relation zu unserer Körpergröße ist es bei keiner anderen Tierart größer. Ich bin jedoch absolut sicher, daß auch andere Eigenschaften außer einem großen Gehirn notwendig waren. Einige davon haben möglicherweise den Ausschlag für die Zunahme unserer Hirngröße im Verlauf der Evolution gegeben (so wie die Veränderung unseres Beckengürtels für den aufrechten Gang sorgte und unsere Hände für andere Zwecke frei werden ließ). Andere rein menschliche Merkmale mußten mit unseren vergrößerten Gehirnen zusammenwirken, damit wir funktionieren konnten. An erster Stelle unter diesen anderen Attributen sind die bizarren Charakteristika unserer Sexualbiologie zu nennen (wie Menopause, verborgener Eisprung und die bei Säugetieren seltene Paarbindung), die wichtige Voraussetzungen für die erfolgreiche Aufzucht unserer hilflosen Säuglinge waren. Und doch gibt es bisher keinen Zweifel an der Richtigkeit der landläufig geäußerten Vermutung, daß ein großes Gehirn eine Voraussetzung für die Evolution des uns eigenen einzigartigen Einfallsreichtums war.

Sehr viel weniger Rechnung trägt man dabei allerdings oftmals der Tatsache, daß unser großes Gehirn eine notwendige, nicht aber eine hinreichende Bedingung war. Dieses Paradoxon wird offensichtlich, wenn man die Zeiträume für die Expansion der Gehirngröße und für das Auftreten erster Ausgrabungszeugnisse vergleicht, die auf das Vorhandensein menschlichen kreativen Potentials schließen lassen.

Aus fossilen Hominidenfunden geht bekanntlich hervor, daß unsere Vorfahren vor ungefähr vier Millionen Jahren zur aufrechten Haltung gefunden hatten, daß die Zunahme unserer Gehirngröße vor etwa zwei Millionen Jahren begann, daß wir das sogenannte *Homo erectus*-Stadium vor etwa 1,7 Millionen Jahren erreicht und daß wir es vor einer halben Million Jahren zum archaischen *Homo sapiens* gebracht hatten. Die ersten Vertreter des in anatomischer Hinsicht als modern geltenden *Homo sapiens* – Menschen mit demselben Skelettbau, über den wir heute verfügen – lebten vor ungefähr 100000 Jahren im südlichen Afrika. In Europa herrschte zu dieser Zeit noch der Neandertaler vor, der sich hinsichtlich seiner Skelettanatomie und seiner Muskulatur deutlich von uns unterschied, dessen Gehirn jedoch sogar ein bißchen größer war als das unsere.

Die Größenzunahme unseres Gehirns begann damit also vor etwa zwei Millionen Jahren und war vor ungefähr 100 000 Jahren zum Abschluß gekommen. Wie steht es mit archäologischen Funden aus dieser Zeit – zeigen sie eine parallele Zunahme der menschlichen Kreativität? Das archäologische Beweismaterial umfaßt Felsmalereien, transportable Kunstwerke, Schmuck, Musikinstrumente, zusammengesetzte Werkzeuge, Hinweise auf die rituelle Bestattung von Toten, komplexe Waffen wie Pfeil und Bogen, komplexe Behausungen und genähte Kleidung. Sollten sich diese Meilensteine unseres Erfindergeistes mit zunehmender Hirngröße allmählich entwickelt haben, so hätten wir eine einfache Erklärung für die menschliche Kreativität gefunden: Sie wäre das Ergebnis unseres großen Gehirns.

Überraschenderweise läßt die Beweislage jedoch den unzweifelhaften Schluß zu, daß diese naheliegende Hypothese falsch ist. Die Werkzeugausstattung und Ernährung jener anatomisch modernen Afrikaner von vor 100 000 Jahren sind an südafrikanischen Höhlenwänden ausführlich dokumentiert. Sie fertigten eindeutig noch immer dieselben rohen Steinwerkzeuge, die sich in nichts von denen der Neandertaler unterschieden. Trotz ihres großen Gehirns waren sie ineffiziente Jäger, die in Populationen von geringer Dichte lebten. Die an ihren Lagerstätten gefundenen Knochen künden nur von leicht zu jagenden Tieren wie zahmen Antilopen beziehungsweise sehr jungen oder sehr alten Tieren. Gefährliche Beutetiere wie Nashörner, Schweine und Elefanten wurden nicht gejagt, sondern man erbeutete nur Tiere, die man aus der Nähe sicher mit einem Speer erlegen konnte, der in der Hand gehalten wurde. Wurfspeer, Pfeil und Bogen waren damals noch nicht erfunden. Jene anatomisch modernen Afrikaner erlegten nur wenige Fische und Vögel, denn auch Netze und Angelhaken gab es noch nicht. Jenes große Gehirn leistete noch immer absolut nichts im Hinblick auf die Kunst zu überleben. Wir können nicht wissen, ob man irgendeine Form der Körperbemalung praktizierte – auf jeden Fall stellte man keine solchen Kunstgegenstände her, wie sie sich aus der Folgezeit nur wenig später im Pleistozän erhalten haben.

Auch den mit einem großem Gehirn ausgestatteten Neandertalern, die zu jener Zeit in Europa vorherrschten, fehlten all diese Meilensteine der Kreativität. Die Steinwerkzeuge der Neandertaler zeigen darüber hinaus nur sehr wenige Variationen in Zeit und Raum. Werkzeuge von Neandertalern aus Rußland ähneln denen aus Frankreich, und Werkzeuge von vor 140 000 Jahren ähneln denen von vor 40 000 Jahren. Die Neandertaler verfügten nachweislich nicht über jene kulturelle Variabilität, welche die Zeugnisse des *Homo sapiens* in unserer Zeit dank des unermüdlichen Wirkens menschlicher Kreativität von Jahr zu Jahr und von einem Ort zum anderen so verschieden sein läßt.

Dieser nachweisliche Mangel an Einfallsreichtum ist das, was an den Neandertalern am meisten erstaunt. Zum Vergleich: Menschlicher Erfindergeist hat in den vergangenen 10000 Jahren eine so bemerkenswerte kulturelle Variabilität hervorgebracht, daß die Archäologen Fundstätten anhand von Kunstgegenständen datieren und zu Gruppen zusammenfassen können. Um ein vertrautes Beispiel aus der neueren Zeit heranzuziehen: Computer- und Autotypen ändern sich durch unseren Einfallsreichtum so rasch, daß man sie oftmals aufs Jahr genau datieren kann. Sollten meine beiden computerkundigen sechsjährigen Zwillingssöhne jemals den in meinem Schreibtisch versteckten Rechenschieber auftreiben, mit dem ihr computerunkundige Vater noch bis vor kurzem seine Rechnungen durchführte, so werden sie sich bestimmt fragen, in welcher Periode der Mittleren Steinzeit ich geboren wurde.

Das einzige, was menschliches und tierisches Verhalten vor 100000 Jahren unterschied, war der verbreitete Einsatz jener rohen Steinwerkzeuge sowie der Gebrauch von Feuer. (Schimpansen benutzen zwar auch Steinwerkzeuge, jedoch weit seltener.) Wir waren zu jener Zeit nicht einmal übermäßig erfolgreiche Tiere. Ein intelligenter Außerirdischer, der sich auf die Erde bemüht hätte, würde uns sicher keine besondere Beachtung geschenkt haben, schon gar nicht als Geschöpfe, die ein bemerkenswertes Verhalten aufwiesen oder gar an der Schwelle zur Eroberung der Welt standen. Der Außerirdische hätte statt dessen eher Biber, Laubenvögel, Termiten und Wanderameisen herausgegriffen. Wir wären ihm nicht mehr wert gewesen als vielleicht eine knappe Erwähnung als etwas edlere Affen.

Was also hat unser großes Gehirn getan, damals als es noch nicht in der Lage war, archäologische Beweise unserer Phantasie zu produzieren? Eine flapsige, aber, wie ich glaube, im großen und ganzen korrekte Antwort lautet, daß unser Gehirn – das viermal so groß ist wie das eines Schimpansen – qualitativ mehr oder minder dieselben Aufgaben erledigt hat wie das eines Schimpansen, dabei jedoch viermal so gescheit vorging. Aus Feldstudien wissen wir, daß Schimpansen Werkzeuge aus einer Vielfalt an Materialien herstellen und benutzen (Stein, Holz, Gras) – wir machten bessere Werkzeuge. Schimpansen und Affen lösen Probleme besser als andere Tiere, doch wir waren darin noch ein bißchen geschickter. Afrikanische Grüne Meerkatzen zum Beispiel, deren Hauptfeinde Leopard und Python sind, erkennen nicht, daß eine Pythonspur im Gras die Nähe einer Python verrät, während ein versteckter Kadaver im Baum auf die Nähe eines Leoparden schließen läßt – wir wissen das. Schimpansen benutzen ihr Gehirn, um Informationen über Dutzende von Arten zu sammeln, insbesondere über Pflanzenarten, die Teil ihrer vielfältigen Ernährung sind – darunter auch über Pflanzen, deren Blätter Heilwirkung haben, über Pflanzen in großer Entfernung und über Pflanzen, die nur in großen Zeitintervallen Früchte tragen. Wir sammeln Informationen über eine noch größere Ernährungspalette, zu der eine Vielfalt von Tier- und Pflanzenarten gehören. Schimpansen unterscheiden Dutzende einzelner Artgenossen, tolerieren oder unterdrücken Angehörige ihrer eigenen Herde, töten Angehörige fremder Herden und erkennen Mutter-Kind-Beziehungen. Wir erkennen Väter nicht minder gut als Mütter, und wir unterscheiden komplexere genetische Beziehungen zusätzlich zu denen zwischen Geschwistern oder Eltern und Kind. Alle diese Fähigkeiten stellen quantitative Verbesserungen gegenüber Schimpansen dar und trieben die Evolution unseres großen Gehirns sicher voran, doch sie machen uns noch immer nicht qualitativ einzigartig und sind nicht für den Einfallsreichtum des modernen Menschen verantwortlich.

Kurz, vor etwa 100 000 Jahren hatten viele oder die meisten Menschen ein Gehirn von modernen Ausmaßen, und manche Menschen verfügten über eine beinahe moderne Skelettanatomie. In genetischer Hinsicht waren die vor 100 000 Jahren lebenden Menschen zu 99,9 Prozent mit den heutigen Menschen identisch. Trotz dieser großen Ähnlichkeit hinsichtlich der Hirngröße und der Skelettmerkmale fehlte jedoch noch immer ein essentieller Bestandteil. Was war dieses fehlende Etwas?

Dies ist das große ungelöste Rätsel der menschlichen Evolution: Ein nahezu modernes Skelett und ein Gehirn von nahezu modernen Ausmaßen reichten nicht hin, dem Menschen seinen Einfallsreichtum zu verleihen.

Lassen Sie uns nun einen Sprung nach Europa machen, in jene Epoche, die vor etwa 38 000 Jahren ihren Anfang nahm, in jene Zeit, als die ersten anatomisch modernen Angehörigen der Spezies *Homo sapiens* (die Cro-Magnon-Menschen) in Westeuropa auftauchten. Von da an sollten sich über die nächsten paar Jahrtausende archäologische Zeugnisse modernen menschlichen Einfallsreichtums in Westeuropa geradezu anhäufen.

Die ersten erhaltenen Musikinstrumente gehören zu diesen Zeugnissen, Felsmalereien, Skulpturen und andere transportable Kunstgegenstände, Tonfiguren und Schmuck. Man findet die ersten eindeutigen Hinweise auf das rituelle Beerdigen der Toten, ein Zeichen für die Entstehung von Religionen. Als Werkzeuge dienen nicht länger die früheren rohen, allem Anschein nach zu vielen Zwecken eingesetzten Steingeräte aus einem Stück, sondern Stein- und Knochengeräte von so spezialisierter Form, daß man ihren Verwendungszweck auch heute noch unschwer erkennt (Nähnadeln, Angelhaken und Ahlen). Man findet aus mehreren Komponenten zusammengesetzte Werkzeuge – Harpunen, an Stielen befestigte Äxte, auf Schäfte montierte Sperrspitzen, Pfeil und Bogen. Das Seil wird erfunden und zur Herstellung von Fallen und Netzen verwendet, denn von diesem Zeitpunkt an findet man unter den Überresten menschlicher Lagerstätten die Rückstände von nun mit großer Effizienz erlegten Vögeln und Fischen zuhauf. Wasserfahrzeuge werden erfunden, wie man aus der mindestens 40000 Jahre zurückliegenden Kolonialisierung von Australien und Neuguinea ersehen kann, die beide durch riesige, permanent vorhandene Wasserbarrieren von der asiatischen Kontinentalküste getrennt waren. Genähte Kleidung – dargestellt auf Kunstgegenständen und durch das Vorhandensein von Nadeln bezeugt – macht es dem Menschen schließlich möglich, die Arktis zu besiedeln. Archäologische Fundstätten bezeugen die Überreste sorgfältig geplanter Häuser mit gepflasterten Fußböden, Feuerstellen und Lampenbeleuchtung. Es entwickelt sich ein Sinn für Ästhetik und das Bedürfnis nach Luxus, was sich darin zeigt, daß man Kostbarkeiten wie Muscheln und besondere Steine über Hunderte von Meilen durch ganz Europa transportierte. Die Steinwerkzeuge der Neandertaler dagegen wurden aus Materialien hergestellt, die sich im Umkreis von wenigen Kilometern um die Fundstelle herum fanden. Das Spektakulärste, was der Einfallsreichtum der Cro-Magnons hervorbrachte, sind jene Sixtinischen Kapellen jungsteinzeitlicher Kunst, die Höhlen von Lascaux und Altamira. Von einer unheilvolleren Entwicklung menschlichen Verhaltens kündet die Tatsache, daß infolge der menschlichen Kolonialisierung 90 Prozent der Großtierarten Australiens und Neuguineas sowie verschiedene große Säugerarten Europas und Afrikas ausgerottet wurden. Diese Arten hatten zuvor mindestens 20 Zyklen pleistozäner Klimaschwankungen überlebt, so daß die einzig plausible Erklärung für ihr Verschwinden im Auftreten des Menschen (in Australien und Neuguinea) beziehungsweise (in Europa und Asien) in der bemerkenswerten Vervollkommnung menschlichen Jagdgeschicks zu suchen ist.

Die bedeutendste neue Eigenschaft, die vor 38000 Jahren in Westeuropa in Erscheinung trat, war jedoch der Einfallsreichtum selbst. Es ist unmöglich, die Werkzeugarten der Neandertaler in Stilepochen einzuordnen, die sich als Kriterien für Zeit und Ort ihrer Entstehung heranziehen lassen. Werkzeuge, Kunstgegenstände und andere Kulturprodukte der Cro-Magnons hingegen zeigen von Jahrtausend zu Jahrtausend und von einem Ort zum anderen so augenfällige Unterschiede, daß Archäologen sie als Indikatoren für das Alter und den Einzugsbereich einer Fundstelle heranziehen können. Studenten, die eine Vorlesung zur Einführung in die Anthropologie belegen, müssen die Namen jungsteinzeitlicher Kulturhorizonte auswendig lernen: Aurignacien, Gravettien, Solutréen, Magdalénien und so weiter. Diese Namen legen Zeugnis ab von den raschen zeitlichen Veränderungen menschlicher Kulturprodukte, die menschlicher Einfallsreichtum entstehen ließ.

Nur allzu leicht ordnen wir die Cro-Magnons als „Höhlenmenschen" ein, wobei wir mit dem Begriff in erster Linie eine gewisse Primitivität assoziieren. Diese Assoziation ist irreführend. Wir kennen technologisch „primitive" Völker der modernen Welt, die Bewohner des Hochlands von Neuguinea beispielsweise, die sich bis in jüngste Zeit einer steinzeitlichen Technologie bedienten, die aber im Hinblick auf ihre Biologie und ihre Intelligenz vollkommen moderne Menschen sind und lediglich aus einfachen umweltbedingten Gründen weiterhin Steinwerkzeuge verwenden. Aus demselben Grund würde ich wetten, daß jene Cro-Magnons von vor 38000 Jahren ebenfalls völlig moderne Menschen waren. Hätte man sie mittels einer Zeitmaschine in die Gegenwart holen und aufs Trinity College schicken können, würden sie lernen, ein Flugzeug zu steuern, oder sie würden Molekularbiologen werden – genau wie die jüngst noch unter steinzeitlichen Verhältnissen lebenden Bewohner Neuguineas. Die Cro-Magnons hatten vor 38000 Jahren eben nur noch nicht alle Erfindungen getätigt, derer es zur Technologie des Fliegens bedarf.

Somit gab es, was das menschliche Verhalten betrifft, in Europa so etwas wie einen unvermittelten „großen Sprung nach vorne". Auftritt: der Cro-Magnon mit all seinen neuen Verhaltensweisen. Innerhalb nur weniger tausend Jahre waren die Neandertaler, die mehr als 100000 Jahre in Europa vorgeherrscht hatten, verschwunden. Man hat schon manchen Mörder aufgrund weniger überzeugender Indizien verurteilt. Irgendwie haben die Cro-Magnons zweifellos das Verschwinden der Neandertaler verursacht – sei dies nun geschehen, indem sie sie töteten, verdrängten oder infizierten.

Die kulturelle Evolution, die ich den „großen Sprung nach vorne" nenne, wirkt in Europa deshalb so besonders unvermittelt, weil sie von Neuankömmlingen hierher gebracht wurde. Zweifellos begann der eigentliche „große Sprung" außerhalb Europas, und er verlief über einen Zeitraum von vielen tausend Jahren. Man erinnere sich, daß anatomisch moderne Vertreter des *Homo sapiens* in Afrika und im Nahen Osten bereits seit mehr als 100000 Jahren existierten und daß sie mit den Neandertalern im Nahen Osten über eine lange Zeit hinweg koexistierten, ohne daß sie dabei in der Lage gewesen wären, den Neandertaler zu verdrängen. Mit großer Wahrscheinlichkeit entwickelten sich all diese einzigartigen Fähigkeiten der Cro-Magnons irgendwann in der Zeit zwischen 100000 und 38000 Jahren vor Christus in Afrika, im Nahen Osten, in Asien oder andernorts, von wo sie erst dann nach Europa importiert wurden. Doch selbst dieser Zeitraum von 62000 Jahren ist nur ein winziger Bruchteil jener sieben Millionen Jahre, die vergangen sind, seit sich unsere Vorfahren von den Vorfahren der Schimpansen getrennt haben. Welches waren diese entscheidenden 0,1 Prozent unseres genetischen Materials, die sich innerhalb dieses kurzen Zeitraums geändert haben und so den „großen Sprung nach vorne" auslösten? Mir erscheint in diesem Zusammenhang nur eine Hypothese plausibel: Es muß sich um Gene gehandelt haben, die die Vervollkommnung gesprochener Sprache möglich machten. Viele Tierarten verfügen über vokale Kommunikationssysteme, doch keines davon ist auch nur im entferntesten so ausgefeilt und ausdrucksvoll wie die menschliche Sprache. Es ist faszinierend, daß man Schimpansen und Gorillas *lehren* kann, sich mit Hilfe von Computer- oder Zeichensprachen aus Hunderten von Symbolen auszudrücken. Das Symbolrepertoire ist fast so umfassend wie das Repertoire aus 600 Wörtern, aus denen das tägliche Arbeitsvokabular eines durchschnittlichen Amerikaners oder Engländers besteht. Zwergschimpansen hat man *gelehrt*, Anweisungen in gesprochenem Englisch, von normalem Tonfall und Satzbau zu *verstehen*. Affen verfügen also eindeutig über einen Teil der Fähigkeiten, die für den Gebrauch von Sprache Voraussetzung sind.

Dennoch sprechen Gorillas und Schimpansen nicht – und sie können es auch nicht. Selbst ein Schimpansenbaby, das im Hause eines Psychologenehepaars zusammen mit dessen eigenem, gleichaltrigen Kind aufgezogen wurde, war nie in der Lage, mehr als ein paar verschiedene Vokale und Konsonanten zu äußern. Diese Einschränkung hat ihre Ursache in der Struktur des Affenkehlkopfs und des Vokaltrakts. Überzeugen Sie sich selbst davon, wie sehr eine solche Begrenzung Ihr Ausdrucksvermögen und Ihre Flexibilität einschränken kann, indem Sie sich einmal vorstellen, wie viele verschiedene Worte sie äußern könnten, wenn Sie nur die Vokale *a* und *u*, sowie die Konsonanten *p* und *c* zu sprechen imstande wären. Wollten Sie beispielsweise sagen „Am Trinity College kann man viel lernen", dann brächten Sie höchstens heraus „Ap Capupa Cappap puc capp pac capuc". Wollten Sie dagegen sagen „Am Trinity College kann man schlecht niesen", so ergäbe das dieselbe Lautfolge.

Ohne Sprache können wir einen komplexen Plan weder weitergeben noch diesen Plan überhaupt zunächst einmal ausdenken oder gemeinsame Überlegungen anstellen, wie man ein Werkzeug verbessern könnte, oder über ein schönes Gemälde diskutieren. Doch unser Vokaltrakt ähnelt der Feinmechanik eines Schweizer Uhrwerks mit Dutzenden winziger Muskeln, Knochen, Nerven und Knorpeln, die in genau abgestimmter Weise zusammenwirken müssen. Nehmen wir also einen urzeitlichen Menschen, der bereits die vierfache Gehirnmasse eines Schimpansen entwickelt hat und bedenken wir dazu die bereits beeindruckenden sprachlichen Fertigkeiten von Schimpansen, dann könnte der Auslöser für die Entstehung von komplexer Sprache und somit für den „großen Sprungs nach vorne" in einer Reihe geringfügiger Veränderungen des Vokaltrakts bestanden haben, durch die wir in die Lage versetzt wurden, statt einiger weniger plötzlich Dutzende verschiedener Laute zu produzieren. Diese minimalen Veränderungen waren vielleicht die letzte fehlende Voraussetzung für die Entfaltung menschlichen Einfallsreichtums.

Mit Hilfe von Sprache sind wir in der Lage zu erfinden. Erfindungen gehören zum Wesen der menschlichen Sprache. Jeder Satz ist eine aus der

Kombination vertrauter Elemente entstehende Neuerfindung. Aus diesem Grund erscheint es mir unvorstellbar, daß jene urtümlichen Menschen vor 100 000 Jahren bereits Sprache in dem Sinne, wir wir sie heute kennen, besessen haben sollen. Ich kann nicht umhin, den Schluß zu ziehen, daß die Entwicklung menschlicher Kreativität an die Vervollkommnung menschlicher Sprache gekoppelt gewesen sein muß.

Falls wir dieses Argument akzeptieren: Können wir dann Zwischenstadien feststellen bei der Entwicklung moderner menschlicher Sprache aus deren Vorläufern – tierischer vokaler Kommunikationssysteme? Auf den ersten Blick scheint ein unüberbrückbarer Abgrund zwischen dem Kläffen eines Hundes und der Sprache von James Joyces *Ulysses* zu gähnen. Untersuchungen der letzten 20 Jahre haben jedoch innerhalb dieses klaffenden Abgrunds mindestens drei Zwischenstufen ausmachen können.

Ein frühes Stadium ist die „Sprache" freilebender Grüner Meerkatzen, einer in Ostafrika häufig anzutreffenden Affenart. Hört man ihnen zu, so hat man zunächst den Eindruck, als gäben sie ein undifferenziertes Grunzen von sich. Wenn Sie aber genauer hinhören, so sind Sie möglicherweise in der Lage, Unterschiede zwischen den einzelnen Grunzlauten wahrzunehmen. In Studien mit Tonbandaufzeichnungen und Einspielungen der Lautäußerungen freilebender Meerkatzen gelangte man zu der Erkenntnis, daß diese Affen wenigstens zehn verschiedene Grunzlaute beherrschen, unter anderem verschiedene „Wörter" für ihre drei Hauptfeinde (Leoparden, Schlangen und Adler), verschiedene „Wörter" für weniger bedrohliche Räuber (Zwergschimpansen, andere Räuber und Menschen) und unterschiedliche „Wörter" für die verschiedenen sozialen Ränge innerhalb der Herde (ranghoher Affe, rangniederer Affe und Rivale).

Es besteht kein Grund zu der Annahme, daß Meerkatzen im Hinblick auf eine solche natürliche Sprache allein dastehen. Die Entdeckung ihrer Sprache erfolgte allein deshalb so spät, weil die Meerkatzen die Nuancen ihrer eigenen Lautäußerungen weit besser wahrnehmen können als wir Menschen. Wir benötigten zur Entschlüsselung ihrer Sprache Tonbänder und Playbackexperimente. Das offene Habitat, in dem Meerkatzen leben, sowie deren kleine Reviere erleichterten unsere Arbeit erheblich. Es ist mehr als wahrscheinlich, daß auch Gorillas und Schimpansen über natürliche Sprachen verfügen, doch haben wir diese bisher nicht identifizieren können, denn der sehr viel dichtere Lebensraum und die erheblich größeren Reviere stellen uns vor massive logistische Probleme.

Nun besitzen Meerkatzen zwar verschiedene Laute für verschiedene Aussagen, doch ihre Sprache verfügte noch nicht über eine grundlegende Struktur, wie sie die moderne menschliche Sprache hat: deren modulare hierarchische Organisation. Ich meine damit, daß wir Einheiten – ein paar Dutzend Vokale und Konsonanten – zu höheren Einheiten – das heißt zu etwa hundert Silben – zusammensetzen, die wir dann wiederum zu noch höheren Einheiten – das heißt zu Tausenden verschiedener Wörter – kombinieren, welche wir zu Phrasen zusammenfügen, aus denen wir eine unendlich große Anzahl möglicher Sätze bilden können. Diese hierarchische Kombination folgt bestimmten grammatikalischen Regeln zur Konstruktion und Kombination von Wörtern. Bislang konnte man in der Meerkatzensprache kein ähnliches hierarisches Prinzip erkennen: Sie scheinen sich durch unkombinierte Einzellauteinheiten zu verständigen.

Die natürliche Sprache der Vervetmeerkatzen repräsentiert ein Stadium, das mit großer Wahrscheinlichkeit auch früh in der Entwicklung von menschlicher Sprache durchlaufen worden ist. Während unserer Ontogenese wiederholen wir dieses Stadium im Verlauf des Spracherwerbs bei Säuglingen, die auch mit der isolierten Äußerung von Einzel„wörtern" beginnen. Können wir uns nun ans andere Ende des geforderten Tier-Mensch-Sprachkontinuums begeben und, als weiteres Zwischenstadium, einige einfache menschliche Sprachen anführen, die weniger komplex sind als die heute normale menschliche Sprache? Existieren in der heutigen Zeit noch primitive menschliche Sprachen?

Die Forschungsreisenden des 19. Jahrhunderts haben so etwas wiederholt behauptet. Sie kamen aus den entlegensten Regionen der Erde zurück und berichteten, daß sie primitive Stämme mit primitiver Technologie entdeckt hätten, in denen die Menschen so rückständig gewesen seien, daß sie miteinander nur über einsilbige Grunzlaute wie „uh" kommunizierten.

Alle diese Geschichten sind nachweislich falsch: Sämtliche existierenden menschlichen Sprachen sind völlig modern und ausdrucksstark. Völker, die sich auf einem primitiven technologischen Status befinden, haben deshalb nicht etwa eine primitive Sprache. Ganz im Gegenteil: Die Bewohner des Hochlands von Neuguinea, mit denen ich bei meinen Studien zur Evolution von Vögeln zusammengearbeitet habe und die sich noch in den siebziger Jahren ihrer Steinwerkzeuge bedienten, verfügten über Sprachen, die ausnahmslos grammatikalisch sehr viel komplexer sind als Englisch und Chinesisch, zwei Sprachen, die wir gerne mit dem Begriff Zivilisation assoziieren. Wir können auch die ältesten noch erhaltenen schriftlichen Überlieferungen von Sprache zur Untersuchung heranziehen – das älteste geschriebene Sumerisch von 3100 vor Christus und das älteste geschriebene Ägyptisch von 3000 vor Christus. Auch jene ersten geschriebenen Sprachen waren bereits ihrer Komplexität nach typisch moderne Sprachen. Allem Anschein nach hat also die menschliche Sprache ihre moderne Komplexität bereits lange vor 3100 vor Christus erreicht, und es gibt heute keine primitive Sprache mehr, anhand derer sich der Übergang von einer meerkatzenähnlichen Sprache zur Sprache des *Ulysses* nachvollziehen lassen könnte.

Doch es werden auch heute einige einfache Menschensprachen gesprochen, die weit komplexer sind als die der Meerkatzen, und doch sehr viel weniger komplex als die normale menschliche Sprache. Diese einfachen Sprachen sind unzählige Male in der menschlichen Geschichte spontan erfunden worden, und zwar immer dann, wenn Menschen, die über keine gemeinsame Sprache verfügten, durch verschiedene Umstände zusammengeworfen wurden – Händler und die einheimische Bevölkerung beispielsweise, mit der sie ihren Handel trieben, oder Plantagenaufseher und zusammengewürfelte Gruppen von Plantagenarbeitern verschiedenster Herkunft. Innerhalb weniger Jahre hatten die beiden Handelspartner beziehungsweise die Arbeiter und Aufseher einer Pflanzung, rudimentäre Sprachen entwickelt, über die sie miteinander kommunizieren konnten, sogenannte Pidginsprachen. Diese bestehen einfach aus Aneinanderreihungen von Wörtern, die, meist aus Nomen, Verben und Adjektiven bestehend, ohne viel Grammatik und ohne besondere Konzepte der Satzkonstruktion zusammengesetzt werden. Auch dieses Stadium hat eine Entsprechung in unserer Ontogenese, wenn Kleinkinder von den meerkatzenähnlichen Einzellauten zu Wortreihen übergehen. Pidginsprachen werden zur Kommunikation zwischen Handelspartnern oder zwischen Arbeitern und Aufsehern verwendet, während die Mitglieder jeder der beiden Gruppen zur Kommunikation innerhalb der Gruppe nebenher ihre normale komplexe Sprache weitersprechen.

Pidginsprachen reichen aus für das begrenzte Spektrum an Mitteilungen, das sie zu übermitteln haben. Die Kinder von pidginsprechenden Eltern aber stehen, weil diese Sprachen so rudimentär und ausdrucksarm sind, vor einem großen Problem, was die Kommunikation untereinander betrifft. In einer solchen Situation beobachtet man, daß die erste Generation der Kinder von pidginsprechenden Eltern die elterliche Sprache spontan zu einer komplexeren Form, einem sogenannten Kreol(isch), weiterentwickelt, das sich innerhalb einer Generation spontan stabilisiert. Ich möchte in diesem Zusammenhang betonen, daß die Evolution einer Pidginsprache zu einem Kreol spontan und unkoordiniert verläuft. Es ist nicht etwa so, daß sich die Kinder zusammensetzen, um festzustellen, daß die Sprache ihrer Eltern unzureichend ist, und dann untereinander auszumachen, welches Kind Pronomen erfindet und welches die Möglichkeitsform des Plusquamperfekts austüftelt.

Kreolsprachen sind sehr ausdrucksstarke Sprachen mit einer neu erfundenen Grammatik, die wiederum der für normale menschliche Sprachen charakteristischen modularen hierarchischen Organisation gehorcht. Betrachten Sie als Beispiel folgenden Satz in einer Kreolsprache

»Kam insait long stua bilong mipela – stua bilong salim olgeta samting – mipela i-can helpim yu long kisim wanem samting yu likem, bigpela na liklik, long gutpela prais.«

Ich las diesen Satz in der Kreolsprache Neumelanesisch einst auf einer Supermarktreklame in Port Moresby, der Hauptstadt von Papua-Neuguinea. Die englische Übersetzung dieser Reklame lautet folgendermaßen:

»Come into our store – a store for selling everything – we can help get you whatever you want, big or small, at a good price.«

Ein Vergleich dieser Übersetzung mit dem Original macht deutlich, daß der kreolische Text eine vollständige modular-hierarchische Struktur besitzt und so ausgereifte grammatikalische Elemente enthält wie Konjunktionen, Pronomen, Relativsätze, Hilfsverben und Imperative.

Auf der ganzen Welt haben sich in den verschiedensten Sprachgemeinschaften ganz ähnliche kreolische Sprachen mit unterschiedlichstem Vokabular aus Pidginsprachen entwickelt. Alle möglichen Afrikaner, Chinesen, Europäer sowie die Bewohner pazifischer Inseln gehören zu den pidginsprechenden Nationen. Zu den Sprachen, aus denen das Pidgin einen Großteil seines Vokabulars bezieht, gehören Englisch, Französisch, Portugiesisch und Deutsch. Trotz dieser enormen Unterschiede zwischen kreolisch und seiner Ursprungssprache, die sich in einem komplett unterschiedlichen *Vokabular* der Kreolsprachen unterschiedlicher Herkunft niederschlägt, ist die *Grammatik* der entstehenden Kreolsprachen in allen Fällen relativ ähnlich – sowohl in bezug auf das, was ihr fehlt, als auch in bezug auf das, was sie auszeichnet. Im Vergleich zu vielen normalen Sprachen fehlt den Kreolsprachen die Konjunktion eines Verbs durch die verschiedenen Personen und Zeiten. Ihnen fehlt die Deklination eines Nomens durch Fall und Anzahl sowie die meisten Präpositionen. Andererseits teilen die Kreolsprachen mit den meisten normalen Sprachen das Vorhandensein von Relativsätzen, Formen der Personalpronomina der ersten, zweiten und dritten Person Singular und Plural sowie das Vorhandensein von Hilfsverben, mit denen sich Verneinung, Zukunft, Konditionalformen und die Fortdauer einer Handlung beschreiben lassen und die hierzu sogar nahezu gleich plaziert werden.

Trotz ihrer unterschiedlichen Herkunft und ihres unterschiedlichen Vokabulars teilen Kreolsprachen also überraschende Übereinstimmungen hinsichtlich ihrer Grammatik. Offenbar entspringen sie irgendeiner genetisch bestimmten Verkabelung einer universalen Grammatik in unserem Gehirn. Die meisten von uns hören beim Heranwachsen eine normale, komplexe Sprache, sie erlernen diese Sprache, und dadurch wird die genetisch fixierte Universalgrammatik überlagert. Nur Kinder, die unter Bedingungen aufwachsen, unter denen keine komplexe Sprache gesprochen wird, müssen auf diese fest verkabelte Grammatik zurückgreifen.

Die Meerkatzen-, die Pidgin- und die Kreolsprache repräsentieren somit drei Stadien, aus denen sich möglicherweise ablesen läßt, wie sich komplexe menschliche Sprachen aus tierischen Vorbildern entwickelt haben. Meiner Ansicht nach läßt sich die Verzögerung von rund 60 000 Jahren zwischen dem ersten Auftreten von Menschen mit einem voll ausgereiften Gehirn und einem anatomisch modernen Skelett und dem sehr viel späteren Erscheinen von Zeugnissen menschlicher Kreativität großenteils mit der zur Entwicklung einer modernen, modular hierarchisch strukturierten Sprache notwendigen Zeitspanne erklären. Ich tippe darauf, daß wir, wenn wir über eine Zeitmaschine mit einem Tonbandgerät verfügten, das wir in den Lagern von *Homo erectus* und Neandertaler deponieren könnten, feststellen würden, daß sie ein Pidgin gesprochen haben, bei dem wenige verschiedene Laute nach einer losen Grammatik zu Wortreihen aneinandergereiht waren. Zwischen 100 000 und 40 000 vor Christus haben wir vielleicht die Anatomie unseres Vokaltrakts vervollkommnet, was uns in die Lage versetzte, Dutzende von Vokalen und Konsonanten präzise auszusprechen. Vielleicht haben wir sogar die Organisation dieser Vokale und Konsonanten in Silben und Worte und die Organisation dieser Worte in Phrasen und Sätze, die von anderer Art waren als jene Wortreihen im Pidgin des *Homo erectus* und des Neandertalers, perfektioniert. Schließlich haben wir vielleicht eine universale Grammatik entwickelt und diese in uns genetisch fest verkabelt.

Laborwissenschaftler wischen historische Wisssenschaftszweige wie die Evolutionsbiologie oftmals als verschwommen oder spekulativ beiseite. Ja, es ist schwieriger, Wissen auf Gebieten zusammenzutragen, in denen man die Methodik eines kontrollierten und wiederholbaren Laborexperiments, in dem man ein genau definiertes Testsystem manipuliert, nicht anwenden kann. Trotzdem haben die historischen Wissenschaften ihre eigenen erfolgreichen Methoden entwickelt. Welche Techniken werden uns in den kommenden 50 Jahren dabei helfen, die Evolution menschlicher Kreativität zu verstehen?

Einiger Fortschritt wird sich zweifellos aus dramatischen neuen Fortschritten ergeben. So wird derzeit beispielsweise das menschliche Genom sequenziert, und man hat aus Jahrtausende oder sogar Jahrmillionen alten Pflanzen und Tieren erfolgreich DNA isoliert. Die vor kurzem erfolgte Entdeckung einer 5 000 Jahre alten Mumie aus der Kupferzeit in den Ötztaler Alpen erlaubt uns, davon zu träumen, daß wir möglicherweise auch irgendwann eine 30 000 Jahre alte Mumie entdecken werden. Vielleicht werden sich die Versuche zur Extraktion von DNA aus getrocknetem Blut oder Gewebe weiterhin als erfolgreich erweisen. In diesem Falle wären wir tatsächlich in der Lage, die DNA eines modernen Menschen mit der unserer ausgestorbenen Vorfahren beziehungsweise mit der von Schimpansen zu vergleichen.

Höchstwahrscheinlich werden wir aber auch eine ganze Menge aus der Vervollkommnung von Methoden lernen, die uns bereits zur Verfügung stehen. Ich erwähnte bereits die Entdeckung einer natürlichen Sprache bei Grünen Meerkatzen und die technischen Schwierigkeiten, mit denen man bei einer Untersuchung der natürlichen Sprachen von Schimpansen und Gorillas zu rechnen hat. Es scheint nur eine Frage der Zeit zu sein, bis jemand das Problem natürlicher Sprachen bei Menschenaffen angeht. Eine weitere Entwicklung ist auf dem Gebiet der Untersuchung kognitiver Fähigkeiten zu beobachten: Die Methodik zum Studium dieser Fähigkeiten bei Menschenaffen mit Hilfe computervermittelter Kommunikation haben sich in den letzten zehn Jahren rasch weiterentwickelt. Ein drittes vielversprechendes Gebiet betrifft die Linguistik: Man versucht heute, verwandte Strukturen bei menschlichen Sprachen aufzudecken, die sich vor über 10000 Jahren auseinanderentwickelt haben und so möglicherweise menschliche Ursprachen einer weit zurückliegenden Vergangenheit zu rekonstruieren. Und schließlich ist es erst in den letzten paar Jahren möglich geworden, jungsteinzeitliche Felsmalereien mittels 14C-Datierung (Radiocarbonmethode) des Farbmaterials zu datieren. Die Ergebnisse dieser Untersuchungen gewähren uns gerade erste Einblicke in die zeitliche Abfolge der Entwicklung künstlerischer Techniken des Menschen, ein Fenster zur menschlichen Kreativität.

Kurz, das meiner Ansicht nach spannendste Problem der heutigen Biologie geht von einer historischen Abkopplung aus. Den von unseren Urahnen hinterlassenen Spuren zufolge sind in unserer Evolution die Veränderungen von Hirngröße und Skelettanatomie getrennt von den Veränderungen der menschlichen Kreativität verlaufen. Die Zunahme unserer Gehirngröße und der größte Teil der Entwicklung unseres modernen Skeletts war Zehntausende von Jahren vor dem ersten Auftreten von Zeugnissen menschlicher Kreativität mehr oder minder abgeschlossen. Diesen frühen Hinweise beinhalten Kunstwerke und rasche kulturelle Veränderungen ebenso wie das rituelle Beerdigen von Toten und den Handel über große Entfernungen.

Der gesamte genetische Unterschied zwischen uns und den beiden anderen Schimpansenarten umfaßt nur 1,6 Prozent unseres Genoms. Der Unterschied hinsichtlich codierender DNA-Abschnitte beträgt vermutlich höchstens ein Zehntel davon, und der Anteil an codierender DNA, deren Veränderung noch vollendet werden mußte, war vermutlich sogar noch weit geringer. Meiner Ansicht nach kommt die Vermutung, daß diese wenigen letzten Veränderungen, die für unseren „großen Sprung nach vorne" im Hinblick auf unser Verhalten verantwortlich waren, in der Perfektion einer modernen Sprache bestanden haben müssen, den tatsächlichen Ereignissen möglicherweise sehr nahe. Wenn dem so ist, dann sind diese letzten Veränderungen der Hauptgrund, weshalb *wir* jetzt hier im Trinity College in der Sprache eines James Joyce über die Primatenevolution reden, während unsere nächsten Verwandten, die Schimpansen, zur gleichen Zeit im Dschungel Termiten verspeisen oder von uns in Zoos gefangen gehalten werden.

5. Embryonale Entwicklung: Ist das Ei berechenbar, oder: Könnten wir Engel oder Dinosaurier erzeugen?

Lewis Wolpert

Department of Anatomy and Developmental Biology,
University College London

> »Wenn wir die Struktur der Chromosomen einen Code nennen, so meinen wir damit, daß ein alles durchdringender Geist, dem jegliche kausale Beziehung sofort offenbar wäre – wie Laplace ihn sich einmal vorgestellt hat –, aus dieser Struktur voraussagen könnte, ob das Ei sich unter geeigneten Bedingungen zu einem schwarzen Hahn, einem gefleckten Huhn, zu einer Fliege oder Maispflanze, einer Alpenrose, einem Käfer, einer Maus oder zu einem Weibe entwickeln werde.«
>
> »Wir möchten lediglich aufzeigen, daß es mit dem molekularen Bild des Gens nicht mehr unvereinbar ist, wenn der Miniaturcode einem hochkomplizierten und bis ins einzelne bestimmten Entwicklungsplan genau entspricht und irgendwie die Fähigkeit hat, seine Ausführung zu bewerkstelligen.«
> (E. Schrödinger, 1944)

Diese beiden ausgesprochen scharfsichtigen Zitate aus Schrödingers Werk werfen zwei Schlüsselfragen auf. Die erste Frage lautet: Ist das Ei berechenbar? Die Antwort darauf ist meiner Ansicht nach nein, wobei es aber wohl möglich ist, einige Aspekte der Entwicklung zu simulieren. Was die zweite Frage angeht – die Frage, wie Gene die Entwicklung steuern –, so ist zu sagen, daß Schrödinger nicht hat wissen können, daß Gene ihren Einfluß geltend machen, indem sie kontrollieren, welche Protein hergestellt werden, und auf diese Weise Zellverhalten und -entwicklung steuern.

Mit diesen beiden Fragen würdigte Schrödinger die fundamentale Bedeutung der (Embryonal-)Entwicklung. Entwicklung ist das A und O jeder vielzelligen Lebensform. Sie ist das Bindeglied zwischen Genetik und Morphologie. Ja, ein großer Teil der genetischen Information in unseren Zellen wird dazu benötigt, Entwicklungsprozesse zu steuern. Evolution kann man sich im Sinne einer Veränderung von Entwicklungsprogrammen vorstellen, durch die alte Strukturen abgeändert und neue gebildet werden. Einzig und allein Gene werden im Verlauf der Evolution verändert – wenn man also verstehen will, wie die Evolution von Tieren und Pflanzen abläuft, so ist es von zentraler Bedeutung, daß man zunächst versteht, wie Gene die Entwicklung steuern. Wenn wir das wissen, können wir uns der Frage widmen, ob wir einen Engel oder einen Dinosaurier entstehen lassen könnten.

Es ist interessant, kurz den Stand der Embryologie von vor 50 Jahren mit dem gegenwärtigen Stand der Forschung zu vergleichen. Damals war soeben Needhams Buch *Biochemistry and Morphogenesis* (1942) erschienen. Es beschäftigte sich zum großen Teil mit – vom heutigen Standpunkt aus betrachtet – für die Problematik irrelevanter Biochemie und mit der Suche nach induzierenden Substanzen und Signalmolekülen. Heute, da Genetik und Molekularbiologie das gesamte Gebiet verändert haben, müssen wir zugestehen, daß wir nur in einigen wenigen Fällen ein Signalmolekül wirklich sicher kennen: das *bride of sevenless* im Insektenauge, TGF-β-ähnliche Moleküle bei der Entwicklung des Insektendarms (Lawrence 1992) und einige Moleküle, die bei der Entwicklung der Nematodenvulva eine Rolle spielen. Wir kennen keinen einzigen wirklich schlüssig nachgewiesenen Fall eines induzierenden Moleküls oder Morphogens bei Wirbeltieren – jede Menge aussichtsreicher Kandidaten, aber nichts Handfestes. Das früher erschienene Buch *The Elements of Experimental Embryology* (1934) von Huxley und DeBeer dagegen enthält zwar so gut wie überhaupt keine Biochemie, ist aber mit seiner Betonung von Wechselwirkungen und Gradienten für die heutigen Überlegungen von sehr viel größerer Relevanz.

Der Schlüssel zur Entwicklung ist die Zelle – das eigentliche „Wunder" der Evolution. Man kann überzeugend den Standpunkt vertreten, daß, sobald die Eukaryotenzelle einmal vorhanden war, deren Ausbau zur Bildung vielzelliger Organismen und Pflanzen vergleichsweise einfach gewesen ist. So kann man sich Zellzyklus und Zellteilung beispielsweise als Entwicklungsprogramm vorstellen. Entwicklung ist nichts anderes als die Modifizierung von Zellverhalten, und man kann sich unter bestimmten Voraussetzungen auf den Standpunkt stellen, daß eine Zelle komplexer ist als ein Embryo, und zwar deshalb, weil die Wechselwirkungen zwischen den einzelnen Teilen eines Embryos sehr viel einfacher gestaltet sind als die Interaktionen zwischen einzelnen Zellbestandteilen. Zellinteraktionen im Embryo sollte man generell eher als selektiv und weniger als instruktiv betrachten. Diese Interaktionen treffen lediglich die Wahl zwischen verschiedenen möglichen Stadien, die die Zelle annehmen kann, meist sind das wenige – zwei oder drei – seltener aber auch zahlreiche. Diese Interaktionen vermitteln der Zelle Information auf relativ niedrigem Niveau. Die Komplexität der Entwicklung selbst ist im internen Programm der Zelle verankert.

Die Evolution der Entwicklung ist für sich genommen bereits ein wichtiges Thema: Welcher Selektionsdruck wirkt auf Entwicklungsvorgänge, und wie entsteht etwas Neues? Ich bin der Ansicht, daß Embryonen von der Evolution bevorzugt behandelt werden. Das heißt, sie müssen sich lediglich programmgemäß entwickeln und sind – vorausgesetzt, das geschieht – unter Umständen in der Lage, verschiedene Entwicklungsmöglichkeiten auszuloten, ohne der negativen Selektion unterworfen zu sein (Wolpert 1990).

Da Zellverhalten letztendlich von Proteinen bestimmt wird, kann man sich Entwicklung als Vorgang vorstellen, der steuert, welche Proteine wo hergestellt werden, das heißt also als Steuerung der Aktivität der diese Proteine codierenden Gene. Wie viele Gene sind an Entwicklungsvorgängen beteiligt – im Unterschied zu denen, die die Funktionen des normalen Zellhaushalts unterhalten? Natürlich weiß man das nicht genau, aber man kann einige wohlbegründete Vermutungen anstellen. Die Anzahl der Gene beträgt bei *Escherichia coli* schätzungsweise 4000, bei Hefe 7000 und bei Nematoden 15000 (Chothia 1992). Es scheint vernünftig anzunehmen, daß von den 60000 Genen des Menschen möglicherweise um die 30000 an Entwicklungsprozessen beteiligt sind. Die Analyse früher Entwicklungsvorgänge bei Insekten dagegen läßt auf nur etwa 100 an der Steuerung von Entwicklungsmustern beteiligte Gene schließen. Und bei Nematoden kennt man etwa 50 Gene, die an der Steuerung der Entwicklung der Genitalöffnung beteiligt sind. Das sind freilich sehr geringe Zahlen; geht man einmal davon aus, daß eine Struktur durch sagen wir 100 Gene bestimmt wird, dann erforderte dies für 50 verschiedene Strukturen bei *Drosophila* 5000 Gene. Eine andere Möglichkeit, mit Genzahlen umzugehen, geht von der Relation zur Anzahl der Zellarten aus. Beim Menschen gibt es ungefähr 250 verschiedene Zelltypen. Nehmen wir an, jeder davon ist durch zehn verschiedene Proteine charakterisiert, und jedes Protein wäre für seine vollständige Ausprägung auf zehn Gene angewiesen – beides recht maßvolle Zahlen –, dann wären wir bereits bei 25000 Genen für die Entwicklung. Die Entstehung von Strukturen wie dem Gehirn setzte möglicherweise eine weit höhere Zahl voraus. Zudem ist es recht unwahrscheinlich, daß zwischen den Genen für verschiedene „Organe" allzuviel Überlappung besteht, denn dadurch ginge der Evolution ein betächtliches Maß an Flexibilität verloren, weil es zu viele Mehrdeutigkeiten gäbe.

Einige zehntausend Gene ist eine beachtliche Zahl, wenn es darum geht, deren Wirkung zu verstehen. Erschwert wird dieses Verständnis durch Fälle von offenkundiger Redundanz. Das heißt, man kann bestimmte Gene in Mäusen ausschalten, ohne daß sich dieses im Phänotyp sichtbar niederschlägt. Was also ist die Funktion eines solchen offenbar redundanten

Gens? Ich bin der Ansicht, daß jede Redundanz nur scheinbar ist und nichts anders reflektiert als die Tatsache, daß man keinen hinreichenden Test auf diese spezielle Veränderung des Phänotyps in der Hand hat (Wolpert 1992). Der Nachweis einer Benachteiligung von fünf Prozent erfordert bereits die Untersuchung von 20 000 Tieren. Es wird sehr schwer sein, die tatsächliche Funktion solcher Gene herauszufinden.

Inwieweit können wir erwarten, daß sich innerhalb der nächsten 50 Jahre allgemeingültige Prinzipien herausschälen werden? Oder stehen wir einfach vor einer langen Zeit des Sammelns von Einzelheiten und Detailbefunden? Im Augenblick können wir eine Liste von regelähnlichen Überlegungen aufstellen und sind der Ansicht, daß wir die grundlegenden Prinzipien der Entwicklung mehr oder minder verstehen – es sind hierzu übrigens erstaunlich wenige Konzepte vonnöten. Eine zentrale Annahme lautet, daß der Zustand einer Zelle davon bestimmt wird, welche Gene angeschaltet sind, das heißt, welche ihrer Proteine in der Zelle vorhanden sind. Protein- und RNA-Abbau sind zwar vermutlich ebenso bedeutsam wie die Translationskontrolle, doch ist die Genaktivität dennoch ein guter Ausgangspunkt. Unter den koordinierenden Strukturen kommt den chromosomalen Promoter- und Enhancerregionen vermutlich eine Schlüsselposition zu. Diese stromauf lokalisierten Steuerregionen haben im Laufe der Evolution große Veränderungen durchlaufen und dienen offenbar der Integration verschiedenster Aspekte im Verhalten der Zelle. So hat es beispielsweise den Anschein, als komme die räumliche Organisation der Genexpression während der frühen Insektenentwicklung dadurch zustande, daß an eine Enhancerregion verschiedene Faktoren binden und so schwellenwertabhängige Antworten auf externe Signale erzeugt werden können (Lawrence 1992).

Entwicklung bedeutet im großen und ganzen, daß Zellen auf geordnete Weise verschieden werden. Man kann sich zwei Arten vorstellen, wie die ersten vielzelligen Organismen dies fertiggebracht haben könnten: zum einen durch asymmetrische Zellteilungen, zum anderen durch Wechselwirkungen zwischen Zellen (Wolpert 1990). Es sind dies die beiden einzigen Möglichkeiten, wie Unterschiede zustande kommen können, und es bleibt ein Rätsel, weshalb sich Tiere bevorzugt der einen und nicht der anderen Alternative bedienen. Bei vielen Organismen erfolgt die Entwicklung entlang kartesischer Achsen, wobei das Entwicklungsmuster durch die Überlappung voneinander unabhängiger Einflüsse entlang der Achsen zustande kommt. So besteht zum Beispiel eine Möglichkeit der Musterbildung darin, Zellen wie in einem Koordinatensystem Positionsinformationen zuzuordnen, die dann von den Zellen auf die verschiedenste Weise interpretiert werden. Daraus ergibt sich die überaus wichtige Folge, daß zwischen einem früheren Muster und dem beobachteten Muster keinerlei Beziehung bestehen muß. Eine weitere, häufig zu beobachtende Strategie scheint in der Schaffung periodischer Strukturen – Segmente, Wirbel, Federn und Zähne – zu bestehen, die jeweils nach einem gemeinsamen Grundplan gebaut sind, der dann durch die entsprechende Positionsinformation modifiziert wird. All diese Wechselwirkungen haben eine geringe Reichweite – die selten über Entfernungen von mehr als 30 Zelldurchmesser hinausreicht –, und ein Großteil der Musterbildung findet lokal statt, so daß der Embryo sehr früh in Regionen eingeteilt wird, die sich mehr oder weniger unabhängig voneinander entwickeln.

Unser bestes System zum Verständnis von Entwicklungsprozessen bietet die Taufliege *Drosophila* (Lawrence 1992). Die beiden Achsen, die anterio-posterior-Achse und die dorso-ventral-Achse sind prinzipiell unabhängig voneinander und werden durch mütterliche Genprodukte spezifiziert, die Gradienten der Positionsinformation entstehen lassen. Nach der Befruchtung aktivieren die Gradienten eine Kaskade von Zygotengenen, und der Embryo wird in eine Reihe von Regionen unterteilt, die durch die Kombination verschiedener Genaktivitäten definiert sind. Entlang der anterio-posterioren Achse bildet sich ein periodisches Muster von Genaktivitäten, der Vorläufer der späteren Segmentierung. Es ist bemerkenswert, daß jede Zone einzeln durch die lokale Kombination von Proteinen spezifiziert wird. Jedes Segment nimmt zudem eine einzigartige Identität an, die durch die Aktivität eines speziellen Gensatzes, der sogenannten *Hox*-Gene, codiert wird.

Ein weiterer Aspekt der Fliegenentwicklung, der gleichzeitig ein exzellentes Modell darstellt, ist das Ommatidium des Auges. Hier bilden acht Zellen mit jeweils unverwechselbarer Identität einen Photorezeptorkomplex. Einige der hieran beteiligten Gene und Signale hat man identifiziert. Im Unterschied zu einem nur auf Positionsinformation beruhenden Mechanismus der Musterbildung findet hier offenbar eine Abfolge von Zell-Zell-Wechselwirkungen statt, durch die jede der acht Zellen am richtigen Ort spezifiziert wird. Die Interaktionen bestehen somit nur aus Signalübertragungsvorgängen einzelner Zellen an ihre Nachbarn. An der Plazierung der einzelnen Ommatidien ist eine etwas weiterreichende Signalübertragung beteiligt.

Die frühe Entwicklung ist beherrscht von räumlicher Organisation und von der Etablierung von Unterschieden. Diese gehen der Morphogenese und der zellulären Differenzierung in der Regel voraus und schaffen die Grundlagen für diese Prozesse. Bei der Morphogenese wirken zelluläre Kräfte, die Form und Beziehung von Zellen untereinander verändern; die Differenzierung führt zur Produktion von Molekülen, die für verschiedene Zelltypen charakteristisch sind.

Formveränderungen sind ein Problem der Verknüpfung von Genaktivitäten und Mechanik. Man weiß zwar einiges über die zellulären Kräfte, die an der Gastrulation von Amphibien, Insekten und Seeigeln beteiligt sind –

über die daran beteiligte intrazelluläre Maschinerie, darüber wie Bewegungen koordiniert und am rechten Ort zur rechten Zeit veranlaßt werden, wissen wir jedoch nur wenig. Wir müssen in Erfahrung bringen, wie Gene zelluläre Kräfte kontrollieren können. Ein naheliegender Mechanismus hierzu bestünde in der Steuerung der räumlichen Organisation von Expressionsmustern entsprechender Zelladhäsionsmoleküle.

Besondere Beachtung verdient in diesem Zusammenhang das Ausmaß der Konservierung der Entwicklung. Besonders eindrucksvoll zeigt sich dieses im Hinblick auf die Homöobox-Gene, die den Zellen ihre Positionsidentität entlang der anterio-posterioren Achse verleihen. Hier zeigt sich ein generelles Prinzip der Musterbildung, die nämlich sehr häufig in zwei Schritten verläuft: Zuerst wird den Zellen eine bestimmte Positionsidentität zugeordnet, die dann im weiteren Verlauf der Entwicklung auf verschiedene Art und Weise interpretiert wird. Die Expression von *Hox*-Genen entlang der anterio-posterioren Achse zeigt daher bei Fliegen und Wirbeltieren eine ungleich größere Ähnlichkeit als die sich später unter ihrem Einfluß entwickelnden Strukturen. Im Hinblick auf die Etablierung von Positionswerten entlang der Achse besteht also eine Konvergenz – auch wenn dabei unter Umständen verschiedene Mechanismen beschritten werden –, im Hinblick auf die spätere Entwicklung hingegen eine Divergenz. Hinzukommt vermutlich ein sehr hoher Grad an Konservierung von Morphogenesemechanismen – bei denen Zelladhäsion und -kontraktilität wieder und wieder eine große Rolle spielen. Man betrachte nur die Ähnlichkeit der Gastrulation bei Insekten und Seeigeln. Was die Differenzierung von Zellen betrifft, so ist noch unklar, welche generellen Prinzipien hier am Werk sind, denn Differenzierung besteht im Prinzip in der Kontrolle der Expression zellspezifischer Proteine. Hier würde man vielleicht die größten Unterschiede erwarten, denn außer der Aktivierung zell- und gewebespezifischer Transkriptionsfaktoren rechnet man wohl kaum mit Ähnlichkeiten zwischen der Differenzierung von – sagen wir – Muskelzellen und roten Blutkörperchen.

Derzeit schlagen dank der Identifizierung der *Hox*-Gene, möglicher Signalmoleküle und der detaillierten Analyse einiger Entwicklungsprozesse wie beispielsweise der frühen Fliegenentwicklung, der Entwicklung des Fliegenauges und der Nematodenvulva die Wogen der Erregung hoch. Wir haben das Gefühl – möglicherweise auch die Illusion – Grundprinzipien der Steuerung der Entwicklung zu verstehen. Wir beobachten, daß Kaskaden intrazellulärer Signalübertragung und der Aktivität von Genen zur Musterbildung beitragen können. Sogar bei der Entwicklung von Gliedmaßen gibt es inzwischen recht einleuchtende Modelle zur Wirkung von Homöobox-Genen und Wachstumsfaktoren (Wolpert und Tickle 1993). Wir müssen jedoch auch unsere Unwissenheit sehen: In keinem einzigen Fall hat man bislang bei Wirbeltieren ein Signalmolekül unzweifelhaft identifizieren können. Unser Verständnis der Zellstruktur ist, sobald es um die Etablierung von Polarität geht, noch immer sehr fragmentarisch, dasselbe gilt für unser Verständnis der molekularen Grundlagen der Morphogenese. Zwar gibt es plausible Modelle zur Gastrulation bei Fliegen, Seeigeln und Amphibien, doch die molekulare Basis und deren genetische Kontrolle sind noch immer unbekannt. Besonders rudimentär ist auch unser Verständnis von Dingen wie der Regulation von Größe und Form. Wie sind jedoch der Ansicht, daß sich mit zunehmender Kenntnis zellbiologischer Phänomene auch ein besseres Verstehen all dieser Vorgänge ergeben wird. Es ist ungemein faszinierend, daß Wimpertierchen komplexe Muster bilden und ganz ähnlichen Regeln gehorchen wie vielzellige Organismen, daß wir aber dennoch nichts über die molekularen Grundlagen all dessen wissen (Frankel 1989). Zwar begünstigt die Spezifizierung der Positionsidentität durch *Hox*-Gene die Interpretation dieser Positionsinformation, doch die stromaufwärts befindlichen Angriffspunkte der *Hox*-Gene sind im großen und ganzen nicht bekannt, insbesondere im Zusammenhang mit der Morphogenese: Die Änderung eines einzigen Gens kann bei Fliegen eine Antenne zu einem Bein werden lassen.

Ist das Ei berechenbar? Das heißt, könnte man, wenn man das befruchtete Ei ganz genau kennt – die Sequenz der gesamten DNA und die Lokalisierung sämtlicher Proteine und RNAs – voraussagen, wie der Embryo sich entwickeln wird? Können wir uns allgemeine Theorien zu Entwicklungsabläufen vorstellen, und wie müßten diese aussehen? Im derzeitigen Stadium unseres Wissens hängt die Antwort auf diese Frage davon ab, wie man den sich entwickelnden Embryo betrachtet. Ist er als dynamisches System zu betrachten oder eher als Apparat mit begrenzten Zustandsmöglichkeiten (*finite state machine*)? Wenn man ihn als dynamisches System behandeln kann, dann wäre es möglich, daß Theoreme der Dynamik anwendbar sind, Theoreme über Attraktoren und Grenzzyklen (Kelso, Ding und Schröder 1992). Solche Systeme basieren auf einer nichtlinearen Dynamik und betrachten im Ungleichgewicht befindliche chemische Prozesse unter dem Gesichtspunkt von Fluktuation und Instabilität, vor allem aber im Hinblick auf die Selbstorganisation räumlicher und zeitlicher Muster. Ein charakteristisches Merkmal solcher Systeme besteht grundsätzlich darin, daß Strukturen bei den Ausgangsbedingungen allem Anschein nach keine Rolle spielen. Zellen und Embryonen aber sind hochstrukturiert. Wichtiger noch ist vielleicht, daß diese Systeme betrachtet werden, als seien sie kontinuierliche Prozesse; doch Zellverhalten und -Entwicklung zeigen sehr häufig ein sprunghaftes Verhalten. Wird ein Gen aktiviert, so ist das, als würde man einen Schalter umlegen, durch den die Produktion eines neuen Proteins veranlaßt wird, und dieses kann das Zellverhalten vollständig verändern. Zu bemerken ist weiterhin, daß die Theorien zum Verhalten dynamischer Systeme bislang wenig erfolgreich bei der Klärung von Problemen der Zell- und der Entwicklungsbiologie waren. Eine Ausnahme macht hier möglicherweise der von Alan Turing vorgeschlagene Reaktions-Diffusions-Prozeß entlang festgelegter Linien. Reaktions-Diffusions-Mechanismen liefern ein attraktives Modell für die Selbstorganisation von Gradienten und periodischen Strukturen (Murray 1989), doch bislang fehlen schlüssige Hinweise darauf, daß sie während der Entwicklung tatsächlich eine Rolle spielen.

Ein Gegenbeispiel zum dynamischen System ist der Selbstaufbau (Self-Assembly) eines Bakteriophagen, die in der Aminosäuresequenz der Proteine fest verankert ist und einen obligatorischen Weg für Proteinwechselwirkungen reflektiert. Dasselbe gilt vermutlich für Zellorganellen wie Ribosomen, Aktinfilamente und Kollagen. Eine solche Selbstorganisation spielt mit großer Wahrscheinlichkeit eine wichtige Rolle bei zellulären Differenzierungsprozessen wie zum Beispiel der Filamentbildung in Muskelzellen.

Ist Entwicklung dagegen als ein Apparat mit begrenzten Zustandsmöglichkeiten zu betrachten, dann könnten möglicherweise Wolframs (1984) Modelle zellulärer Automaten weiterhelfen. Diese Modelle gründen sich nicht auf Differentialgleichungen, mit denen sich kontinuierliche Variationen von Parametern in Relation zueinander beschreiben lassen, sondern auf diskrete Veränderungen vieler ähnlicher Komponenten. Während sich manche zellulären Automaten als diskretes dynamisches System beschreiben lassen, gibt es andere, deren Entwicklung nur auf dem Weg der Simulation bestimmt werden kann. Für ihr allgemeines Verhalten lassen sich keine Formeln von endlicher Länge finden. Selbst relativ einfache Zuordnungen auf der Grundlage der Daten benachbarter Systeme ergeben Muster, die nicht im eigentlichen Sinne berechenbar sind. Das heißt, daß sich ihr Ergebnis nicht vorhersagen läßt, ohne daß man wirklich sieht, wie das System sich im Gleichgewicht verhält.

Ist Entwicklung einem nicht berechenbaren zellulären Automaten vergleichbar? Es hat den Anschein, als wäre dem in mancher Hinsicht wohl tatsächlich so. Das Zellverhalten im Laufe der Entwicklung wird durch den aktuellen Zustand der Zelle sowie durch Signale benachbarter Zellen bestimmt. Durch sie wird das nächste Stadium festgelegt. Diese Stadien lassen sich am besten durch die Aktivität der jeweils angeschalteten Gene charakterisieren. Man darf allerdings nicht außer acht lassen, daß zwischen den einzelnen Stadien unter Umständen komplexe Wechselwirkungen bestehen: So kann zum Beispiel ein neu synthetisiertes Protein, das durch das Anschalten eines ganz bestimmten Gens entstanden ist, andere Proteine verändern oder mit ihnen zusammenwirken und so eine Kaskade von Ereignissen auslösen, die zusammen mit dem ursprünglichen Protein das Zellverhalten, das zum nächsten Stadium führen sollte, modifizieren können. Hier wird denn auch ein wichtiger Unterschied zwischen Entwicklungsprozessen und zellulären Automaten deutlich. Es gibt in diesem Falle nicht nur ein paar Stadien, deren Muster mit jeder nachfolgenden Generation variiert, sondern im Laufe der Entwicklung werden kontinuierlich neue Zellstadien erzeugt. Damit ergeben sich Tausende verschiedener Zellstadien, die während der Entwicklung eines Embryos durch ein jeweils anderes Muster an Genaktivitäten definiert werden. Die Entwicklung eines Embryos ist somit sehr viel komplexer als die von zellulären Automaten, und zu dieser Komplexität kommt es durch die Komplexität der Zellen und der großen Zahl an Zuständen, die sie einnehmen können. Es scheint somit sehr unwahrscheinlich, daß Entwicklung sich rein formal wird simulieren lassen.

Dennoch wird es in der Zukunft wichtig sein zu versuchen, Prozesse der Formänderung wie die Gastrulation zu simulieren. Die morphogenetischen Bewegungsabläufe sind langsam und beinhalten keine Ausgangsbedingungen, so daß sich das System als quasi-statisch betrachten läßt. Damit lassen sich möglicherweise Versuche zur Simulation morphogenetischer Bewegungen vereinfachen. Doch bereits die Simulation nur der Gastrulation eines Vertebraten ist eine beachtliche Herausforderung, die Simulation von Aspekten der Organentstehung – wie der des Gehirns – übertrifft diese um ein Vielfaches.

Werden wir in 50 Jahren in der Lage sein, wenigstens die Ausgangsbedingungen genau zu beschreiben? Bis dahin werden wir die DNA-Sequenz kennen, aber wir werden noch sehr viel mehr wissen müssen. Wir werden wissen müssen, welche Proteine und welche mütterlichen Botschaften im Cytoplasma gelagert werden und wie deren räumliche Verteilung aussieht. Dabei können geringfügige Variationen von großer Bedeutung – jedoch unter Umständen sehr schwer aufzufinden – sein. Wir werden auch die komplexen Wechselwirkungen verstehen müssen, die an der intrazellulären Signalübertragung beteiligt sind, sowie die jeweilige Rolle der Myriaden von Kinasen und Phosphatasen. Unter Umständen können wir Stoffwechselvorgänge unberücksichtigt lassen – das aber ist noch längst nicht geklärt. An erster Stelle aber ist zu bedenken, daß jedes detaillierte Verständnis beziehungsweise jede Berechnung von Entwicklungsvorgängen ein detailliertes Verständnis der Zellbiologie voraussetzt. Das ist eine gewaltige Aufgabe, denn es hieße letztlich, daß es zur rechnerischen Erfassung embryonaler Zustände notwendig sein könnte, das Verhalten sämtlicher beteiligter Zellen zu erfassen. Unter Umständen ist hier jedoch eine Vereinfachung in Sicht, falls sich für die Beschreibung von Zellverhalten eine Ebene finden lassen sollte, die der Beschreibung der Entwicklung gerecht wird, ohne dabei gleichzeitig vorauszusetzen, daß man das Verhalten jeder einzelnen Zelle wirklich ganz genau kennen muß.

Ein den hier vorgestellten Fragen analoges – vermutlich aber sehr viel weniger komplexes – Problem ist die Faltung von Proteinen. Wird es in den nächsten 50 Jahren möglich sein, die dreidimensionale Struktur eines Proteins aus dessen Aminosäuresequenz vorauszusagen? Die Antwort lautet vermutlich ja, doch dies muß nicht notwendigerweise dadurch erfolgen, daß man die Struktur aus irgendwelchen übergeordneten Prinzipien herleitet, denn die Lösung wird sich mit großer Wahrscheinlichkeit auf der Grundlage von Homologien ergeben. Chothia (1992) hat deutlich gemacht, daß Proteine sich aus etwa 1 000 Proteinfamilien herleiten lassen und daß sich, wenn es gelingt, bei all diesen Familien die Faltung mit Hilfe von Kristallographie, NMR-Spektroskopie und molekularen Modellen herauszufinden, mit großer Wahrscheinlichkeit die Struktur jedes neuen Proteins vorhersagen lassen wird.

Ähnliche Prinzipien mögen auch für Aussagen darüber gelten, wie ein Embryo sich entwickeln wird. Die frühe Entwicklung verschiedener Organismen kann sehr unterschiedlich sein. Selbst wenn man also die an der axialen Musterbildung beteiligten Homöobox-Gene identifizieren könnte, so wäre es dennoch sehr schwierig, deren räumliches Expressionsmuster zu aufzuklären. Wenn man dieses Muster kennen würde und auch die Gene, an deren Kontrollregionen die Produkte dieser Gene binden, dann wäre es vielleicht möglich, einige generelle Aussagen darüber zu treffen, welche Art von Tier sich jeweils entwickeln wird. Wie bei der Faltung von Proteinen, so könnten auch hier Homologiestudien anhand ausführlicher Datenbanken die beste Basis für solche Voraussagen sein. Es mag also einige allgemeine Prinzipien geben, und dieselben Gene und Signale mögen in verschiedenen Organismen wieder und wieder verwendet werden, von ausschlaggebender Bedeutung aber werden die Details sein, und sie werden Vorhersagen über Entwicklungsprozesse ungemein erschweren. Trotz alledem ist es nicht ganz aus der Luft gegriffen anzunehmen, daß wir schließlich genug wissen werden, um einen Computer zu programmieren und einige Aspekte der Entwicklung zu simulieren. Dabei werden wir allerdings weit mehr verstehen müssen, als wir vorhersagen können. So ist es zum Beispiel sehr unwahrscheinlich, daß wir in der Lage sein werden, die Konsequenzen vorherzusagen, falls die Struktur eines einzelnen Proteins durch eine Mutation beeinflußt werden sollte.

Was also werden die nächsten 50 Jahre bringen? Falls wir mit unserer Annahme richtig liegen, daß wir die grundlegenden Mechanismen von Entwicklung verstehen, dann werden sich vielleicht keine neuen Prinzipien ergeben, sondern vor uns werden 50 Jahre schweißtreibender Schwerarbeit liegen, in denen wir die Feinheiten zellulären Verhaltens während der Entwicklung zu klären haben. Hierzu gehört nicht nur das Verstehen von Genaktivitäten, sondern auch ein Verständnis der Biochemie und Biophysik von

Zellen. Dieser Aspekt verspricht jedoch unter Umständen sehr aufregend zu werden. Diese Prophezeiung beinhaltet sowohl einigen Optimismus als auch einigen Pessimismus: Optimismus, weil es bedeuten könnte, daß wir, falls sie eintrifft, die Prinzipien der Entwicklung verstehen würden, Pessimismus, weil die Zukunft ein bißchen mühselig aussieht. Die Wahrheit liegt fast immer irgendwo zwischen den beiden Extremen, und es wird in gleichem Maße enttäuschend und überraschend sein, sollten sich keine neuen Mechanismen oder Möglichkeiten ergeben, die vorhandenen Informationen zusammenzufassen. Wirksame neue Techniken werden im übrigen mit Sicherheit entwickelt werden.

Falls es uns gelänge, Entwicklung zu simulieren, so hätte dies den großen Vorteil, daß wir damit auch unser Verständnis von Evolution verbessern könnten. Beispielsweise könnten wir fragen, welche Folge genetischer Veränderungen zur Evolution von Gliedmaßen oder Gehirnen geführt haben könnte. Wir könnten auf dem Computer „herumspielen", um zu sehen, welchen Einfluß es hätte, wenn man jeweils ein Gen zu einer Zeit änderte. Im Prinzip könnten wir versuchen, ein Programm zur Schaffung eines Engels oder eines Dinosauriers zu entwerfen. Beim Engel bestünde das Problem darin, sowohl für ein zusätzliches Flügelpaar als auch für ein engelsgleiches Temperament zu sorgen. Was die Schaffung eines zusätzlichen gefiederten Extremitätenpaars betrifft, so würde dies zwar einige Geschicklichkeit erfordern, doch wäre es nicht unmöglich, vorausgesetzt, daß wir genug über die Musterbildung bei der Entstehung von Körperbauplänen und bei der Entwicklung von Flügeln und Federn wüßten. Man würde vermutlich Gene aus Säugern und Vögeln verwenden müssen. Es ist höchst unwahrscheinlich, daß wir in Erfahrung bringen könnten, welche neuronalen Verknüpfungen zur Schaffung eines engelsgleichen Temperaments herzustellen sind, aber wir könnten, so wir genug Zeit dazu hätten, vermutlich ein Selektionsverfahren ersinnen. Einen Dinosaurier herzustellen, gestaltete sich sogar noch ein bißchen komplizierter, sogar dann, wenn wir die gesamte DNA zur Verfügung hätten. Das Problem bestünde darin, die richtigen Ausgangsbedingungen für die Dinosaurierentwicklung zu etablieren. *Jurassic Park* wird Science-fiction bleiben.

Literatur

Chothia, C. *One Thousand Families for the Molecular Biologist.* In: *Nature* 357 (1992) S. 543–544.

Frankel, J. *Pattern Formation.* New York (Oxford University Press) 1989.

Huxley, J. S.; De Beer, G. R. *The Elements of Experimental Embryology.* Cambridge (Cambridge University Press) 1934.

Kelso, J. A. S.; Ding, M.; Schröder, G. *Dynamic Pattern Formation: A Primer.* In: Mittenthal, J.; Baskin, A. (Hrsg.) *Principles of Organisation in Organisms*, Reading, Mass. (Addison Wesley) (1992). S. 397–439.

Lawrence, P. A. *The Making of a Fly.* Oxford (Blackwell) 1992.

Murray, J. D. *Mathematical Biology.* New York (Springer) 1989.

Needham, J. *Biochemistry and Morphogenesis.* Cambridge (Cambridge University Press) 1942.

Schrödinger, E. *What is Life?* Cambridge (Cambridge University Press) 1944. [Aktuell lieferbare deutsche Ausgabe: *Was ist Leben? Die lebende Zelle mit den Augen des Physikers betrachtet.* München (Piper) 1993.]

Wolfram, S. *Cellular Automata as Models of Complexity.* In: *Nature* 311 (1984) S. 419–424.

Wolpert, L. *The Evolution of Development.* In: *Biological Journal of the Linnean Society* 39, (1990) S. 109–124.

Wolpert, L. *Gastrulation and the Evolution of Development.* In: *Development Supplement* (1992) S. 7–13.

Wolpert, L.; Tickle, C. *Pattern Formation and Limb Morphogenesis.* In: Bernfield, M. (Hrsg.) *Molecular Basis of Morphogenesis.* New York (Wiley) 1993. S. 207–220.

6. Sprache und Leben

John Maynard Smith

Department of Biology,
University of Sussex, Falmer, Brighton, Großbritannien

Eörs Szathmáry

Institut für Pflanzentaxonomie und -ökologie,
Eötvös-Universität, Budapest

Alle Lebewesen können Informationen von einer Generation an die nächste weitergeben. Diese Informationsübermittlung ist Grundlage der Vererbung – der Zeugung von Ähnlichem durch Ähnliches –, und die Vererbung wiederum gewährleistet, daß Populationen durch natürliche Auslese evolvieren. Sollten wir jemals irgendwo im Weltall auf Lebewesen treffen, die einen anderen Ursprung haben als wir selbst, so können wir sicher sein, daß es auch bei ihnen Vererbung sowie eine Sprache für die Weitergabe von Erbinformation geben wird. Die Notwendigkeit einer solchen, von ihm als Code oder Codeschrift (*code-script*) bezeichneten Sprache war ein zentraler Punkt von Schrödingers Argumentation in *What is Life?*. Über die Natur dieser Sprache kann man eine Reihe von Vermutungen anstellen. Sie wird digital sein, da eine in kontinuierlich variierenden Symbolen codierte Botschaft bei der Weitergabe von Individuum zu Individuum schnell zu Rauschen degeneriert. Sie muß außerdem die Codierung einer unbegrenzten Anzahl von Botschaften erlauben. Diese Botschaften müssen mit hoher Genauigkeit kopiert oder repliziert werden. Schließlich müssen die Botschaften eine „Bedeutung“ haben, die ihre eigenen Überlebens- und Replikationschancen beeinflußt; andernfalls wird es keine natürliche Auslese zwischen ihnen geben.

Bei den heutigen Lebewesen gibt es nicht nur eine derartige Sprache, sondern zwei. Die eine ist die bekannte genetische Sprache, die auf der Replikation der Nucleinsäuren DNA und RNA basiert, die andere ist die uns noch vertrautere, auf den Menschen beschränkte Sprache, derer wir uns gerade bedienen. Erstere ist die Grundlage der biologischen Evolution, letztere die des kulturellen Wandels. In diesem Aufsatz befassen wir uns mit dem Ursprung beider Sprachen.

Auf den Ursprung der Nucleinsäurereplikation werden wir nicht eingehen, obwohl er für die Entstehung des Lebens ein entscheidender – vielleicht sogar *der* entscheidende – Schritt war. Statt dessen erörtern wir den Ursprung des genetischen Codes. In allen heute existierenden Organismen gibt es eine Arbeitsteilung zwischen Nucleinsäuren und Proteinen. Die Nucleinsäuren sind die Träger der genetischen Information, die durch Replikation weitergegeben wird. Proteine entscheiden über den Phänotyp des Organismus. Die Verbindung zwischen beiden führt über den genetischen Code, durch den die Basensequenz einer Nucleinsäure in die Aminosäuresequenz eines Proteins übersetzt wird. In diesem Übersetzungsprozeß (Translation) kommt das zum Tragen, was wir als die Bedeutung der Nucleinsäuren bezeichnet haben: Indem sie die Bauanleitung für bestimmte Proteine liefern, beeinflussen die Nucleinsäuren ihre eigenen Überlebenschancen – ihre „Fitneß". Die Vorgänge bei der Translation sind gleichzeitig so komplex und so universell, daß schwer vorstellbar ist, wie dieser Prozeß entstanden sein kann oder wie es ohne ihn Leben gegeben haben kann.

Das zweite dieser Probleme, die Existenz von Leben ohne den genetischen Code, das vor zehn Jahren noch nahezu unlösbar erschien, gibt heute nicht mehr so viele Rätsel auf. Die entscheidende Entdeckung war, daß selbst in heutigen Organismen manche Enzyme nicht aus Protein, sondern aus RNA bestehen (Zaug und Cech 1986). Diese Entdeckung führte zu der Idee, es könne eine „RNA-Welt" gegeben haben, in der die RNA-Moleküle gleichzeitig Phänotyp und Genotyp waren – sowohl Enzyme als auch Träger genetischer Information. Von dieser für uns plausiblen Vorstellung ausgehend, ist Leben ohne Proteine und damit auch ohne den genetischen Code denkbar. Überdies kann man sich leichter vorstellen, wie der Code entstanden sein könnte.

Die wesentliche Eigenschaft des genetischen Codes besteht darin, daß jedes Nucleotidtriplett – jedes „Codon" – einer von 20 Aminosäuren zugeordnet ist. Umgesetzt wird diese Zuordnung durch die Anheftung bestimmter Aminosäuren an bestimmte tRNA-Moleküle, die das jeweils passende Anticodon enthalten. Die Anheftung katalysieren spezifische Enzyme, die man als Zuordnungsenzyme bezeichnen kann. Die Eindeutigkeit des Codes ist von der Spezifität dieser Enzyme abhängig. Wir stehen nun vor dem Problem, die Entstehung dieser Spezifität zu erklären.

Bevor wir uns dieser Frage zuwenden, rekapitulieren wir kurz, was sich aus der Natur des heutigen genetischen Codes ableiten läßt. Es gibt einige Abweichungen von der Universalität des Codes; beispielsweise codiert das Triplett AUA in der Hefe und den Mitochondrien der meisten Tierarten Methionin statt Isoleucin. Eine Reihe derartiger Abweichungen ist bereits bekannt, und vermutlich wird man noch weitere entdecken. Die Variabilität ist jedoch begrenzt und läßt sich mit der Vorstellung vereinbaren, daß es ursprünglich nur einen Code gab und daß seither einige geringfügige Veränderungen eingetreten sind. Die Existenz von Variationen wirft allerdings eine Frage auf: Auf welche Weise kann der Code evolvieren? Wie konnte sich beispielsweise die Zuordnung von AUA, das im „universellen" Code Isoleucin codiert, ändern? In der Regel gibt es an vielen Stellen im Genom eines Organismus AUA-Codons, und selbst wenn es einen Selektionsvorteil bedeuten würde, an einer dieser Stellen Methionin statt Isoleucin zu codieren, wäre die entsprechende Änderung an *allen* Stellen sicher nachteilig. Einen Überblick über mögliche Mechanismen für derartige Veränderungen geben Osawa et al. (1992). Ihr Grundgedanke ist, daß ein gerichteter Mutationsdruck, der das Verhältnis von Adenin-Thymin-Basenpaaren zu Guanin-Cytosin-Paaren verändert, dazu führt, daß bestimmte Codons nicht mehr verwendet werden. Solche ungenutzten Codons können dann neu zugeordnet werden.

Entscheidend ist, daß der genetische Code evolvieren kann, wenn auch langsam und unter Schwierigkeiten. Während der Anfänge der Evolution, als die Organismen noch einfacher waren und weniger Gene besaßen, waren evolutionäre Veränderungen vermutlich leichter möglich. Dies ist aus folgendem Grund von Bedeutung. Wie wir gleich zeigen werden, hat der Code einige adaptive Eigenschaften. Im allgemeinen erklären Evolutionsbiologen Anpassungen durch Selektion. Ein nicht veränderbarer Code könnte nicht auf diese Weise angepaßt werden. Wenn der Code dagegen, wie es der Fall zu sein scheint, evolvieren kann, lassen sich diese adaptiven Eigenschaften leichter erklären.

Das beste Beispiel für eine adaptive Eigenschaft des genetischen Codes ist die Tatsache, daß chemisch ähnliche Aminosäuren oft von ähnlichen Tripletts codiert werden. So sind Asparaginsäure und Glutaminsäure einander chemisch ähnlich; Asparaginsäure wird von GAU und GAC codiert, Glutaminsäure von GAA und GAG. Allgemeinere Untersuchungen bestätigen, daß der Code in dieser Hinsicht alles andere als zufällig aufgebaut ist. Weshalb könnte es adaptiv sein, daß zu ähnlichen Aminosäuren ähnliche Codons gehören? Bisher wurden zwei plausible Gründe vorgeschlagen. Erstens sind, wenn in der Proteinsynthese ein Fehler auftritt, die Auswirkungen auf die Funktion des Proteins wahrscheinlich relativ gering. Zweitens sind Mutationen mit geringerer Wahrscheinlichkeit schädlich.

Eine zweite nicht zufällige Eigenschaft des Codes ist seine Redundanz. Eine Aminosäure kann von einem, zwei, drei, vier oder sechs verschiedenen Nucleotidtripletts codiert werden. Für Aminosäuren, die in Proteinen häufig sind, gibt es oft mehr Codons als für seltene Aminosäuren. Beispielsweise kommen Leucin und Serin (jeweils mit sechs Codons) in Proteinen häufiger vor als Tryptophan (ein Codon). Allerdings wäre es vermutlich falsch, dies als adaptive Eigenschaft des Codes zu interpretieren. Wahrscheinlicher ist, daß es sich dabei um eine unselektierte Konsequenz des Codes in seiner bestehenden Form handelt, daß es also mehr Mutationen zu Serin und zu Leucin gibt als zu Tryptophan. Wenn zumindest einige Aminosäurewechsel selektionsneutral sind, ist der beobachtete Zusammenhang zwischen Häufigkeit in Proteinen und Redundanz zu erwarten. Es gibt außerdem deutliche Hinweise darauf, daß die Selektion eine exakte Entsprechung zwischen der Häufigkeit in Proteinen und der Redundanz verhindert hat. Beispielsweise sind die sauren Aminosäuren (Asparaginsäure und Glutaminsäure) etwa gleich häufig wie die basischen (Arginin und Lysin), wie aufgrund des neutralen intrazellulären pH-Wertes auch zu erwarten ist. Geht man jedoch von der Codonredundanz aus, so müßten die basischen Aminosäuren etwa doppelt so häufig sein wie die sauren.

Es bleibt die Frage, ob es einen chemischen Grund für die Zuordnung bestimmter Codons zu bestimmten Aminosäuren gibt. Die Alternative ist, daß die Zuordnung chemisch gesehen zufällig erfolgte, ähnlich wie die Zuordnung von Wörtern zu Bedeutungen in der menschlichen Sprache weitgehend zufällig ist. Wenn letzteres zutrifft, könnte es zwar einen Grund dafür geben, daß die ersten beiden Nucleotide in den Codons für Glutaminsäure und Asparaginsäure identisch sind, aber es wäre reiner Zufall, daß es sich dabei um GA handelt und nicht beispielsweise um AU. Diese Frage ist noch ungeklärt, aber es besteht kein Zweifel daran, daß jede chemische Spezifität, die es möglicherweise einmal gegeben hat, allein nicht ausreichte, um den Code festzulegen: Die Evolution der Zuordnungsenzyme bleibt der entscheidende Schritt, der erklärt werden muß.

Eine Erklärung hierfür ist denkbar, wenn man davon ausgeht, daß Aminosäuren zunächst als Cofaktoren von Ribozymen an Lebensprozessen beteiligt waren (Szathmáry 1993). Durch den Erwerb solcher Cofaktoren wäre es den Ribozymen möglich gewesen, ihre katalytische Bandbreite und Effizienz erheblich zu steigern. Abbildung 6.1 verdeutlicht diesen Gedanken. Jeder Cofaktor bestand aus einer Aminosäure, die an ein Oligonucleotid gebunden war – vermutlich an ein Trinucleotid; in diesem Fall wäre der Code von Anfang an ein Triplettcode gewesen. Das Oligonucleotid hatte die Funktion, den Cofaktor durch Basenpaarung an das Ribozym zu binden. Jeder Cofaktortyp konnte in Verbindung mit vielen verschiedenen Ribozymen wirken.

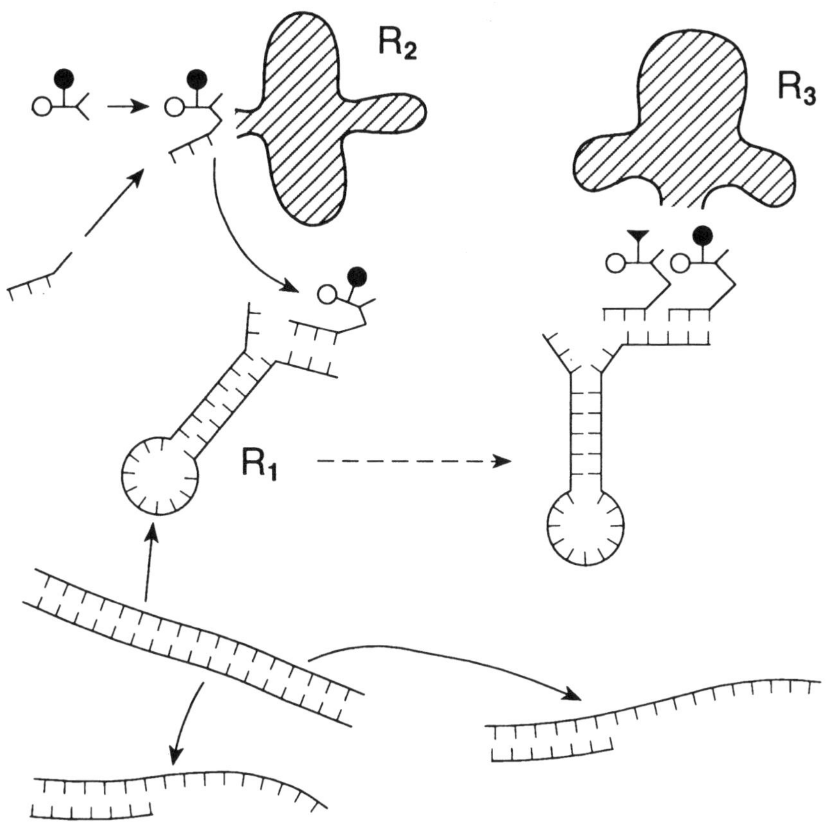

6.1 Eine Hypothese über den Ursprung des genetischen Codes; Erklärung im Text. Einfache Pfeile bezeichnen intrazelluläre Veränderungen; der gestrichelte Pfeil steht für evolutionären Wandel.

In diesem Szenario hat der Ursprung der spezifischen Zuordnung von Aminosäuren zu Oligonucleotiden, die die Grundlage des Codes darstellt, zunächst nichts mit der Proteinsynthese zu tun. Die Zuordnungen können eine nach der anderen entstanden sein, wobei jede die Anzahl der verfügbaren Cofaktoren und damit die biochemische Vielseitigkeit vermehrte. Die darauf folgende evolutionäre Entwicklung zeigt Abbildung 6.1. Das nächste Stadium wäre die Bindung verschiedener Aminosäuren an ein und dasselbe Ribozym. Die Verknüpfung dieser Aminosäuren zu Peptiden wäre dann der erste Schritt in Richtung auf eine Proteinsynthese. Schließlich würde das ursprüngliche Ribozym zu mRNA evolvieren; aus dem Oligonucleotid-„Griff" des Cofaktors würde tRNA; das Zuordnungsenzym R_2, das eine bestimmte Aminosäure an ein bestimmtes Oligonucleotid bindet, würde zu einer tRNA-Aminoacylsynthetase evolvieren, und schließlich würde aus dem Ribozym R_3, das Aminosäuren zu Peptiden verknüpft, das Ribosom.

Dieses Modell läßt viele Fragen offen. Beispielweise sind Proteine sehr viel größer als die kurzen Peptide, die durch Nutzung eines Ribozyms als „Botschaft" gebildet werden könnten. Doch das Modell hat den Vorteil, mögliche Übergangsstadien zwischen einem Zustand ohne und einem Zustand mit Code aufzuzeigen, die jeweils selektierbar sind. So wäre es besser eine einzige Art von Cofaktor zu haben als gar keine, zwei Cofaktoren wären besser als einer, und so weiter. In dieser Hinsicht gleicht das Modell anderen Erklärungsversuchen für den Ursprung komplexer Organe, die nutzlos erscheinen, solange sie nicht vollständig ausgebildet sind. Federn zum Beispiel wärmten ihre Besitzer schon lange bevor sie gut genug ausgebildet waren, um ihnen beim Fliegen zu helfen.

Wir kommen nun zu unserem zweiten Problem, dem Ursprung der menschlichen Sprache. Dieses Thema ist bei Linguisten schlecht angesehen. Nach der Veröffentlichung von Darwins *Origin of Species* wurden derart viele undurchdachte Ideen über die Evolution der Sprache vorgetragen, daß die französische Akademie für Linguistik im Jahre 1866 bekanntgab, ihre Zeitschrift akzeptiere keine Aufsätze über den Ursprung der Sprache. Diese Reaktion war vermutlich berechtigt, aber heute ist es an der Zeit, sich dem Thema wieder zuzuwenden. Tatsächlich sind in den letzten Jahren zwei aufregende Entwicklungen zu verzeichnen gewesen.

Die erste betrifft die Phylogenese der heutigen menschlichen Sprachen. Der phylogenetische Ansatz bei der Erforschung der Sprache ist keineswegs neu. Sein bisher wichtigstes Resultat ist die Erkenntnis, daß die indogermanischen Sprachen eine einzige Familie mit einem gemeinsamen Vorläufer bilden. Bis vor kurzem nahm man jedoch an, das Ausmaß der Entlehnung von Wörtern aus anderen Sprachen sei so groß, daß jeder Versuch, tiefer in die Phylogenese vorzudringen, hoffnungslos sei. Diese Ansicht wurde nun von einigen Linguisten, vor allem aus Rußland und den USA, in Frage gestellt. Wie so oft in der Wissenschaft war der Fortschritt verbesserten Methoden zu verdanken. In diesem Fall war entscheidend, daß die Verwandtschaftsbeziehungen aus Übereinstimmungen im Vokabular und nicht in der relativ schnell veränderlichen Grammatik abgeleitet wurden, und, wichtiger noch, daß man sich beim Vokabular auf Wörter ohne technische Bedeutung beschränkte. Brauchbar sind beispielsweise Wörter für Körperteile, Beziehungen, Schlafen und Essen, warm und kalt, nicht jedoch für Pflüge, Häuser und Pfeile. Der Grund liegt auf der Hand: Technische Wörter werden häufiger aus anderen Sprachen entlehnt.

Interessant ist ein Vergleich der Schwierigkeiten bei der Rekonstruktion der Phylogenese in Biologie und Linguistik. Bei der Rekonstruktion von Sprache gibt es zwei Hauptprobleme. Das erste, das vor allem entsteht, weil wir es mit gesprochener, nicht mit geschriebener Sprache zu tun haben, ergibt sich durch Lautverschiebungen: Beispielsweise wurde der deutsche

Laut „d" im Englischen in vielen Wörtern durch „th" ersetzt. Die engste biologische Parallele hierzu ist die Verschiebung des AT/GC-Verhältnisses unter Mutationsdruck. Das zweite Problem ist die Entlehnung von Wörtern. Der parallele Prozeß in der Biologie – der horizontale Gentransfer – hat uns nicht sehr oft irregeführt. Es gibt jedoch eine Schwierigkeit, die in der Biologie eine bedeutendere Rolle spielt als in der Linguistik: Die Konvergenz, die durch die Wirkung ähnlicher Selektionskräfte auf verschiedene Abstammungslinien zustande kommt, kann zu falschen Schlußfolgerungen führen, vor allem wenn man sich auf morphologische Merkmale stützt. Ein Beispiel ist die Ähnlichkeit zwischen den Augen der Wirbeltiere und denen der Tintenfische. Diese Schwierigkeit ist in der Linguistik weniger gravierend, weil die Form der meisten Wörter nichts mit deren Bedeutung zu tun hat. Schließlich ist es, wie Cavalli-Sforza und seine Kollegen gezeigt haben, möglich, die Phylogenese der Sprache mit Hilfe genetischer Daten zu überprüfen. Wahrscheinlich dürfen wir nicht hoffen, einmal eine Ursprache oder vielmehr ein Urvokabular rekonstruieren zu können, aber bei der Suche nach tiefergehenden Beziehungen zwischen verschiedenen Sprachen werden zur Zeit echte Fortschritte erzielt.

Diese Forschungsarbeiten zur Phylogenese der Sprache basieren auf der Annahme, daß alle Menschen eine gemeinsame Sprachkompetenz besitzen; Sie befassen sich mit der kulturellen Evolution, nicht mit der biologischen. Für Biologen ist die Frage nach dem Ursprung der Sprachkompetenz selbst interessanter. Über Jahrzehnte hinweg gab es eine Auseinandersetzung zwischen den Anhängern von Skinner, für die das Erlernen einer Sprache lediglich eines von vielen Beispielen für menschliches Lernen ist, das durch geeignete Verstärkung – Bestrafung und vor allem Belohnung – erzielt wird, und jenen, die im Gefolge von Chomsky behaupten, die Fähigkeit sprechen zu lernen sei etwas Besonderes und nicht bloß ein Nebeneffekt einer allgemeinen Zunahme der Intelligenz. Letztere vertreten die Ansicht, daß Sprechen ein unbewußtes Erfassen komplizierter grammatischer Regeln voraussetzt, die sich nicht in der von den Behavioristen behaupteten Weise erlernen lassen.

Mittlerweile gilt das Lager von Chomsky weithin als Gewinner dieser Debatte. Dabei waren zwei Argumente entscheidend. Das erste ist die Tatsache, daß der Input, der Kinder in die Lage versetzt, sprechen zu lernen, relativ gering ist. Kinder hören eine begrenzte Anzahl von Sätzen, lernen aber bald, eine unbegrenzte Anzahl selbst zu bilden. Dies impliziert, daß sie die Regeln zur Bildung grammatisch korrekter Sätze erlernt haben, und zwar obwohl Eltern die Fehler ihrer Kinder selten korrigieren. Das zweite Argument ist die Schwierigkeit der zu erlernenden Regeln. Zwei Generationen von Lingusten und Computerprogrammierern haben das Problem der maschinellen Übersetzung bisher nicht lösen können, während viele Sechsjährige fließend zwei Sprachen sprechen und von einer in die andere übersetzen können. Weiter unten werden wir ein drittes, genetisches Argument für die Annahme anführen, daß Menschen eine spezielle, angeborene Sprachkompetenz besitzen.

Es ist leichter zu behaupten, die Sprachkompetenz sei angeboren, als präzise zu definieren, worin diese Kompetenz besteht. Anscheinend setzt das Hervorbringen und Verstehen von Sprache zwei Fähigkeiten voraus. Erstens muß ein auszudrückender Inhalt im Geiste in einer hierarchischen Struktur repräsentiert werden können. Die Bestandteile dieser Struktur sind die Elemente, die im fertigen Satz von Nominalphrasen, Verbalphrasen und so weiter vertreten werden. Zweitens muß die Fähigkeit gegeben sein, die Regeln zu erlernen, mit deren Hilfe diese semantische Struktur in eine lineare Lautfolge – die Oberflächenstrukur – umgesetzt werden kann. Diese Regeln sind natürlich von Sprache zu Sprache verschieden; beispielsweise werden Beziehungen, die im Englischen durch die Reihenfolge der Wörter ausgedrückt werden, im Lateinischen durch die Kasusendungen wiedergegeben. Die Vermutung liegt nahe, daß die erste dieser beiden Fähigkeiten nicht aufgrund einer kommunikativen, sondern aufgrund einer kognitiven Funktion evolviert haben könnte. Das Denken erfordert außer der Bildung von Vorstellungen auch die Manipulation dieser Vorstellungen. Denken zu können: „Gestern sind zwei Leoparden auf diesen Baum geklettert; einer ist wieder heruntergekommen, also befindet sich noch ein Leopard auf dem Baum.“, wäre nützlich, selbst wenn man nicht in der Lage wäre, diesen Gedanken auszusprechen. In diesem Zusammenhang ist vielleicht bedeutsam, daß Kinder, die noch nicht sprechen können, vergleichbare Denkaufgaben bewältigen. Linguisten werden dieser Vermutung möglicherweise widersprechen. Tatsächlich wird oft argumentiert, Denken sei nur in Worten möglich. Diese Behauptung erscheint zweifelhaft. Beispielsweise könnte man beim Schachspielen denken: „Wenn ich mit dem Bauern seinen Läufer schlage, dann kann er S-B3 ziehen und meinen König und meine Dame gleichzeitig bedrohen, also darf ich den Läufer nicht schlagen.“ Da wir versuchen, uns mitzuteilen, haben wir diesen Gedanken in Worte gefaßt, doch in der Situation selbst hätte er die Form visueller Vorstellungen. Allerdings hat der Gedanke eine grammatische Struktur, wie der Gebrauch von „wenn“, „dann“ und „also“ deutlich macht. Es ist, als wären die Substantive und Verben durch visuelle Vorstellungen ersetzt worden, während die Grammatik bestehen bleibt. Grammatik ermöglicht die Durchführung logischer Operationen mit Vorstellungen und Begriffen.

Wir glauben daher, daß die Fähigkeit, Begriffe zu bilden und zu manipulieren, evolviert sein könnte, weil Denken das Überleben förderte, unabhängig davon, ob die Gedanken mitgeteilt werden konnten oder nicht. Die Idee stammt nicht von uns: Bickerton (1990) beispielsweise, ein von der Evolution der Sprache überzeugter Linguist, argumentiert auf dieser gedanklichen Linie. Dagegen ist schwer vorstellbar, wozu die zweite Fähigkeit – das Umsetzen einer semantischen Struktur in eine lineare Lautfolge – dienen könnte, außer zur Kommunikation. Wie konnte diese Fähigkeit evolvieren? Nach Ansicht von Pinker und Bloom (1990; siehe auch Pinker 1996) ist die Sprachkompetenz ein komplexes, angepaßtes Organ, erinnert insofern an das Wirbeltierauge oder den Vogelflügel und muß daher durch Selektion evolviert sein. Obwohl diese Behauptung, wie auch die Autoren betonen, auf der Hand liegt, waren es keine Biologen, sondern Linguisten, die sie erstmals formulierten. Der Grund für die Schwierigkeiten der meisten Linguisten, sich den Ursprung der Sprache vorzustellen, ist offenbar die Tatsache, daß es schwer fällt, sich eine mit Vorteilen verbundene Übergangsform zwischen einem Zustand mit und einem ohne Sprache auszumalen. Das Problem wird oft folgendermaßen ausgedrückt: Wenn irgendeine grammatische Regel – etwa die Regel, durch die aus einer Aussage eine Frage wird – nicht existieren würde, gäbe es wichtige Inhalte, die nicht formuliert werden könnten. Evolutionsbiologen ist dieser Einwand aus anderen Zusammenhängen bekannt. Man hat uns oft genug gesagt, daß das Auge sich nicht durch natürliche Selektion evolviert haben kann, weil ein Auge, dem irgendein Teil, zum Beispiel die Iris, fehlte, nicht funktionieren würde. In bezug auf das Auge kann man diesem Einwand begegnen, denn bei den heutigen Organismen finden sich lichtempfindliche Organe ganz unterschiedlicher Komplexität. Bei Sprache dagegen fehlen derartige Übergangsformen. Auch ohne über mögliche evolutionäre Übergangsstadien spekulieren zu müssen, ist es schwierig genug herauszuarbeiten, worin die angeborene Sprachkompetenz eigentlich besteht.

Glücklicherweise könnte sich aus einer unerwarteten Richtung eine Lösung dieses Problems anbahnen. Gopnik (1990; siehe auch Gopnik und Crago 1991) beschreibt eine englischsprachige Familie, in der eine bestimmte Sprachstörung verbreitet ist. 15 von 29 Familienmitgliedern aus drei Generationen sind betroffen. Da nicht immer alle Kinder eines Elternpaares die Störung aufweisen, sind Umwelteinflüsse – daß Kinder grammatisch falsch sprechen, weil ein Elternteil dies ebenfalls tut – keine plausible Erklärung. Tatsächlich liegt hier ein autosomal dominant vererbter Defekt mit hoher Penetranz vor. Charakteristisch für dieses Erbleiden ist zum einen die Art der grammatischen Störung, die im folgenden beschrieben ist, zum anderen die Tatsache, daß sie nicht mit motorischen Störungen, Taubheit, Geistes- oder Persönlichkeitsstörungen einhergeht; insbesondere ist die geistige Entwicklung der betroffenen Kinder ansonsten normal.

Gopnik verwendete zur Diagnose eine Reihe von Tests, aber am besten läßt sich die Art der Störung anhand einiger Sätze demonstrieren, die betroffene Kinder geschrieben haben. Teilweise haben wir die Sätze geringfügig gekürzt – wie wir hoffen, ohne ihre Bedeutung zu verändern. (In Klammern steht jeweils die ungefähre deutsche Entsprechung.)

She remembered when she hurts herself the other day.
(Sie erinnerte sich daran, wie sie sich am Vortag verletzt.)

Carol is cry in the church.
(Carol weinen in der Kirche.)

On Saturday I went to nanny house with nanny and Carol.
(Am Samstag ging ich mit Nanny und Carol zu Nanny Haus.)

In jedem dieser Sätze hat das Kind einen Fehler gemacht, indem es die Form eines Wortes nicht in der richtigen Weise verändert hat. In den ersten beiden Sätzen wäre jeweils eine Veränderung nötig, um die Vergangenheitsform beziehungsweise das Partizip (*hurt*, *crying*) zu bilden, im dritten Satz, um die Besitzverhältnisse anzuzeigen (*nanny's*). Die gleichen Schwierigkeiten haben betroffene Kinder mit der Pluralbildung. Beispielweise könnte man einem Kind beibringen, die Abbildung eines Buches als *book* zu bezeichnen und die mehrerer Bücher als *books*. Nun zeigt man dem Kind das Bild eines imaginären Tieres und sagt ihm, dies sei ein *wug*. Präsentiert man ihm daraufhin eine Abbildung, auf der mehrere derartige Tiere zu sehen sind, so weiß es nicht, daß das richtige Wort dafür *wugs* wäre. Das Kind kann also konkrete Beispiele für Singular und Plural oder für grammatische Zeiten erlernen, genau wie jeder von uns die Bedeutung der einzelnen Wörter, etwa „Pferd“ oder „Kuh“, lernen muß, aber es verallgemeinert das Gelernte nicht.

Ein gutes Beispiel für die Unfähigkeit zu verallgemeinern liefert die folgende Anekdote. In einem Bericht über seine Aktivitäten am vorangegangenen Wochenende schrieb ein Mädchen:

On Saturday I watch TV.
(Am Samstag sehe ich fern.)

Zugegebenermaßen könnte man dies als als grammatisch richtige Ausage über das ansehen, was dieses Mädchen normalerweise samstags tut. Vernünftigerweise interpretierte der Lehrer es jedoch als Aussage über das, was es am vorangegangenen Wochenende getan hatte, und korrigierte *watched* (sah). In der darauffolgenden Woche schrieb das Kind:

On Saturday I wash myself and I watched TV and I went to bed.
(Am Samstag wasche ich mich, und dann sah ich fern, und dann ging ich ins Bett.)

Daraus läßt sich dreierlei folgern. Das Kind hat gelernt, daß das Imperfekt von *watch watched* ist; es hat nicht auf *wash washed* verallgemeinert; und es wußte bereits, daß das Imperfekt von *go* (gehen) *went* ist – was jeder andere ebenfalls nur als konkreten Fall und nicht durch Verallgemeinerung lernen kann.

Dieses faszinierende Fallbeispiel hat einige wichtige Implikationen. Erstens sind die betroffenen Personen zwar beeinträchtigt, aber sie sind nicht ohne Grammatik. Es geht ihnen sehr viel besser als jemandem, der überhaupt nicht sprechen kann. Mit anderen Worten, zwischen völlig fehlender und perfekter Sprachkompetenz kann es Übergangsformen geben. Zweitens ist die Beeinträchtigung auf die Sprache beschränkt; ansonsten sind die geistigen Fähigkeiten normal. Dies unterstützt Chomskys Ansicht, daß die Sprachkompetenz kein bloßes Nebenprodukt der allgemeinen Intelligenz ist. Drittens ist man hier auf eine Möglichkeit gestoßen, die Evolution von Sprache genauer verstehen zu lernen.

Wenn die Störung, was sehr wahrscheinlich ist, durch eine Mutation in einem einzigen autosomalen Gen hervorgerufen wird, besteht die Möglichkeit, dieses Gen zu lokalisieren und zu charakterisieren. Welche Erkenntnisse wir aus einer solchen Charakterisierung ableiten könnten, ist ungewiß. Wenn es ein derartiges Gen gibt, existieren mit Sicherheit noch weitere, die allerdings schwerer zu finden ein werden, falls die Mutationen rezessiv sind oder die Penetranz unvollständig ist. Es ist bereits bekannt, daß spezifische Sprachstörungen nicht nur in dieser einen Familie vorkommen. In einem ansonsten hervorragenden Übersichtsartikel über die Epidemiologie von Sprachstörungen geht Tomblin (in Vorbereitung) von einer Annahme aus, die sich möglicherweise als irreführend erweisen wird: daß spezifische Sprachstörungen eine einzige Einheit darstellen. In diesem Zusammenhang sei daran erinnert, wie wichtig die Entdeckung von Penrose (1949) war, daß die Bezeichnung *mental defect* (Geistesstörung) auf eine Reihe verschiedener Erbleiden angewandt wurde. Es ist durchaus möglich, daß im Laufe der nächsten zehn Jahre eine Reihe verschiedener Genloci mit jeweils anderer Auswirkung auf die Sprachkompetenz entdeckt werden.

Welche Schlüsse werden wir daraus über das Wesen der Sprachkompetenz ziehen können? Vielleicht sollten wir nicht zu optimistisch sein. Seit mehr als 50 Jahren glauben Genetiker, daß die Untersuchung von Genen mit bestimmten Auswirkungen auf die Entwicklung die beste Methode ist, um herauszufinden, wie Entwicklung funktioniert. Bis vor kurzem gab es kaum Tatsachen, die diesen Glauben rechtfertigten. Erst jetzt scheinen Untersuchungen an *Drosophila*, *Caenorhabditis*, *Arabidopsis* und der Maus die verheißenen Früchte zu tragen. Eine genetische Aufgliederung der Grammatik ist wahrscheinlich sehr viel schwieriger; zum Teil weil wir nicht genau wissen, was wir zu erklären versuchen, und zum Teil weil mit Taufliegen Versuche möglich sind, die man mit Kindern nicht durchführen kann. Doch trotz dieser Vorbehalte ist die Aussicht auf eine Zusammenarbeit zwischen Linguisten und Genetikern nach einer langen Periode gegenseitigen Mißtrauens äußerst vielversprechend.

Literatur

Bickerton, D. *Language and Species*. Chicago (University of Chicago Press) 1990.

Gopnik, M. *Feature-blind Grammar and Dysphasia*. In: *Nature* 344 (1990) S. 715.

Gopnik, M.; Crago, M. B. *Familial Aggregation of a Developmental Language Disorder*. In: *Cognition* 39 (1991) S. 1–50.

Osawa, S; Jukes, T. H.; Watanabe, K; Muto, A. *Recent Evidence for Evolution of the Genetic Code*. In: *Microbiological Reviews* 56 (1992) S. 229–264.

Penrose, L. S. *The Biology of Mental Defect*. London (Sidgwick & Jackson) 1949.

Pinker, S; Bloom, P. *Natural Language and Natural Selection*. In: *The Brain and Behavioural Sciences* 13 (1990) S. 707–784.

Pinker, S. *Der Sprachinstinkt. Wie der Geist die Sprache bildet*. München (Kindler) 1996.

Szathmáry, E. *Coding Enzyme Handles: a Hypothesis for the Origin of the Genetic Code*. In: *Proceedings of the National Academy of Sciences USA* 90 (1993) S. 9916–9920.

Tomblin, J. B. *Epidemiology of Specific Language Impairment*. In: Gopnik, M. (Hrsg.) *Biological Aspects of Language*. Oxford (Oxford University Press) in Vorb.

Zaug, A. J.; Cech, T. R. *The Intervening Sequence of tRNA of* Tetrahymena *is an Enzyme*. In: *Science* 231 (1986) S. 470–475.

7. RNA ohne Protein oder Protein ohne RNA?

Christian de Duve

International Institute of Cellular and Molecular Pathology, Brüssel, und Rockefeller University, New York

Die Antwort auf die im Titel dieses Aufsatzes gestellte Frage hängt davon ab, was mit „Protein" gemeint ist. Wenn wir diese Bezeichnung auf Polypeptide beschränken, die nach dem Muster einer mRNA-Sequenz aus 20 verschiedenen, tRNA-gekoppelten L-Aminosäuren an Ribosomen aufgebaut werden, können wir mit Sicherheit davon ausgehen, daß die RNA in der Entwicklung des Lebens früher auftauchte als die Proteine, da alle Hauptbestandteile des Proteinsyntheseapparats RNA-Moleküle sind. Diese Sichtweise findet sich im heute weithin anerkannten Modell einer „RNA-Welt" (Crick 1968; Gilbert 1986) wieder. Dehnen wir dagegen die Definition von Protein auf alle Arten von Polypeptiden aus, so ist durchaus denkbar, daß es Proteine früher gab als RNA, da Aminosäuren vermutlich zu den häufigsten biogenen Bausteinen auf der noch unbelebten Erde zählten und ihre spontane Polymerisation in wäßrigem Medium zwar nicht leicht vorstellbar ist, aber doch leichter als der spontane Aufbau von RNA-Molekülen. Wenden wir uns zunächst den Proteinen im engeren Sinne zu. Wie kam es zur Entstehung derartiger Moleküle?

Der vernünftigsten Hypothese (Orgel 1989; de Duve 1991, 1995) zufolge führten erste Wechselbeziehungen zwischen Aminosäuren und RNA-Molekülen zum progressiven Aufbau eines primitiven, zunächst noch „informationsfreien" Proteinsyntheseapparates. In der darauf folgenden Evolution dieses Systems kam es zur allmählichen Entwicklung der Translation und des genetischen Codes. Treibende Kraft dieses langwierigen Evolutionsprozesses muß zunächst die Steigerung der Replizierbarkeit/Stabilität der beteiligten RNA-Moleküle gewesen sein. Mit zunehmender Kopiergenauigkeit wurden dann günstige Eigenschaften der synthetisierten Polypeptide immer wichtiger. Schließlich dominierten die Eigenschaften der Peptide den Evolutionsprozeß, wobei die katalytische Aktivität zweifellos eine Hauptrolle spielte. Wahrscheinlich erschienen Polypeptidenzyme erstmals im Zuge dieses Prozesses und wurden nach dem Grad ihrer Fähigkeit, chemische Reaktionen zu katalysieren, selektiert. Dieser Selektionsmechanismus hat eine interessante Implikation.

Man denke sich eine Mutation, die zur Bildung eines Enzyms führt, das die Umwandlung von A in B katalysiert. Ein solches Enzym wäre in Abwesenheit von A natürlich nutzlos gewesen, und auch ohne eine Weiterverwendung von B hätte es nur geringen Nutzen gehabt. Wenn wir diese Argumentation auf jedes neue Enzym ausdehnen, das infolge einer Mutation gebildet wurde und der Selektion standhielt, kommen wir zu dem Schluß, daß viele der Substrate und Produkte dieser Enzyme bereits in der RNA-Welt existiert haben müssen. Meines Erachtens ist dies ein schlagkräftiges Argument für die Behauptung (de Duve 1993, 1995), daß Protometabolismus – die Gesamtheit der chemischen Reaktionen, die die RNA-Welt erschufen und fortexistieren ließen – und Metabolismus – die Gesamtheit der enzymkatalysierten Reaktionen, die in den heutigen Lebewesen ablaufen – weitgehend *kongruent* gewesen sein, das heißt, aus weitgehend ähnlichen Reaktionswegen bestanden haben müssen.

Diese Schlußfolgerung ist für die zentrale Frage, wie es ursprünglich zur Entstehung von RNA kam, von Bedeutung. Trotz erheblicher Bemühungen hat man darauf bisher keine Antwort gefunden (Joyce 1991). Daß die erste RNA sich durch ein zufälliges Ereignis oder eine zufällige Fluktuation bildete und dann durch Replikation irgendwie fortbestand, ist auszuschließen. Gegenstand unserer Überlegungen ist ein stabiles Gefüge von Reaktionen – das Herzstück des Protometabolismus und die Grundlage der RNA-Welt für die gesamte Zeit, welche die Entwicklung des enzymkatalysierten Stoffwechsels in Anspruch nahm. Das Kongruenzargument legt eine eingehendere Beschäftigung mit den Biosynthesewegen der RNA nahe, um etwas über die präbiotische Bildung dieser zentralen Substanz herauszufinden. Es steht jedoch im Widerspruch zu der weithin anerkannten Annahme, daß die präbiotischen Reaktionswege sich erheblich von Stoffwechselmechanismen unterschieden haben müssen. Dennoch bin ich der Ansicht, daß das Kongruenzargument nicht so leicht widerlegbar ist.

Die Vorstellung, daß am Anfang des Lebens abiotische chemische Reaktionen standen, die nicht mit den biochemischen Reaktionen des Stoffwechsels verwandt waren, beruht auf der Überlegung, daß der Stoffwechsel von den katalytischen Aktivitäten von Proteinenzymen abhängig ist, die es auf der noch unbelebten Erde nicht gegeben haben kann. Es müssen also Reaktionen gefunden werden, die ohne Katalysatoren oder nur mit Hilfe anorganischer Katalysatoren ablaufen können – allerdings nur für die wie auch immer gearteten Schritte, die das abiotische Reaktionsgefüge zur Produktion seiner eigenen Katalysatoren benötigte. Es gibt keinen Grund für die

Annahme, die ersten biologischen Katalysatoren seien Ribozyme gewesen. Vielmehr ist durchaus vorstellbar und chemisch gesehen sogar wahrscheinlicher, daß zuvor bereits Peptidkatalysatoren existierten. Die Aktivitäten dieser Peptidkatalysatoren ähnelten höchstwahrscheinlich denen der heutigen Enzyme, wie es das Kongruenzprinzip erfordert.

Anders als Ribozyme konnten Peptidkatalysatoren nicht repliziert werden – zumindest wenn Cricks „Zentrales Dogma" bereits vor vier Milliarden Jahren galt – und daher nicht der an Mutationen angreifenden Selektion unterworfen sein. Dies gilt allerdings auch für jeden anderen vor den Ribozymen wirksamen Katalysator – wenn man nicht von der Existenz replizierbarer Mineralkatalysatoren (Cairns-Smith 1982; siehe auch Cairns-Smith 1985) ausgeht – und läßt sich kaum als Argument gegen die Beteiligung von Peptidkatalysatoren am Protometabolismus verwenden. Es wäre nichts weiter erforderlich gewesen als die stetige Versorgung mit einer konstanten Mischung von Peptiden einschließlich aller notwendigen Katalysatoren. Die nötige Stetigkeit und Konstanz könnten stabile Umweltbedingungen gewährleistet haben. Was die erforderliche katalytische Effizienz anbelangt, so gibt es gute Gründe für die Annahme, daß relativ einfache Peptide bereits katalytische Aktivität besaßen. Diese Annahme wird durch die bekannten Tatsachen über die Modulstruktur von Proteinen sowie durch die Vermutungen über die Größe der ersten Gene und ihrer Produkte gestützt. Eigen zufolge können die ersten RNA-Gene nicht länger als 70 bis 100 Nucleotide gewesen sein, da es sonst zu einem unwiederbringlichen Informationsverlust gekommen wäre (Eigen et al. 1981). Das bedeutet, daß die ersten Translationsprodukte, unter denen sich vermutlich auch die ersten Enzyme befanden, maximal 20 bis 30 Aminosäurereste lang waren.

Bezüglich der präbiotischen Bildung von Peptiden stellt sich das gleiche Problem wie bei allen anderen präbiotischen Kondensationsreaktionen. Für dieses Problem gibt es im Prinzip zwei Lösungen. Entweder die Kondensation erfolgte in Abwesenheit von Wasser wie in Fox' thermaler Synthese von „Proteinoiden" (Fox und Harada 1958), oder es war ein kondensierendes oder aktivierendes Agens zugegen. Vielfach werden in diesem Zusammenhang Pyrophosphat oder Polyphosphat genannt. Ich selbst glaube eher an die Beteiligung von Thioestern (de Duve 1991). Die Thioesterbindung spielt im Energiestoffwechsel eine zentrale Rolle, und zwar höchstwahrscheinlich schon sehr lange. Zudem werden einige der heutigen Bakterienpeptide aus den Thioestern von Aminosäuren synthetisiert (Kleinkauf und von Döhren 1987). Diese Reaktion läßt sich ohne Beteiligung von Katalysatoren unter sehr einfachen Bedingungen reproduzieren (Wieland 1988).

Auch wenn über die beteiligten Mechanismen noch Unklarheit herrscht, stützt sich die Argumentation für die Kongruenz von Protometabolismus und Metabolismus sowie für die Existenz von Peptidkatalysatoren in der

Prä-RNA-Welt meines Erachtens auf eine solide theoretische Basis. Eine Möglichkeit, diese Hypothesen experimentell zu testen, wäre die Suche nach primitiven enzymartigen Katalysatoren in Mischungen synthetischer Zufallspeptide.

Literatur

Cairns-Smith, A. G. *Genetic Takeover and the Mineral Origins of Life*. Cambridge (Cambridge University Press) 1982.

Cairns-Smith, A. G. *Bestanden die ersten Lebensformen aus Ton?* In: *Spektrum der Wissenschaft* 8 (1985) S. 82–91.

Crick, F. H. C. *The Origin of the Genetic Code*. In: *Journal of Molecular Biology* 38 (1968) S. 367–379.

de Duve, C. *Blueprint for a Cell*. Burlington, N.C. (Neil Patterson Publishers, Carolina Biological Supply Company) 1991. [Deutsche Ausgabe: *Ursprung des Lebens*. Heidelberg (Spektrum Akademischer Verlag) 1994.]

de Duve, C. *The RNA world: before and after?* In: *Gene* 135 (1993) S. 29–31.

de Duve, C. *Vital Dust: Life as a Cosmic Imperative*. New York (Basic Books) 1995. [Deutsche Ausgabe: *Aus Staub geboren. Leben als kosmische Zwangsläufigkeit*. Heidelberg (Spektrum Akademischer Verlag) 1995.]

Eigen, M.; Gardiner, W.; Schuster, P.; Winkler-Oswatitsch, R. *The Origin of Genetic Information*. In: *Scientific American* 244 (1981) S. 88–118. [Deutsche Übersetzung: *Ursprung der genetischen Information*. In: *Spektrum der Wissenschaft* 6 (1981) S. 36–56.]

Fox, S. W.; Harada, K. *Thermal Copolymerisation of Amino Acids in a Product Resembling Protein*. In: *Science* 128 (1958) S. 1214.

Gilbert, W. *The RNA World*. In: *Nature* 319 (1986) S. 618.

Joyce, G. F. *The Rise and Fall of the RNA World*. In: *New Biologist* 3 (1991) S. 399–407.

Kleinkauf, H.; Döhren, H. von *Biosynthesis of Peptide Antibiotics*. In: *Annual Reviews of Microbiology* 41 (1987) S. 259–289.

Miller, S. L. *The Prebiotic Synthesis of Organic Compounds as a Step Toward the Origin of Life*. In: Schopf, J. W. (Hrsg.) *Major Events in the History of Life*. Boston, Mass. (Jones & Bartlett) 1992. S. 1–28.

Orgel, L. E. *The Origin of Polynucleotide-Directed Protein Synthesis*. In: *Journal of Molecular Evolution* 29 (1989) S. 465–474.

Wieland, T. *Sulfur in Biomimetic Peptide Synthesis*. In: Kleinkauf, H.; Döhren, H. von; Jaenicke, L. (Hrsg.) *The Roots of Modern Biochemistry*. Berlin (Walter de Gruyter) 1988. S. 213–221.

8. „Was ist Leben?“ – hatte Schrödinger recht?

Stuart A. Kauffman

Santa Fe Institute, New Mexico, USA

Vor nunmehr 50 Jahren befaßte sich einer der bedeutendsten Wissenschaftler unseres Jahrhunderts in Dublin mit einem Fachgebiet, das nicht das seine war, hielt darüber Vorlesungen und prophezeite dessen Zukunft. Das daraus entstandene Buch *What is Life?* (Schrödinger 1944) inspirierte einige der kreativsten Köpfe, die sich jemals der Biologie zuwandten, zu den Arbeiten, welche die Anfänge der Molekularbiologie darstellen. Schrödingers „kleines Buch“ selbst ist so brillant, wie durch seinen Ruf verbürgt ist. Doch nun, ein halbes Jahrhundert später und angelegentlich der Würdigung dieses Buches dürfen wir vielleicht wagen, eine neue Frage zu stellen: Ist seine zentrale These richtig? Mit der Andeutung, ein so herausragender Geist wie Schrödinger könne unrecht gehabt haben oder seine Überlegungen könnten zumindest unvollständig gewesen sein, möchte ich weder ihm selbst noch jenen, die von ihm maßgeblich inspiriert wurden, meine Achtung versagen. Vielmehr bin ich bemüht, wie alle Wissenschaftler, die von seinen Ideen beeinflußt wurden, die Suche nach Erkenntnis fortzusetzen.

Ich zögere gar, meine Fragen zu stellen, weil mir vollkommen bewußt ist, wie tief Schrödingers Thesen in der Sicht des Lebens verwurzelt sind, die seit Darwin und Weismann und seit der Entwicklung der Theorie vom Keimplasma, mit dem Gen als der notwendigen stabilen Speicherform der erblichen Variation, vorherrscht: »Ordnung aus Ordnung« postulierte Schrödinger. Der große aperiodische Festkörper und der Miniaturcode (*microcode*), von denen Schrödinger sprach, wurden zur DNA und zum genetischen Code von heute. Fast alle Biologen sind davon überzeugt, daß solche selbstreplizierenden molekularen Strukturen und ein solcher Miniaturcode für das Leben von essentieller Bedeutung sind.

Ich gestehe, daß ich selbst nicht gänzlich davon überzeugt bin. Dabei geht es mir vor allem um die Frage, ob die Quellen von Ordnung in der Biologie hauptsächlich in den stabilen Bindungsstrukturen von Molekülen – Schrödingers wichtigste Annahme – oder in der kollektiven Dynamik eines Systems derartiger Moleküle liegen. Schrödinger hob zutreffend die entscheidende Rolle der Quantenmechanik, der Molekülstabilität und der möglichen Existenz eines die Ontogenese steuernden Miniaturcodes hervor. Ich habe allerdings den Verdacht, daß die eigentlichen Quellen der Selbstreproduktion und der Stabilität, die für erbliche Variation, Entwicklung und Evolution notwendig ist, nicht nur die Stabilität organischer Moleküle erfordern, sondern auch emergente geordnete Eigenschaften im kollektiven Verhalten komplexer, nicht im Gleichgewichtszustand befindlicher chemischer Reaktionssysteme. (Emergente Eigenschaften eines Systems sind solche, die sich aus den Eigenschaften seiner Komponenten nicht vorhersagen lassen.) Komplexe Reaktionssysteme dieser Art können, so werde ich darlegen, spontan eine Schwelle überschreiten – man könnte auch von einem Phasenübergang sprechen –, jenseits derer sie zu kollektiver Selbstreproduktion, Evolution und hochgradig geordnetem dynamischem Verhalten fähig werden. Die eigentlichen Quellen der Ordnung, die für die Entstehung und Evolution des Lebens notwendig ist, beruhen möglicherweise auf neuen Prinzipien emergenten kollektiven Verhaltens in Reaktionssystemen weitab vom Gleichgewichtszustand.

Über die folgenden Ausführungen sei soviel vorweggenommen: Schrödingers Erkenntnisse über das heutige Leben waren zwar richtig, aber ich glaube, daß seine Überlegungen insofern unvollständig waren, als sie nicht tief genug gingen. Die Bildung großer aperiodischer fester Körper als Träger eines Miniaturcodes – Ordnung aus Ordnung – ist möglicherweise weder notwendig noch hinreichend für die Entstehung und Evolution von Leben. Dagegen könnten bestimmte Formen stabiler kollektiver Dynamik für das Leben sowohl notwendig als auch hinreichend sein. Ich möchte betonen, daß ich diese Punkte zur Diskussion stelle und nicht als gesicherte Erkenntnisse darstellen will.

Schrödingers Argumentation

Zu Beginn seiner Ausführungen bekräftigt Schrödinger die unter den Physikern seiner Zeit vorherrschende Sichtweise der makroskopischen Ordnung. Diese Ordnung besteht seiner Darstellung zufolge aus dem durchschnittlichen Verhalten einer außerordentlich großen Anzahl von Atomen oder Molekülen. Der wissenschaftliche Rahmen dieser Analyse ist die statistische Mechanik. Der Druck eines Gases, das auf ein bestimmtes Volumen beschränkt ist, ist nichts anderes als das durchschnittliche Verhalten einer sehr großen Anzahl von Molekülen, die auf die Wände des Behälters aufprallen.

Das geordnete Verhalten entsteht als ein Mittelwert; es entspricht nicht dem Verhalten der einzelnen Moleküle.

Doch was ist die Ursache der Ordnung in Organismen und vor allem die Ursache seltener Mutationen und erblicher Variation? Schrödinger schätzt die Anzahl der möglicherweise in einem Gen enthaltenen Atome anhand damals aktueller Daten ab und kommt zutreffend zu dem Schluß, daß es sich um nicht mehr als einige tausend Atome handeln kann. Ordnung läßt sich seiner Argumentation zufolge hier nicht als Verhalten im statistischen Durchschnitt erklären, da die Anzahl der Atome für ein zuverlässiges Verhalten zu gering ist. In statistischen Systemen variiert die erwartete Größe der Abweichungen vom Mittelwert umgekehrt proportional zur Quadratwurzel aus der Anzahl der Ereignisse. Wenn man eine faire Münze zehnmal wirft, sind 80 Prozent „Kopf“ nicht überraschend, bei 10 000 Würfen dagegen wäre ein solches Ergebnis verblüffend. Wie Schrödinger ausführt, lägen die statistischen Schwankungen bei einer Million Ereignissen in der Größenordnung von 0,001 – für die in Organismen herrschende Ordnung ein zu hoher Wert.

Die Quantenmechanik, so Schrödinger, kommt dem Leben zu Hilfe. Sie gewährleistet, daß Festkörper streng geordnete Molekülstrukturen besitzen. Der einfachste Fall ist ein Kristall. Allerdings ist die Struktur von Kristallen uninteressant. Ihre Atome sind in einem regelmäßigen, dreidimensionalen Gitter angeordnet. Kennt man die Lage der Atome in einer „Kristalleinheit“ minimaler Größe, so weiß man auch, wo alle anderen Atome in dem gesamten Kristall liegen. Natürlich ist dies übertrieben, da Kristalle komplexe Fehler enthalten können, aber der entscheidende Punkt ist klar. Kristalle besitzen eine sehr regelmäßige Struktur, so daß verschiedene Teile eines Kristalls in gewissem Sinne alle das gleiche „aussagen“. Aus dem Gedanken des „Aussagens“ macht Schrödinger sofort den des „Codierens“. Dieser Sprung macht klar, daß ein regelmäßiger Kristall nicht viel Information codieren kann. Die gesamte Information ist in der Einheitszelle enthalten.

Da Festkörper die erforderliche Ordnung aufweisen, periodische Festkörper wie Kristalle aber zu regelmäßig aufgebaut sind, setzt Schrödinger auf aperiodische Festkörper. Das Material der Gene ist seiner Meinung nach eine Art aperiodischer Kristall. Die Form der Aperiodizität muß einen Miniaturcode enthalten, der irgendwie die Entwicklung des Organismus steuert. Aufgrund des Quantencharakters des aperiodischen festen Körpers werden darin geringe, sprunghafte Veränderungen – Mutationen – auftreten. Die natürliche Auslese, die an diesen geringfügigen, diskreten Veränderungen angreift, selektiert vorteilhafte Mutationen, wie schon Darwin annahm.

Schrödinger hatte recht. Sein Buch verdient seinen guten Ruf. Heute, fünf Jahrzehnte später, kennen wir den Aufbau der DNA. Es gibt tatsächlich einen Code, der von der DNA über die RNA zur Primärstruktur der Proteine führt. Dies hätte für jeden Wissenschaftler einen außerordentlichen Erfolg bedeutet, erst recht für einen Physiker, der über die Mauer zur Biologie hinüberspähte.

Doch ist die Ordnung im aperiodischen Kristall DNA, die Schrödinger voraussah, notwendig oder hinreichend für die Evolution des Lebens oder für die dynamische Ordnung, wie sie in heutigen Lebewesen existiert? Ich vermute, weder das eine noch das andere ist der Fall. Die eigentlichen Quellen der Ordnung setzen vielleicht die der Quantenmechanik zu verdankende diskrete Ordnung stabiler chemischer Bindungen voraus, sind aber anderswo zu suchen. Möglicherweise liegen die eigentlichen Quellen von Ordnung und Selbstreproduktion in der Emergenz kollektiv geordneter Dynamik in komplexen chemischen Reaktionssystemen.

Der Hauptteil dieses Kapitels besteht aus zwei Abschnitten. Im ersten wird kurz die Möglichkeit untersucht, daß die Entstehung des Lebens nicht auf den die Matrizenreplikation erlaubenden Eigenschaften von DNA oder RNA beruht, sondern auf einem Phasenübergang zu kollektiv autokatalytischen Molekülverbänden in offenen thermodynamischen Systemen. Im zweiten Abschnitt geht es um die Möglichkeit der Entstehung kollektiver dynamischer Ordnung in komplexen parallelverarbeitenden Netzwerken aus Einzelelementen. Diese Elemente könnten Gene sein, die ihre Aktivitäten gegenseitig regulieren, oder die katalytisch aktiven Polymere in einem autokatalytischen Verband. Solche Netzwerke sind thermodynamisch offen, und die eigentliche Quelle der in ihnen gegebenen dynamischen Ordnung liegt in der Art und Weise, wie dynamische Trajektorien im Phasenraum des Systems auf kleine Attraktoren konvergieren.

Da ich die Vermutung aussprechen möchte, daß Konvergenz auf kleine Attraktoren in offenen thermodynamischen Systemen eine wesentliche Quelle der Ordnung in Lebewesen ist, werde ich den einführenden Teil mit einer Darstellung des Hintergrundes von Schrödingers Ausführungen über statistische Gesetze abschließen.

Der entscheidende Punkt ist einfach: Im Phasenraum abgeschlossener thermodynamischer Systeme gibt es keine Konvergenz. Das Wesen der resultierenden statistischen Gesetze spiegelt dieses Fehlen von Konvergenz wider. Dagegen kann der dynamische Fluß mancher offener thermodynamischer Systeme in ihrem Zustandsraum stark konvergieren. Diese Konvergenz kann schnell genug Ordnung erzeugen, um die stets auftretenden Temperaturschwankungen auszugleichen.

Der entscheidende Unterschied zwischen einem abgeschlossenen System im Gleichgewichtszustand und einem nicht im Gleichgewicht befindlichen offenen System ist der folgende: In einem abgeschlossenen System wird keine Information verworfen. Das Verhalten des Systems ist letztlich reversibel. Aufgrund dessen bleiben die Phasenvolumina erhalten. In offenen Systemen geht Information an die Umwelt verloren, und das Verhalten des jeweils interessierenden Teilsystems ist nicht reversibel. Das Phasenvolumen des Teilsystems kann daher abnehmen. Ich bin kein Physiker, aber ich werde versuchen, die Zusammenhänge leicht verständlich und, wie ich hoffe, korrekt darzulegen.

Man denke sich ein Gas, das in einem Behälter eingeschlossen ist, so daß weder Materie noch Energie mit der Umgebung ausgetauscht werden können. Jede mögliche mikroskopische Anordnung der Gasmoleküle ist gleich wahrscheinlich. Der Bewegungen der Moleküle folgen den Newtonschen Gesetzen. Sie sind daher mikroskopisch reversibel, und die Gesamtenergie des Systems bleibt erhalten.

Wenn Moleküle zusammenstoßen, wird Energie ausgetauscht, geht aber nicht verloren. Die „Ergodenhypothese“, eine Art brauchbarer Glaubenssatz, besagt, daß das Gesamtsystem alle bei diesen Molekülzusammenstößen möglichen Mikrozustände gleich oft annimmt. Daher ist die Wahrscheinlichkeit, daß das System sich in einem bestimmten Makrozustand befindet, exakt gleich dem Prozentsatz der zu diesem Makrozustand gehörigen Mikrozustände.

Das Liouville-Theorem besagt, daß Volumina im Phasenraum während des Flusses eines Gleichgewichtssystems erhalten bleiben. Für ein System mit N Gasmolekülen läßt sich die jeweilige Position und der Impuls jedes Moleküls in den drei räumlichen Dimensionen durch sechs Zahlen angeben. Daher kann der Zustand, den das gesamte Gasvolumen zu einem bestimmten Zeitpunkt innehat, als einzelner Punkt in einem $6N$-dimensionalen Phasenraum dargestellt werden. Man denke sich eine Reihe nahezu identischer Anfangszustände des in einem Behälter eingeschlossenen Gases. Die entsprechenden Punkte nehmen ein gewisses Volumen im Phasenraum ein. Der Liouvillesche Satz besagt, daß sich dieses Volumen infolge der Molekülzusammenstöße in jeder Kopie des Gasbehälters im Phasenraum bewegt, verformt und über den Phasenraum verschmiert. Das Gesamtvolumen im Phasenraum bleibt jedoch konstant. Es gibt keine Konvergenz innerhalb des Flusses im Phasenraum. Da das Phasenvolumen konstant ist, ist die Wahrscheinlichkeit eines Makrozustands der Ergodenhypothese zufolge genau proportional dem Anteil der zu ihm gehörigen Mikrozustände an der Gesamtzahl der Mikrozustände.

Nehmen wir statt dessen an, daß der Fluß des Systems im Phasenraum es dem anfänglichen Phasenvolumen erlaubt, sich progressiv bis auf einen einzigen Punkt oder ein kleines Volumen zu kontrahieren. Dann würde das spontane Verhalten des Systems zu einer einzigen Konfiguration oder einer kleinen Anzahl von Konfigurationen fließen. Ordnung würde entstehen! Eine solche Konvergenz kann natürlich nicht in einem abgeschlossenen thermodynamischen Gleichgewichtssystem auftreten, denn dann würde die Entropie im Gesamtsystem nicht zu-, sondern abnehmen.

Die Entstehung dieser Art von Ordnung ist möglich. Notwendige Voraussetzung dafür ist zweifellos, daß das System thermodynamisch offen für den Austausch von Materie und Energie ist. Dieser Austausch ermöglicht den Verlust von Information aus dem jeweils interessierenden Teilsystem an dessen Umgebung. Ein Physiker würde sagen, daß „Freiheitsgrade" – die verschiedenen Möglichkeiten der Moleküle, sich zu bewegen und miteinander in Wechselwirkung zu treten – an das Wärmebad der Umgebung verloren gehen.

Die Art dynamischer Ordnung, nach der wir suchen, kann also nur in thermodynamischen Nichtgleichgewichtssystemen entstehen. Solche Systeme wurden von Prigogine als dissipative Strukturen bezeichnet. Whirlpools, Zhabotinsky-Reaktionen, Bénardzellen und andere Beispiele sind inzwischen bekannt. Es ist jedoch unbedingt hervorzuheben, daß die Entfernung aus dem thermodynamischen Gleichgewicht allein nur eine notwendige, aber keine hinreichende Voraussetzung für die Emergenz hochgradig geordneter Dynamik ist. Der vielbeschworene Schmetterling in Rio de Janeiro, dessen Flügelschlag Chaos im Wetter erzeugt, kann in komplexen chemischen Nichtgleichgewichtssystemen in vielen Varianten auftreten und Chaos erzeugen, das die Entstehung und Evolution des Lebens unmöglich machen würde. Im dritten Abschnitt dieses Kapitels werde ich auf die Emergenz kollektiv geordneten dynamischen Verhaltens in offenen Nichtgleichgewichtssystemen zurückkommen.

Der Ursprung des Lebens als Phasenübergang

Der große aperiodische Festkörper, über den Schrödinger sich Gedanken machte, ist heute bekannt. Seit Watson und Crick mit vorsichtiger Bescheidenheit bemerkten, daß die matrizenartige Komplementärstruktur der DNA-Doppelhelix auf die Art ihrer Replikation hindeutet, hängen fast alle Biologen der Auffassung an, daß für die Emergenz selbstreproduzierender Molekülsysteme irgendeine Form der Matrizenkomplementarität erforderlich ist. Die derzeitigen Favoriten sind entweder RNA-Moleküle oder ähnliche Polymere. Man hofft, solche Polymere dazu bringen zu können, als Matrizen für ihre eigene Replikation zu agieren, ohne daß zusätzlich ein Katalysator notwendig ist.

Bisher war Versuchen, RNA-Sequenzen in Abwesenheit von Enzymen zu replizieren, nur wenig Erfolg beschieden. Leslie Orgel, einer der Vortragenden bei der Konferenz am Dubliner Trinity College und ein hervorragender organischer Chemiker, hat große Anstrengungen unternommen, um eine solche Molekülreplikation zu erzielen (Orgel 1987). Die damit verbundenen Schwierigkeiten könnte er besser zusammenfassen als ich. Kurz gesagt gibt es jedenfalls zahlreiche Probleme. Die abiotische Synthese von Nucleotiden ist schwer zu bewerkstelligen. Solche Nucleotide verbinden sich gern durch 2′–5′-Bindungen statt durch die erforderlichen 3′–5′-Bindungen. Man möchte eine beliebige Sequenz aus den vier normalen RNA-Basen finden, die als Matrize funktioniert, an der sich die vier komplementären Basen durch Wasserstoffbindungspaarung aneinanderreihen, so daß die aufgereihten Nucleotide 3′–5′-Bindungen bilden, sich von der Matrize lösen und der Kreislauf des Systems aufs neue beginnt, wobei die Anzahl der Kopien exponentiell zunimmt. Dies ist bisher nicht gelungen. Für die Schwierigkeiten gibt es gute chemische Gründe. Beispielsweise wird ein Einzelstrang, der mehr C als G enthält, den zweiten Strang in der erhofften Weise bilden, dieser jedoch, der mehr G als C enthält, neigt zur Bildung von G-G-Bindungen, wodurch sich das Molekül so auffaltet, daß es nicht als neue Matrize funktionieren kann.

Die Entdeckung der Ribozyme und die Hypothese von einer RNA-Welt ließ die neue, attraktive Hoffnung aufkeimen, daß ein RNA-Molekül als Polymerase wirken könnte, die in der Lage ist, sich selbst und jedes andere RNA-Molekül zu kopieren. Jack Szostak versucht an der Harvard Medical School, eine solche Polymerase *de novo* zu evolvieren. Falls ihm dies gelingt, wird es eine Glanzleistung sein. Ich bezeifle jedoch, daß die Antwort auf die Frage nach der Entstehung des Lebens in einem derartigen Molekül liegt. Es ist unwahrscheinlich, daß eine solche ungewöhnliche Verbindung zufällig als erstes „lebendes Molekül“ gebildet wurde. Und sollte sie doch gebildet worden sein, so bin ich nicht davon überzeugt, daß sie evolvieren konnte. Ein solches Molekül würde, wie jedes Enzym, bei seiner Replikation Fehler machen, also mutierte Kopien herstellen. Diese Mutanten würden mit der „Wildtyp“-Ribozympolymerase um deren Replikation konkurrieren und hätten dabei durchschnittlich eine noch höhere Fehlerquote, würden also noch stärker mutierte RNA-Polymerasesequenzen erzeugen. Möglicherweise käme es zu einer unkontrollierbaren „Fehlerkatastrophe“ der Art, wie sie zuerst von Orgel für die Codierung und ihre Übersetzung beschrieben wurde. Ich bin nicht sicher, daß eine solche Katastrophe eintreten würde, halte das Problem aber für untersuchungswürdig.

Angesichts der symmetrischen Schönheit der DNA-Doppelhelix oder einer – ähnlichen – RNA-Helix ist man gezwungen zuzugeben, daß auch die entsprechende Hypothese von einfacher Schönheit ist. Bestimmt waren derartige Strukturen die ersten lebenden Moleküle. Doch ist das tatsächlich wahr? Oder liegen die Wurzeln des Lebens vielleicht tiefer? Im folgenden werde ich diese Möglichkeit untersuchen.

Die einfachsten freilebenden Organismen sind die Mycoplasmen. Diese abgeleiteten bakteriellen Lebensformen haben etwa 600 Gene, die über den Standardapparat Proteine codieren. Mycoplasmen besitzen Membranen, aber keine Bakterienzellwand. Sie leben in sehr nährstoffreicher Umwelt, etwa in der Lunge von Schafen oder von Menschen, wo die von ihnen benötigte relativ große Vielfalt an exogenen kleinen Molekülen vorhanden ist.

Aus welchem Grund könnten die einfachsten freilebenden Einheiten ausgerechnet etwa 600 Arten von Polymeren enthalten und einen Stoffwechsel mit vielleicht 1000 kleinen Molekülen besitzen? Und wie vermehren sich Mycoplasmen eigentlich? Wenden wir uns zunächst der zweiten Frage zu, da die Antwort darauf einfach und von entscheidender Bedeutung ist. Die Mycoplasmazelle reproduziert sich durch eine Art kollektiver Autokatalyse. Keine der in ihr enthaltenen Molekülarten repliziert sich wirklich selbst. Das ist uns bekannt, aber wir neigen dazu, es zu ignorieren. Die DNA der Mycoplasmen wird dank der koordinierten Aktivitäten zahlreicher Zellenzyme repliziert. Letztere wiederum werden über normale Messenger-RNA-Sequenzen synthetisiert. Wie wir alle wissen, sind für die Übersetzung des Codes von RNA in Proteine stets codierte Enzyme erforderlich, nämlich die Aminoacylsynthetasen, die jede Transfer-RNA korrekt beladen, so daß später am Ribosom ein Protein zusammengesetzt werden kann. Die Moleküle der Zellmembran entstehen in katalysierten Reaktionen aus Stoffwechselzwischenprodukten. Dies ist uns allen wohlbekannt. Kein Molekül in einer Mycoplasmazelle repliziert sich selbst. Das System als Ganzes ist kollektiv autokatalytisch. Jede Molekülart wird durch Reaktionen gebildet, die andere Molekülarten des Systems katalysieren, oder sie wird exogen als „Nahrung" geliefert.

Wenn die Mycoplasmazelle kollektiv autokatalytisch ist, sind es alle anderen freilebenden Zellen auch. Es gibt keine Zelle, in der sich irgendein Molekül wirklich selbst repliziert. Fragen wir uns nun, warum die minimale Komplexität, die man bei freilebenden Zellen findet, in der Größenordnung von 600 Proteinpolymeren und etwa 1000 kleinen Molekülen liegt. Auf diese Frage wissen wir keine Antwort. Fragen wir uns weiter, warum es überhaupt eine minimale Komplexität gibt, wenn die Standardhypothese zutrifft, daß einzelsträngige RNA-Sequenzen als Matrizen dienen und sich ohne andere Enzyme replizieren könnten. Doch diese Hypothese erlaubt keine tiefergehende Antwort darauf, warum man bei freilebenden Zellen eine minimale Komplexität findet. Gerade die Einfachheit des „nackten" sich replizierenden Gens legt uns diese vertraute Hypothese nahe. Wir können weiter nichts antworten, als daß 3,45 Milliarden Jahre später die einfachsten freilebenden Zellen nun einmal die Komplexität von Mycoplasmen haben. Wir haben keine weitergehende Erklärung, bloß eine weitere „So-ist-es-nun-einmal-Geschichte“ über die Evolution.

Im folgenden stelle ich in Kurzform einige Forschungsergebnisse vor, die ich während der vergangenen acht Jahre zum Teil allein und zum Teil mit meinen Kollegen erarbeitet habe (Kauffman 1971, 1986, 1993; Farmer et al. 1986; Bagley 1991; Bagley et al. 1992). Ähnliche Ideen hatten unabhängig von uns Rösler (1971), Eigen (1971) und Cohen (1988). Der zentrale Gedanke ist, daß in ausreichend komplexen chemischen Reaktionssystemen die Diversität der Molekülarten einen kritischen Wert übersteigt. Jenseits dieses Wertes geht die Wahrscheinlichkeit für die Existenz eines kollektiv autokatalytischen Teilsystems gegen 1,0.

Die zentralen Überlegungen sind einfach. Man denke sich einen Polymerraum aus Monomeren, Dimeren, Trimeren und so weiter. Konkret könnte es sich bei den Polymeren um RNA-Sequenzen, Peptide oder andere Polymerformen handeln. Später werden wir die Beschränkung auf Polymere aufheben und Systeme aus organischen Molekülen betrachten.

Die maximale Länge der betrachteten Polymere sei M. Nun lasse man M zunehmen und zähle die im System befindlichen Polymere, angefangen bei Monomeren bis hin zu Polymeren der Länge M. Es ist leicht erkennbar, daß die Anzahl der Polymere in dem System eine Exponentialfunktion von M ist. Bei 20 verschiedenen Aminosäuren ist die Gesamtdiversität der Polymere aus einem bis M Monomeren also etwas größer als 20^M. Bei RNA-Sequenzen beträgt die Gesamtdiversität etwas mehr als 4^M.

Betrachten wir nun alle Spaltungs- und Ligationsreaktionen unter den Polymeren bis zur Länge M. Offensichtlich gibt es $M–1$ Möglichkeiten, ein bestimmtes gerichtetes Polymer wie ein Peptid oder eine RNA-Sequenz der Länge M aus kürzeren Sequenzen herzustellen, da jede interne Bindung im Polymer der Länge M eine Stelle darstellt, an der kleinere Fragmente ligiert werden können. In dem System aus Polymeren bis zur Länge M ist die Anzahl der Polymere daher eine Exponentialfunktion von M. Diese Polymere können durch eine noch größere Anzahl von Spaltungs- und Ligationsreaktionen ineinander überführt werden: Die Zahl der möglichen Spaltungs- und Ligationsreaktionen pro Polymer wächst linear mit M.

Definieren wir nun einen Reaktionsgraphen für eine Gruppe von Polymeren. Generell kommen Ein-Substrat-ein-Produkt-Reaktionen, Ein-Substrat-zwei-Produkt-Reaktionen und Zwei-Substrat-zwei-Produkt-Reaktionen in Betracht. Zu den Zwei-Substrat-zwei-Produkt-Reaktionen, an denen Peptide oder RNA-Sequenzen beteiligt sein können, gehören Transpeptidierungs- und Umesterungsreaktionen. Ein Reaktionsgraph besteht aus der Gesamtheit der Substrate und Produkte, die als im dreidimensionalen

Raum verteilte Punkte oder Knoten dargestellt werden können. Zusätzlich kann man jede Reaktion durch einen kleinen „Reaktionskreis“ wiedergeben. Pfeile führen von den Substraten zu den Kreisen und von den Kreisen zu den Produkten. Da alle Reaktionen zumindest schwach reversibel sind, zeigen die Pfeilrichtungen lediglich an, welche Molekülgruppe in einer der beiden möglichen Reaktionsrichtungen die Substrate darstellt und welche die Produkte. Der Reaktionsgraph besteht aus der Gesamtheit dieser Knoten, Kreise und Pfeile. Er zeigt alle zwischen den Molekülen des Systems möglichen Reaktionen.

Wie bereits erwähnt, impliziert die chemische Kombinatorik, daß das Verhältnis von Reaktionen zu Molekülen mit der Diversität der Polymere in einem System zunimmt. Dies bedeutet einen Anstieg des Verhältnisses von Pfeilen und Kreisen zu Knoten. Mit zunehmender Diversität der Moleküle in einem System wird der Reaktionsgraph immer dichter, gibt es immer mehr Verbindungen, also Reaktionsmöglichkeiten zwischen den Molekülen.

In einem solchen Reaktionssystem laufen immer einige Reaktionen spontan ab. Ich bitte den Leser, solche spontanen Reaktionen fürs erste zu ignorieren, um sich auf die folgende Frage zu konzentrieren: *Unter welchen Bedingungen wird ein kollektiv autokatalytischer Molekülverband entstehen?* Ich beabsichtige zu zeigen, daß autokatalytische Verbände relativ unabhängig von den Grundannahmen über das System bei einer kritischen Diversität entstehen werden.

Zunächst mache ich auf die wohlbekannten Phasenübergänge in Zufallsgraphen aufmerksam. Man werfe zehntausend Knöpfe auf die Erde und mache sich daran, jeweils zwei zufällig ausgewählte Knöpfe mit einem roten Faden zu verbinden. Eine solche Ansammlung von Knöpfen und Fäden ist ein Zufallsgraph. Formaler ausgedrückt ist ein Zufallsgraph eine Gruppe von Knoten, die willkürlich mit einer Gruppe von Kanten verbunden sind. Gelegentlich unterbreche man seine Tätigkeit, um einen Knopf aufzuheben und zu sehen, wie viele andere Knöpfe man mit ihm hochhebt. In einem Zufallsgraphen bezeichnet man eine solche Gruppe miteinander verbundener Knöpfe als Komponente. Wie Erdos und Renyi (1960) vor ein paar Jahrzehnten zeigten, kommt es in einem solchen System zu einem Phasenübergang, wenn das Verhältnis von Kanten zu Knoten 0,5 überschreitet. Solange das Verhältnis geringer ist, beispielsweise wenn die Anzahl der Kanten etwa zehn Prozent der Anzahl der Knoten beträgt, ist jeder Knoten nur mit wenigen anderen direkt oder indirekt verbunden. Bei einem Verhältnis von 0,5 werden plötzlich die meisten Knoten zu einer einzigen, riesigen Komponente verbunden. Wäre die Anzahl der Knoten unendlich, so würde der Umfang der größten Komponente beim Überschreiten des Wertes 0,5 für das Kanten-zu-Knoten-Verhältnis diskontinuierlich von sehr klein auf unendlich springen. Das System zeigt einen Phasenübergang erster Ordnung.

Der entscheidende Punkt ist einfach: Wenn genügend Knoten miteinander verbunden sind, kommt es buchstäblich zur Kristallisation einer riesigen, zusammenhängenden Komponente, auch wenn die Verbindungen nach dem Zufallsprinzip entstanden sind.

Diese Vorstellung brauchen wir nur auf unseren Reaktionsgraphen zu übertragen. Vorausschauenderweise werden wir uns dabei auf katalysierte Reaktionen konzentrieren. Nun benötigen wir eine Theorie darüber, welche Polymere welche Reaktionen katalysieren. Aus den verschiedenen Theorien zu diesem Punkt läßt sich eine einfache Schlußfolgerung ableiten: Mit der Vielfalt der Moleküle in einem System nimmt auch das Verhältnis von Reaktionen zu Molekülen zu. Daher wird in fast jedem Modell dafür, welche Polymere welche Reaktionen katalysieren, ab einer bestimmten Diversität fast jedes Polymer mindestens eine Reaktion katalysieren. Bei dieser kritischen Diversität wird in dem System eine riesige Komponente aus zusammenhängenden katalysierten Reaktionen kristallisieren. Wenn die Polymere, die als Katalysatoren wirken, selbst Produkte katalysierter Reaktionen sind, wird das System kollektiv autokatalytisch.

Dieser Schritt ist leicht zu vollziehen. Betrachten wir ein einfaches, tatsächlich übermäßig vereinfachtes Modell dafür, welches Polymer welche Reaktion katalysiert. Gehen wir davon aus – eine Idealisierung, die ich weiter unten aufheben werde –, daß die Wahrscheinlichkeit, für jede zufällig gewählte Reaktion als Katalysator wirken zu können, für jedes Polymer einen feststehenden Wert hat, beispielsweise eins zu einer Milliarde. Betrachten wir nun unseren Reaktionsgraphen in einem Zustand, in dem die Vielfalt der Moleküle in dem System so hoch ist, daß jedes Molekül an einer Milliarde Reaktionen beteiligt ist. Bei den Molekülen handele es sich um Polymere, die in der Lage sind, Reaktionen zwischen solchen Polymeren zu katalysieren. In diesem Fall wird etwa eine Reaktion pro Polymer katalysiert. In dem System wird eine riesige Komponente kristallisieren. Es bedarf nur kurzen Nachdenkens, um zu dem Schluß zu kommen, daß das System fast mit Sicherheit kollektiv autokatalytische Teilsysteme enthält. Bei einer kritischen Diversität ist es infolge eines Phasenüberganges erstmals zur Selbstreproduktion eines Reaktionssystems gekommen.

Abbildung 8.1 zeigt einen solchen kollektiv autokatalytischen Verband. Besonders hervorzuheben sind die nahezu unvermeidliche Emergenz derartiger Systeme sowie eine Art unnachgiebiger Holismus. Bei geringerer Molekülvielfalt gibt es in dem resultierenden Reaktionsgraphen nur wenige Reaktionen, die von Molekülen aus dem System katalysiert werden. Ein autokatalytischer Verband existiert nicht. Mit zunehmender Diversität steigt die Anzahl der Reaktionen, die von Molekülen des Systems katalysiert werden, und an einem bestimmten Punkt entsteht plötzlich ein zusammenhängendes Netz aus katalysierten Reaktionen. Dieses Netz umfaßt auch die

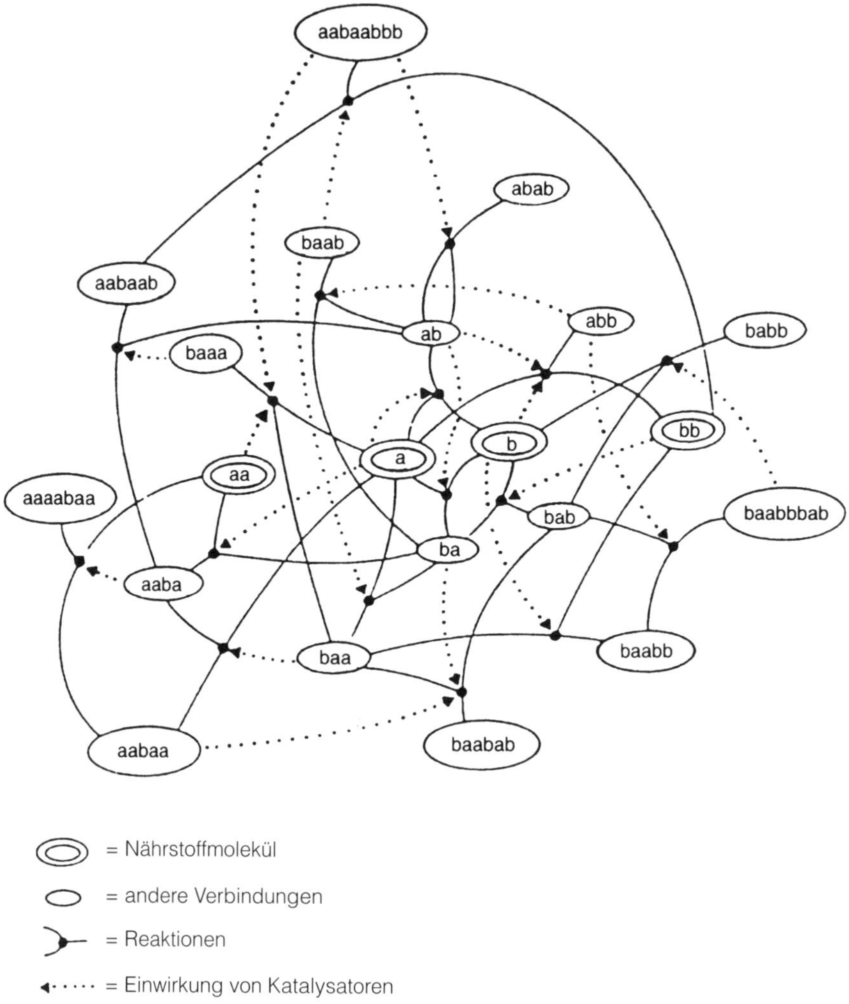

8.1 Ein typisches Beispiel für einen kleinen autokatalytischen Verband. Die Reaktionen sind durch Punkte dargestellt, die größere Polymere mit ihren Abbauprodukten verbinden. Punktierte Linien verbinden Katalysatoren mit den von ihnen katalysierten Reaktionen. Das System basiert auf der Zufuhr der Monomere a und b sowie der Dimere aa und bb als Nährstoffmoleküle (doppelte Ellipsen).

Katalysatoren selbst. Auf einmal ist katalytische Geschlossenheit erreicht. Ein „lebendes" System, das sich zumindest in seiner Computerrealisation selbst reproduziert, beginnt sich auszubreiten.

Für diese Kristallisation ist eine bestimmte kritische Diversität erforderlich. Ein einfacheres System erreicht einfach keine katalytische Geschlossenheit. Eine Grundlagentheorie über die minimale Moleküldiversität in freilebenden Zellen beginnt sich abzuzeichnen. Diesmal also keine „So-ist-es-nun-einmal-Geschichte”: Einfachere Systeme können keine autokatalytische Geschlossenheit erreichen oder aufrechterhalten.

Wie hoch die für den Phasenübergang erforderliche Gesamtmolekülvielfalt ist, hängt von zwei Hauptfaktoren ab: Erstens vom zahlenmäßigen Verhältnis von Reaktionen zu Molekülarten und zweitens von der Verteilung der Wahrscheinlichkeiten, daß die Moleküle in dem System die Reaktionen untereinander katalysieren. Das Verhältnis von Reaktionen zu Molekülen ist von der Komplexität der erlaubten Reaktionen abhängig. Betrachtet man beispielsweise lediglich Spaltungs- und Ligationsreaktionen zwischen Peptiden oder RNA-Sequenzen, dann steigt das Verhältnis von Reaktionen zu Polymeren linear mit der maximalen Polymerlänge M in dem System. Dies ist in groben Zügen leicht verständlich, da es $M-1$ Möglichkeiten gibt, ein bestimmtes Polymer der Länge M zu bilden. Das Verhältnis von Reaktionen zu Polymeren steigt proportional zur Zunahme von M. Bei Transpeptidierungs- oder Umesterungsreaktionen zwischen Peptiden beziehungsweise RNA-Sequenzen dagegen nimmt das Verhältnis von Reaktionen zu Polymeren sehr viel schneller als linear zu. Entsprechend ist die für die Entstehung autokatalytischer Verbände erforderliche Molekülvielfalt sehr viel geringer. Wenn beispielsweise die Wahrscheinlichkeit, daß ein beliebiges Polymer eine beliebige Reaktion katalysiert, eins zu einer Milliarde betrüge, würden etwa 18 000 Molekülarten ausreichen, um kollektiv autokatalytische Verbände entstehen zu lassen.

Diese Überlegungen gelten auch ohne die Idealisierung, daß jedes Polymer mit einer feststehenden Wahrscheinlichkeit als Katalysator einer beliebigen Reaktion dienen kann. In einem alternativen Modell (Kauffman 1993) sind die potentiellen, einfachen Ribozyme RNA-Sequenzen, und um als spezifische Ligase wirken zu können, muß ein Ribozym komplementäre Sequenzen zu den drei 5′-terminalen Nucleotiden eines Substrats sowie zu den drei 3′-terminalen Nucleotiden eines anderen Substrats enthalten. Vor einiger Zeit stellte von Kiedrowski (1986) exakt solche spezifischen Ligasen her, die tatsächlich kleine autokatalytische Verbände bilden! Ein Hexamer ligiert zwei Trimere, die dann gemeinsam eben dieses Hexamer bilden. Und kürzlich erzeugte von Kiedrowski sich kollektiv reproduzierende kreuzkatalytische Systeme (persönliche Mitteilung 1994). Um der Tatsache Rechnung zu tragen, daß eine RNA neben der Komplementarität möglicherweise noch weitere Eigenschaften aufweisen muß, um in einer Reaktion als Katalysator wirken zu können, nahmen Bagley und ich in unserem RNA-Modellsystem in Übereinstimmung mit von Kiedrowskis Ergebnissen an, daß jede solche potentiell passende RNA-Sequenz nur mit einer Wahrscheinlichkeit von eins zu einer Million als spezifische Ligase wirken kann. Auch dann noch bilden sich in dem System bei einer kritischen Vielfalt an Modell-RNA-Sequenzen kollektiv autokatalytische Verbände. Diese Ergebnisse sind wahrscheinlich robust und werden sich für eine Vielzahl von Modellen über die Verteilung der katalytischen Fähigkeiten in Verbänden von Polymeren oder anderen organischen Molekülen als gültig erweisen. Ich werde in Kürze auf Möglichkeiten, solche kollektiv autokatalytischen Systeme experimentell herzustellen, zurückkommen.

Wenn diese Sichtweise richtig ist, ist die Entstehung des Lebens keine Folge der Matrizeneigenschaften von DNA, RNA oder ähnlichen Polymeren. Statt dessen liegen die Wurzeln des Lebens in der Katalyse selbst sowie in der chemischen Kombinatorik. Falls diese Annahme zutrifft, könnten die Wege zum Leben breite Boulevards der Wahrscheinlichkeit sein, anstelle von schmalen Gassen des seltenen Zufalls.

Doch können solche kollektiv autokatalytischen Systeme, die kein Genom im üblichen Sinne besitzen, evolvieren? Und wenn ja, welche Implikationen hat dies für die biologische Tradition seit Darwin, Weismann und auch seit Schrödinger? Denn wenn selbstreproduzierende Systeme ohne einen stabilen, großen molekularen Speicher für genetische Information evolvieren können, sind Schrödingers große aperiodische Festkörper für die Entstehung und Evolution des Lebens nicht notwendig.

Zumindest in Computersimulationen können solche kollektiv autokatalytischen Systeme auch ohne ein Genom evolvieren. Zunächst möchte ich betonen, daß sich, wie meine Kollegen Farmer und Packard und ich (1986) gezeigt haben, in Modell-Durchflußreaktoren unter ziemlich realistischen thermodynamischen Bedingungen tatsächlich autokatalytische Systeme bilden können. Des weiteren hat Bagley in seiner Dissertation unter anderem gezeigt, daß in solchen Systemen trotz des Überwiegens der Spaltungsreaktionen in wäßrigem Medium hohe Konzentrationen großer Modellpolymere aufgebaut und aufrechterhalten werden können. Überdies können solche Systeme bestimmte Veränderungen ihrer „Nahrungs"-Umgebung „überleben", werden aber „getötet" – sie brechen zusammen –, wenn andere Nährstoffe aus dem Durchflußreaktorsystem entfernt werden. Am interessantesten sind aber vielleicht diejenigen Ergebnisse, die zeigen, daß in solchen Systemen ein gewisses Maß an Evolution möglich ist, ohne daß sie ein Genom besitzen. Bagley et al. (1992) gingen von dem vernünftigen Gedanken aus, daß bei spontanen Reaktionen, die im autokatalytischen Verband fortgesetzt auftreten, mit einiger Wahrscheinlichkeit Moleküle entstehen, die keine Mitglieder des Verbandes selbst sind. Solche neuen Molekülspezies liegen dank der Gegenwart des Verbandes in erhöhter Konzentration vor und bilden um diesen eine Art Schatten. Der autokatalytische Verband kann evolvieren, indem er einige dieser neuen Molekülarten integriert. Dies erfordert lediglich, daß solche Schattenmoleküle eine gewisse Konzentration erreichen und dann denjenigen Mitgliedern des autokatalytischen Verbandes, die ihre Bildung katalysieren, helfen; dadurch erweitert sich der

Verband um diese neuen Molekülarten. Falls manche Verbindungen in der Lage sind, von anderen katalysierte Reaktionen zu hemmen, führt die Aufnahme neuer Molekülarten wahrscheinlich manchmal zur Eliminierung älterer.

Kurz gesagt können autokatalytische Verbände ohne ein Genom zumindest *in silicio*, also im Computermodell, evolvieren. Dabei gibt es keine stabile, große molekulare Struktur, die in irgendeinem uns vertrauten Sinne genetische Information trägt. Vielmehr bilden die Moleküle des Verbandes und die von ihnen durchlaufenen und katalysierten Reaktionen das „Genom“ des Systems. Die fundamentale Erblichkeit dieses selbstreproduzierenden Systems gekoppelter Reaktionen besteht in seinem stabilen dynamischen Verhalten. Die Fähigkeit, neue Molekülarten aufzunehmen und vielleicht ältere zu eliminieren, ist die Fähigkeit zur erblichen Variation. Wie wir von Darwin wissen, evolvieren sich solche Systeme durch natürliche Auslese.

Wenn diese Überlegungen zutreffen, ist der große aperiodische Festkörper, den Schrödinger als stabilen Träger von Erbinformation als notwendig erachtete, für die Entstehung und Evolution des Lebens nicht erforderlich! Kurz: „Ordnung aus Ordnung“ in diesem Sinne ist möglicherweise nicht notwendig.

Abschließend möchte ich einige experimentelle Ansätze zur Klärung dieser Fragen erwähnen. Die grundlegende Frage lautet: Wenn eine ausreichend große Vielfalt an Polymeren zusammen mit den kleinen Molekülen, aus denen sie aufgebaut sind, sowie einigen anderen Quellen chemischer Energie unter geeigneten Bedingungen in einem genügend kleinen Volumen eingeschlossen wäre, würden sich dann kollektiv autokatalytische Systeme bilden? In den experimentellen Arbeiten hierzu wurden neue Methoden der Molekulargenetik eingesetzt. Es ist heute möglich, Zufallssequenzen von DNA, RNA und Peptiden zu klonieren und so eine extrem hohe Vielfalt dieser Biopolymere zu erzeugen (Ballivet und Kauffman 1985; Devlin et al. 1990; Ellington und Szostak 1990). Zur Zeit werden Bibliotheken mit bis zu mehreren Billionen verschiedenen Sequenzen untersucht. Daher wird es nun erstmals möglich, kreative Reaktionssysteme zu betrachten, in denen eine solch hohe Molekülvielfalt auf ein kleines Volumen beschränkt ist, so daß schnelle Interaktionen auftreten können. Zum Beispiel können solche Polymere nicht nur in Durchflußreaktoren eingeschlossen sein, sondern auch in Vesikeln wie Liposomen, Micellen und anderen Strukturen, die Oberflächen und eine Grenze zwischen einer inneren und einer äußeren Umwelt bieten. Seit von Kiedrowskis autokatalytischen Verbänden (persönliche Mitteilung 1994), die mit chemischem Sachverstand entworfen wurden, wissen wir, daß solche kollektiv autokatalytischen Verbände *de novo* konstruiert werden können. Die oben umrissene Phasenübergangstheorie läßt vermuten, daß sich in ausreichend komplexen Systemen aus katalytischen Polymeren zusammenhängende, kollektiv autokatalytische Reaktionsnetze als emergente, spontane Eigenschaft „kristallisieren“, ohne daß ein Chemiker die Struktur des Netzwerks entwirft.

Die Emergenz kollektiver Autokatalyse hängt davon ab, wie leicht es ist, Polymere zu erzeugen, die sowohl als Substrate als auch als Katalysatoren fungieren können. Dies dürfte keine unüberwindlichen Schwierigkeiten bereiten. Beispielsweise läßt die Existenz katalytischer Antikörper vermuten, daß unter etwa einer Million bis einer Milliarde Antikörper einer zu finden ist, der eine willkürlich ausgewählte Reaktion katalysieren kann. Die Bindungsstelle in der V-Region eines Antikörpermoleküls ist näherungsweise eine Gruppe verschiedener Zufallspeptide, die der komplementären antigenen Determinante entspricht und durch den Rest der Molekülstruktur an ihrem Platz gehalten wird. In Bibliotheken aus mehr oder weniger zufällig zusammengesetzten Peptiden oder Polypeptiden kann man daher mit einiger Wahrscheinlichkeit Moleküle finden, die sowohl als Substrat als auch als Katalysator dienen können. Tatsächlich zeigen neuere Arbeiten, die ich mit meinem Studenten Thomas LaBean und mit Tauseef Butt durchgeführt habe, daß solche Zufallspeptide sich oft leicht in eine unstrukturierte Kugelgestalt (*molten globule state*) falten und daß sich viele von ihnen unter abgestuften denaturierenden Bedingungen gemeinsam entfalten und wieder falten, was darauf hindeutet, daß Aminosäuresequenzen häufig eine gewisse Fähigkeit zur Bildung einer Sekundärstruktur besitzen (LaBean et al. 1990, 1994). Die Ergebnisse lassen außerdem vermuten, daß Zufallspolypeptide eine Vielzahl von Ligations- und Katalysefunktionen besitzen könnten. Gestützt wird diese Annahme durch die schon länger bekannte Tatsache, daß filamentöse Phagen auf ihrer Außenhülle Zufalls-Hexapeptide tragen. Die Wahrscheinlichkeit, ein Peptid zu finden, das fähig ist, ein gegen ein anderes Peptid gerichtetes monoklonales Antikörpermolekül zu binden, beträgt etwa eins zu einer Million (Devlin et al. 1990; Scott und Smith 1990; Cwirla et al. 1990). Da die Bindung eines Liganden und die Bindung des Übergangszustands einer Reaktion einander ähneln, deuten diese Ergebnisse in Kombination mit der Entdeckung katalytischer Antikörper darauf hin, daß Zufallspeptide möglicherweise relativ leicht Reaktionen zwischen Peptiden oder anderen Polymeren katalysieren können. Auch RNA-Zufallssequenzen sind in diesem Zusammenhang von Interesse. Jüngere Ergebnisse der Durchmusterung von RNA-Zufallssequenzbibliotheken nach Sequenzen, die einen willkürlich ausgewählten Liganden binden, deuten darauf hin, daß die Erfolgswahrscheinlichkeit etwa eins zu einer Milliarde beträgt (Ellington und Szostak 1990). Vor noch kürzerer Zeit ergab die Suche nach RNA-Sequenzen, die in der Lage sind, eine Reaktion zu katalysieren, eine Wahrscheinlichkeit von etwa eins zu einer Billion. Vielleicht wird es sich als einfacher erweisen, Zufallspeptidsequenzen zu finden, die eine willkürlich ausgewählte Reaktion katalysieren können. Gemeinsam mit groben Schätzungen der Anzahl von Reaktionen, die in solchen Systemen ablaufen, deuten diese Ergebnisse darauf hin, daß eine Diversität von vielleicht 100000 bis 1000000 Polymersequenzen aus jeweils 100 Monomeren ausreicht, damit es zur kollektiven Autokatalyse kommt.

Die Quellen dynamischer Ordnung

Wenn die von Schrödinger vermuteten Voraussetzungen für den Ursprung des Lebens nicht notwendig sind, könnte es dann zumindest sein, daß der aperiodische Festkörper DNA notwendig oder hinreichend ist, um erbliche Variation zu gewährleisten? Ich werde versuchen, genauer als oben angedeutet zu zeigen, daß die Antwort darauf nein lautet. Der durch den großen aperiodischen Festkörper ermöglichte Miniaturcode reicht eindeutig nicht aus, um Ordnung zu gewährleisten. Das Genom codiert ein umfangreiches, parallelverarbeitendes Netzwerk von Aktivitäten. Das dynamische Verhalten eines solchen Netzwerkes könnte durchaus katastrophal chaotisch sein, so daß keinerlei selektierbare Vererbung des wild variierenden Verhaltens des codierten Systems möglich wäre. Die Codierung in einer stabilen Struktur wie der DNA allein kann noch nicht gewährleisten, daß das codierte System ein ausreichend geordnetes Verhalten aufweist, um selektierbare erbliche Variation zu erlauben. Weiterhin werde ich die Behauptung aufstellen, daß eine Codierung in einem großen, stabilen aperiodischen Festkörper wie der DNA nicht erforderlich ist, um das stabile dynamische Verhalten zu erreichen, das für die selektierbare erbliche Variation entweder primitiver kollektiv autokatalytischer Verbände oder höher entwickelter Organismen Vorausetzung ist. Statt dessen ist möglicherweise eine bestimmte Art von offenem thermodynamischem System notwendig – ein System, in dessen Zustandsraum eine starke Konvergenz auf kleine, stabile dynamische Attraktoren möglich ist. Anders betrachtet muß das offene System fähig sein, Information oder Freiheitsgrade schnell genug abzugeben, um thermische und andere Schwankungen auszugleichen.

Im folgenden fasse ich kurz das Verhalten Boolescher Zufallsnetzwerke zusammen. Diese Netzwerke wurden ursprünglich als Modelle für die genomischen Regulationssysteme, die die Aktivitäten der vielen tausend Gene und ihrer Produkte in jeder Zelle eines in der Entwicklung befindlichen Organismus koordinieren, eingeführt (Kauffman 1969). Boolesche Zufallsnetzwerke sind ein Beispiel für hochgradig ungeordnete, massiv parallelverarbeitende Nichtgleichgewichtssysteme und erregen seit einiger Zeit das gesteigerte Interesse von Physikern, Mathematikern und anderen Wissenschaftlern (Kauffman 1984, 1986, 1993; Derrida und Pommeau 1986; Derrida und Weisbuch 1986; Stauffer 1987).

Boolesche Zufallsnetzwerke sind offene thermodynamische Systeme, die durch eine externe Energiequelle außerhalb des Gleichgewichtszustands gehalten werden. Sie sind Systeme aus binären An-aus-Variablen, die jeweils durch eine logische Schaltfunktion, eine sogenannte Boolesche Funktion, gesteuert werden. Diese Funktionen tragen ihren Namen zu Ehren des Briten George Boole, der im 19. Jahrhundert die mathematische Logik begründete. Ein Beispiel ist die logische oder Boolesche UND-Funktion: Eine binäre Variable, die Inputs von zwei anderen Variablen – ihren sogenannten Eingangsvariablen – empfängt, wird nur dann aktiviert, wenn Eingangsvariable 1 UND Eingangsvariable 2 aktiv sind. Alternativ kann eine binäre Variable mit zwei Eingängen aktiviert werden, wenn entweder eine ODER die andere Eingangsvariable oder beide aktiv sind. Dies ist die Boolesche ODER-Funktion.

Abbildung 8.2a bis c zeigt ein kleines Boolesches Netzwerk mit drei Variablen, von denen jede Inputs von den beiden anderen empfängt. Einer Variablen (1) ist die UND-Funktion zugewiesen, den anderen beiden die ODER-Funktion. In der einfachsten Klasse von Booleschen Netzwerken ist die Zeit synchron. In jedem Zeittakt prüft jedes Element die Aktivitäten seiner Eingänge und nimmt den Wert an, den seine Boolesche Funktion für diese Eingangszustände festlegt. Im einfachsten Fall empfängt das Netzwerk keine Inputs von außen. Sein Verhalten ist völlig autonom.

Abbildung 8.2a zeigt das Verknüpfungsdiagramm der Verbindungen zwischen den drei Variablen und die Boolesche Funktion, die jede von ihnen steuert, Abbildung 8.2b enthält die gleiche Information in einem anderen Darstellungsform. Ein Zustand des gesamten Netzwerkes sei definiert als die Gesamtheit der Aktivitäten aller binären Variablen zu einem beliebigen Zeitpunkt. Bei *N* binären Variablen beträgt die Anzahl der Zustände dann genau 2^N. Im vorliegenden Fall mit drei Variablen gibt es genau acht Zustände. Die Gesamtheit möglicher Zustände eines Netzwerkes bildet dessen Zustandsraum. Die linke Hälfte von Abbildung 8.2b zeigt diese acht Zustände. Die rechte Hälfte zeigt die Reaktion jeder Variablen auf jede mögliche Kombination der Aktivitäten ihrer Eingänge. Anders betrachtet entsprechen die Zeilen der rechten Abbildungshälfte den Folgeaktivitäten aller drei Variablen. Von links nach rechts gelesen zeigt Abbildung 8.2b also für jeden Zustand des gesamten Netzwerkes den Folgezustand.

Abbildung 8.2c zeigt das integrierte dynamische Verhalten des gesamten Netzwerkes. Sie läßt sich aus Abbildung 8.2b ableiten, indem man von jedem Zustand einen Pfeil zu seinem einzigen Folgezustand zeichnet. Da jeder Zustand nur einen Folgezustand hat, folgt das System in seinem Zu-

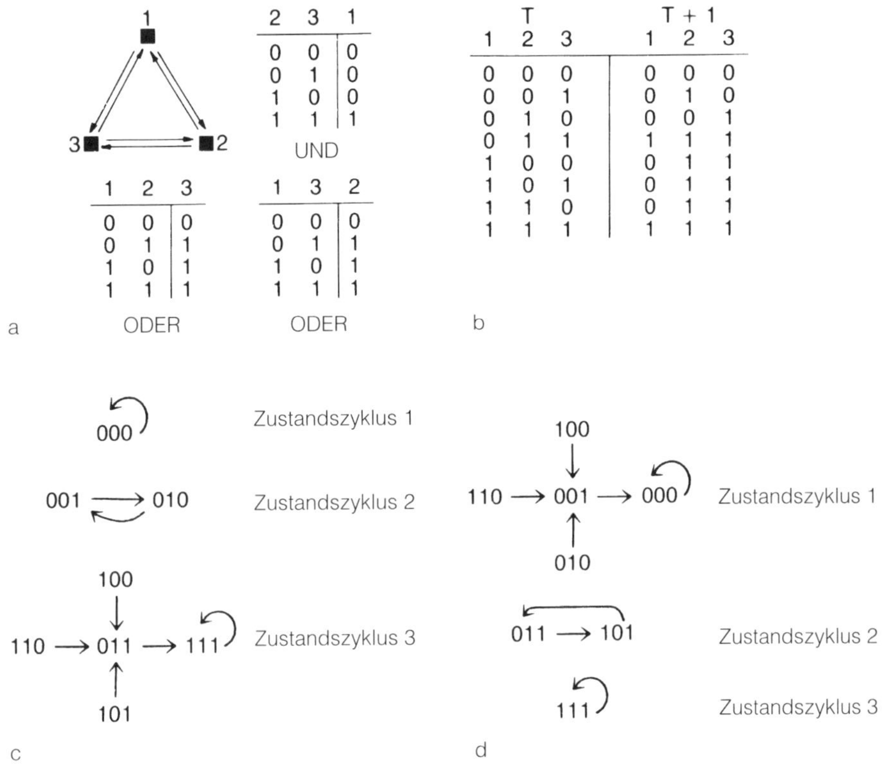

8.2 a) Das Verknüpfungsdiagramm eines Booleschen Netzwerkes aus drei binären Elementen, von denen jedes Eingangsvariable für die beiden anderen ist. Element 1 befolgt die Boolesche UND-Funktion (mit 2 und 3 als Eingangsvariablen), die Elemente 2 und 3 gehorchen der Booleschen ODER-Funktion. b) Die Booleschen Regeln aus a) in einer anderen Darstellungsform, die für alle 2^3=8 Zustände zum Zeitpunkt T die Aktivität der einzelnen Elemente im nächsten Moment T+1 angibt. Von links nach rechts gelesen, gibt die Tabelle den Folgezustand jedes Zustands an. c) Der Zustandsübergangsgraph oder das Verhaltensfeld des autonomen Booleschen Netzwerkes aus a) und b); Pfeile weisen von jedem Zustand auf seinen Folgezustand. d) Wie c), jedoch Element 2 nicht mehr durch die ODER-Funktion, sondern durch die UND-Funktion gesteuert.

standsraum einer Trajektorie von Zuständen. Weil die Anzahl der Zustände endlich ist, muß das System irgendwann einen Zustand annehmen, in dem es sich zuvor schon einmal befunden hat. Von da an wird es, da jeder Zustand nur einen einzigen Folgezustand hat, immer wieder den gleichen Kreislauf von Zuständen durchlaufen, einen sogenannten Zustandszyklus.

Viele wichtige Eigenschaften Boolescher Netzwerke betreffen die Zustandszyklen des Systems und das Wesen der Trajektorien, die in solche Zustandszyklen einmünden. Die erste dieser Eigenschaften ist die Länge eines Zustandszyklus. Ein solcher Zyklus kann aus einem einzigen Zustand bestehen, der sein eigener Folgezustand ist, oder er kann alle Zustände des Systems durchlaufen. Die Länge des Zustandszyklus gibt Aufschluß über die Wiederholungszeit von Aktivitätsmustern im Netzwerk. Jedes Boolesche Netzwerk muß mindestens einen Zustandszyklus enthalten. Das Netzwerk in Abbildung 8.2c enthält drei Zustandszyklen. Jeder Zustand liegt auf einer Trajektorie, die in genau einen Zustandszyklus einmündet oder Teil genau eines Zustandszyklus ist. Zustandszyklen „dränieren“ also ein Zustandsraumvolumen, das man als ihren Einzugsbereich (*basin of attraction*) bezeichnet. Der Zustandszyklus selbst wird als Attraktor bezeichnet. Einen Zustandszyklus könnte man in etwa mit einem See vergleichen und einen Einzugsbereich mit dem Wassereinzugsgebiet eines Sees.

Wie Abbildung 8.2c zeigt, konvergieren Trajektorien. Trajektorien konvergieren entweder bevor sie einen Zustandszyklus erreichen oder natürlich sobald sie in einen Zustandszyklus einmünden. Das bedeutet, daß diese Systeme Information verwerfen. Wenn zwei Trajektorien einmal konvergiert sind, besitzt das System keine Information mehr über den Weg, auf dem es seinen momentanen Zustand erreicht hat. Je stärker also die Konvergenz im Zustandsraum ist, desto mehr Information verliert das System. Wie wir gleich sehen werden, ist diese Auslöschung der Vergangenheit eine entscheidende Voraussetzung für die Entstehung (Emergenz) von Ordnung in diesen ausgedehnten Netzwerken.

Eine andere interessante Eigenschaft ist die Stabilität von Zustandszyklen gegenüber minimalen Störungen, bei denen die Aktivität einer einzelnen Variable einmalig umgekehrt wird. Eine genauere Betrachtung von Abbildung 8.2c zeigt, daß der erste Zustandszyklus allen derartigen Störungen gegenüber instabil ist. Jede solche Störung hinterläßt das System im Einzugsbereich eines anderen Attraktors, in den es dann einmündet. Dagegen ist der dritte Zustandszyklus gegenüber minimalen Störungen stabil. Nach jeder derartigen Störung verbleibt das System im Einzugsbereich seines bisherigen Attraktors und kehrt wieder zum ursprünglichen Zustandszyklus zurück.

Das chaotische, das geordnete und das komplexe Regime

Nach fast drei Jahrzehnten der Forschung ist mittlerweile klar, daß das Verhalten großer Boolescher Netzwerke generell einem von drei Regimes zuzuordnen ist – einem chaotischen, einem geordneten oder einem komplexen Regime im Bereich des Übergangs zwischen Ordnung und Chaos. Im Zusammenhang mit unseren Betrachtungen ist vielleicht die spontane Entstehung (Emergenz) eines geordneten Regimes, das die Aktivitäten vieler tausend binärer Variablen koordiniert, am verblüffendsten. Solche spontane kollektive Ordnung könnte meiner Meinung nach eine der grundlegendsten Quellen von Ordnung in der belebten Welt sein.

Im folgenden beschreibe ich zunächst das chaotische, dann das geordnete und schließlich das komplexe Regime.

Doch zuvor ist es sinnvoll zu umreißen, um welche Fragen es dabei geht. Ich beabsichtige, die typischen oder generellen Eigenschaften großer Boolescher Netzwerke verschiedener Klassen herauszuarbeiten. Konkret werde ich mich mit Netzwerken mit einer großen Zahl (N) binärer Variablen befassen. Ich werde auf Netzwerke eingehen, die durch die Anzahl der Eingänge pro Variable (K) klassifiziert sind. Und ich werde Netzwerke betrachten, deren Variablen Boolesche Funktionen mit spezifischen Asymmetrien (*biases*) zugeordnet sind. Wir werden sehen, daß, wenn K klein ist oder wenn bestimmte asymmetrische Funktionen verwendet werden, selbst große Boolesche Netzwerke, die die Aktivitäten vieler tausend Variablen verknüpfen, im geordneten Regime liegen. Daher reicht die Kontrolle einiger einfacher Konstruktionsparameter aus, um sicherzustellen, daß typische Angehörige einer Klasse oder eines Ensembles von Netzwerke Ordnung aufweisen. Die Bedeutung für die Evolution liegt auf der Hand: Koordiniertes Verhalten sehr großer Zahlen miteinander verknüpfter Variablen läßt sich durch Einstellung sehr einfacher allgemeiner Parameter des Gesamtsystems erreichen. Dynamische Ordnung im großen Maßstab ist sehr viel leichter möglich, als wir angenommen haben.

Um die generellen Eigenschaften einer Klasse oder eines Ensembles von Netzwerken untersuchen zu können, muß man aus diesem Ensemble Zufallsstichproben ziehen. Die Analyse vieler derartiger Zufallsstichproben führt dann zum Verständnis des typischen Verhaltens der Mitglieder jedes Ensembles. Wir werden daher zufällig konstruierte Boolesche Netzwerke betrachten. Das Verknüpfungsdiagramm und die Logik eines einmal konstruierten Netzwerkes sind unveränderlich.

Wir betrachten zunächst den Grenzfall mit $K=N$. In diesem Fall empfängt jede binäre Variable Inputs von sich selbst und allen anderen binären Variablen. Entsprechend existiert nur ein einziges mögliches Verknüpfungsdiagramm. Aus dem Ensemble der möglichen $K=N$-Netzwerke kann man jedoch Zufallsstichproben solcher Systeme ziehen, indem man jeder Variable eine Boolesche Zufallsfunktion für ihre N Inputs zuweist.

Eine solche Zufallsfunktion weist jeder Inputkonfiguration zufällig die Reaktion 1 oder 0 zu. Da dies für jede der N Variablen gilt, weist ein $K=N$-Zufallsnetzwerk jedem Zustand zufällig einen Folgezustand aus den 2^N Zuständen zu. Daher sind $K=N$-Netzwerke Zufallsabbildungen der ersten 2^N natürlichen Zahlen auf sich selbst.

K=*N*-Netzwerke haben die folgenden Eigenschaften. Erstens ist die erwartete mittlere Zustandszykluslänge die Quadratwurzel aus der Anzahl der Zustände. Denken Sie einen Augenblick über die Konsequenzen nach. In einem kleinen Netzwerk mit 200 Variablen (und folglich 2^{200} Zuständen) bestünde ein durchschnittlicher Zustandszyklus dann aus 2^{100} oder etwa 10^{30} Zuständen. Wenn das System für den Übergang von einem Zustand zum nächsten auch nur eine Mikrosekunde benötigen würde, wäre für einen einzigen Durchlauf des Zustandszyklus ein Milliardenfaches der 14 Milliarden Jahre erforderlich, die seit dem Urknall bis heute vergangen sind.

Die langen Zustandszyklen in *K*=*N*-Netzwerken erlauben mir eine kritische Anmerkung zu Schrödingers Argumentation. Man denke an das menschliche Genom. Jede Zelle des menschlichen Körpers enthält etwa 100000 Gene. Wie wir wissen, regulieren Gene sich über ein Geflecht molekularer Wechselbeziehungen gegenseitig. DNA-Sequenzen, beispielsweise *cis*-wirksame Promotoren, TATA-Boxen und Enhancer, kontrollieren die Transkription. Die Aktivitäten *cis*-wirksamer Sequenzen werden wiederum von in *trans* wirkenden Faktoren kontrolliert; dabei handelt es sich oft um Proteine, die von anderen Genen codiert werden, sich im Zellkern oder der Zelle ausbreiten, an die in *cis* wirkende Sequenz binden und deren Verhalten steuern. Außer vom Genom wird die Translation von einem Netzwerk von Signalen reguliert, beispielsweise von den Aktivitäten zahlreicher Enzyme, deren Phosphorylierungszustand über ihre Katalyse und Bindungsaktivitäten entscheidet. Der Phosphorylierungszustand wiederum wird von anderen Enzymen kontrolliert: Kinasen und Phosphorylasen, die selbst phosphoryliert und dephosphoryliert werden. Kurz gesagt, das Genom und seine direkten und indirekten Produkte bilden ein kompliziertes Geflecht molekularer Wechselbeziehungen, und das koordinierte Verhalten dieses Systems kontrolliert das Verhalten und die Ontogenese der Zelle.

Angenommen das Genom würde Regulationsnetzwerke codieren, die *K*=*N*-Netzwerken glichen. Der für das An- oder Abschalten eines Gens erforderliche Zeitraum liegt etwa im Bereich zwischen einer und zehn Minuten. Behalten wir die Idealisierung bei, daß Gene und andere molekulare Bestandteile des Genomregulationssystems binäre Variablen sind. Bei einem komplexen Genom wie dem menschlichen mit seinen etwa 100000 Genen wäre eine bestürzende Vielfalt von Mustern der Genexpression möglich, nämlich 2^{100000}. Die erwartete Länge der Zustandszyklen eines solchen Systems betrüge „bloß“ 2^{50000} oder 10^{15000}. Um wenigstens eine vage Vorstellung von diesen Dimensionen zu gewinnen, rufe man sich ins Gedächtnis, daß die Zustandszyklen eines winzigen Modellgenoms mit nur 200 binären Variablen für einen Durchlauf ein Milliardenfaches des Alters des Universums benötigen würden. 10^{15000} ist eine Zahl, deren Bedeutung wir nicht einmal grob ermessen können. Doch könnte kein Organismus auf Zustandszyklen von so unvorstellbar langer Dauer basieren.

Kurz gesagt, wenn das menschliche Genom in Form eines DNA genannten aperiodischen festen Körpers ein $K=N$-Genomregulationsystem codieren sollte, würde die in diesem aperiodischen festen Körper gegebene Ordnung dynamisches Verhalten erzeugen, das keine biologische Relevanz haben könnte. Für eine an erblicher Variation angreifende Selektion ist ein sich wiederholender Phänotyp erforderlich. Ein Genomsystem, dessen Genaktivitätsmuster Abfolgen zufällig gewählter Zustände wären, die sich erst nach $10^{15\,000}$ Schritten wiederholen würden, könnte keinen solchen sich wiederholenden Phänotyp erzeugen, an dem die Selektion sinnvoll angreifen könnte.

$K=N$-Netzwerke enthalten Zustandszyklen, deren erwartete Länge mit der Größe des Systems exponentiell zunimmt. Ich werde noch auf diese Zunahme zurückkommen, um einen Aspekt des chaotischen Verhaltens solcher Netzwerke aufzuzeigen.

Doch $K=N$-Netzwerke verhalten sich noch in einem anderen, vertrauteren Sinne chaotisch: Sie sind extrem empfindlich gegenüber den Anfangsbedingungen. Winzige Veränderungen der Anfangsbedingungen führen zu massiven Veränderungen der folgenden Dynamik. Der Folgezustand jedes Zustands wird zufällig unter den möglichen Zuständen ausgewählt. Man betrachte zwei Anfangszustände, die sich in der Aktivität nur einer der N binären Variablen unterscheiden. Ein Beispiel sind die Zustände (000000) und (000001). Die Anzahl der Bits, durch die sich zwei binäre Zustände unterscheiden, bezeichnet man als den Hamming-Abstand zwischen ihnen. In diesem Fall beträgt der Hamming-Abstand eins. Teilt man den Hamming-Abstand durch die Gesamtzahl der Variablen, in diesem Fall sechs, ist der Anteil der unterschiedlichen Stellen – hier 1/6 – ein normierter Hamming-Abstand. Man betrachte unsere beiden Anfangszustände, die sich nur durch ein einziges Bit unterscheiden. Ihre Folgezustände werden zufällig unter den möglichen Zuständen des Netzwerkes ausgewählt. Deshalb beträgt der erwartete Hamming-Abstand zwischen den Folgezuständen genau die Hälfte der Anzahl der binären Variablen. Der normierte Abstand springt in einem einzigen Zustandsübergang von $1/N$ auf 1/2. Kurz gesagt, $K=N$-Netzwerke weisen die größtmögliche Empfindlichkeit gegenüber den Anfangsbedingungen auf.

Um meine kritische Auseinandersetzung mit Schrödingers Überlegungen fortzusetzen: Wäre das menschliche Genom ein $K=N$-Netzwerk, so wären nicht nur seine Zustandszyklen extrem lang, sondern es würden auch kleinste Störungen zu katastrophalen Veränderungen im dynamischen Verhalten des Systems führen. Sobald wir das Gegenbeispiel des geordneten Regimes kennen, wird intuitiv offensichtlich werden, daß das Genomregulationssystem nicht in der Art der tief im chaotischen Regime liegenden $K=N$-Systeme organisiert sein kann. Der wichtigste Punkt dabei ist, daß die Selektion an erblichen Variationen angreift. In $K=N$-Netzwerken richten geringfügige Veränderungen der Struktur oder Logik des Netzwerkes auch in allen Trajektorien und Attraktoren des Systems Verwüstungen an. Beispielsweise eliminiert die Deletion eines einzigen Gens die Hälfte des Zustandsraumes, nämlich diejenigen Zustände, in denen dieses Gen aktiv ist. Dies führt zu einer massiven Reorganisation des Flusses im Zustandsraum. Biologen erwägen mögliche Wege der Evolution über eigenständige Großmutationen, sogenannte „vielversprechende Monster" (*hopeful monsters*). Solche Wege sind höchst unwahrscheinlich. $K=N$-Netzwerke könnten nur über unmöglich vielversprechende Monster evolvieren. Kurz: $K=N$-Netzwerke liefern praktisch keine brauchbare erbliche Variation, an der die Selektion angreifen kann.

An dieser Stelle ist eine Anmerkung zum Begriff „Chaos" erforderlich. Für Systeme aus wenigen stetigen Differentialgleichungen ist er klar und eindeutig definiert. Solche niedrigdimensionalen Systeme bewegen sich auf „seltsamen Attraktoren", in denen der Fluß lokal divergiert, aber auf dem Attraktor bleibt. Zur Zeit ist noch nicht geklärt, welche Beziehung zwischen solchem niedrigdimensionalen Chaos in stetigen Systemen und dem hier von mir beschriebenen hochdimensionalen Chaos besteht. Beide Verhaltensweisen sind jedoch wohlbekannt. Mit hochdimensionalem Chaos meine ich Systeme mit einer großen Anzahl von Variablen, in denen die Länge der Zustandszyklen mit der Anzahl der Variablen exponentiell zunimmt und die im oben definierten Sinne empfindlich gegenüber den Anfangsbedingungen sind.

Ordnung zum Nulltarif: Obwohl Boolesche Netzwerke Tausende binärer Variablen enthalten können, kann in ihnen spontan eine unerwartete und ausgeprägte Ordnung entstehen. Diese Ordnung ist meiner Meinung von solcher Wirksamkeit, daß ein Großteil der dynamischen Ordnung in Organismen durch sie erklärbar sein könnte. Ordnung entsteht, wenn sehr einfache Parameter solcher Netzwerke auf einfache Art und Weise beschränkt werden. Der am leichtesten zu kontrollierende Parameter ist K, die Anzahl der Eingänge pro Variable. Wenn K gleich zwei oder weniger ist, liegen typische Netzwerke im geordneten Regime.

Gedacht sei ein Netzwerk mit 100 000 binären Variablen. Jeder Variable wurden zufällig zwei Inputs (K=2) zugewiesen. Das Verknüpfungsdiagramm ist ein wirres Ducheinander von Verbindungen ohne erkennbare Logik, tatsächlich ohne jede wie auch immer geartete Logik. Jeder binären Variable ist zufällig eine der 16 möglichen Booleschen Funktionen für zwei Inputs – UND, ODER, WENN, AUSSCHLIESSENDES ODER und so weiter – zugewiesen. Die Logik des Netzwerkes selbst ist daher vollkommen zufällig. Dennoch kristallisiert sich Ordnung heraus.

Die erwartete Länge eines Zustandszyklus in solchen Netzwerken ist nicht die Quadratwurzel aus der Anzahl der Zustände, sondern liegt in der Größenordnung der Quadratwurzel aus der Anzahl der Variablen.

Ein System von der Größe des menschlichen Genoms, mit etwa 100 000 Genen und $2^{100\,000}$ Zuständen, wird daher Zustandszyklen aus lediglich 317 Zuständen durchlaufen. Und 317 ist eine infinitesimale Teilmenge der Menge von $2^{100\,000}$ möglichen Zuständen. Die relative Lokalisierung im Zustandsraum liegt in der Größenordnung von $2^{-99\,998}$.

Boolesche Netzwerke sind offene thermodynamische Systeme. Im einfachsten Fall lassen sie sich aus realen logischen Schaltern konstruieren, die ihre Energie von einer externen Stromquelle beziehen. Dennoch findet man bei dieser Klasse offener thermodynamischer Systeme starke Konvergenz im Zustandsraum. Diese Konvergenz zeigt sich auf zweierlei Art. Generell weisen solche Systeme einen ausgeprägten Mangel an Empfindlichkeit gegenüber den Anfangsbedingungen auf. Das erste Anzeichen für Konvergenz ist, daß die meisten Ein-Bit-Störungen das System auf Trajektorien belassen, die später konvergieren. Zu dieser Art Konvergenz kommt es sogar schon, bevor das System einen Attraktor erreicht hat. Zweitens hinterlassen Störungen, die das System von einem Attraktor entfernen, dieses in der Regel in einem Zustand, der wieder in denselben Attraktor einmündet. Die Attraktoren zeigen, biologisch ausgedrückt, spontan Homöostase. Beide Kennzeichen der Konvergenz sind wichtig. Die Stabilität von Attraktoren bedeutet wiederholbares Verhalten in Gegenwart von Rauschen. Aber die Konvergenz von Flüssen, schon bevor Attraktoren erreicht sind, hat zur Folge, daß Systeme im geordneten Regime auf „die gleiche“ Art und Weise auf ähnliche Umwelten reagieren können, selbst wenn anhaltende Störungen durch Umwelteinflüsse ein System dauerhaft davon abhalten, einen Attraktor zu erreichen. Die Konvergenz von Trajektorien sollte es solchen Systemen erlauben, sich an eine verrauschte Umwelt anzupassen.

Diese Homöostase, die die Konvergenz im Zustandsraum widerspiegelt, steht im scharfen Kontrast zur perfekten Erhaltung des Phasenvolumens in geschlossenen thermodynamischen Gleichgewichtssystemen. Es sei daran erinnert, daß das Liouville-Theorem diesen Volumenerhalt sicherstellt, der wiederum die Reversibilität geschlossener Systeme und die Tatsache, daß sie keine Information an ein Wärmebad verlieren, widerspiegelt. Aufgrund der Erhaltung des Phasenvolumens ist es möglich, die Wahrscheinlichkeit eines Makrozustands anhand des Anteils der zu ihm gehörigen Mikrozustände an der Gesamtmenge der Mikrozustände vorherzusagen.

Wichtiger ist aber die folgende Implikation der Bewahrung des Phasenvolumens in Gleichgewichtssystemen: Schrödinger lenkte unsere Aufmerksamkeit ganz richtig auf die Tatsache, daß Schwankungen in jedem klassischen System sich umgekehrt proportional zur Quadratwurzel aus der Anzahl der betrachteten Ereignisse verhalten. Bei Gleichgewichtssystemen haben diese Schwankungen eine feststehende Amplitude. In offenen thermodynamischen Systemen mit starker Konvergenz im Zustandsraum dagegen besteht die Tendenz zum Ausgleich der Schwankungen durch die Konvergenz. Die Konvergenz drängt das System auf die Attraktoren zu, während die Schwankungen es zufällig durch den Raum seiner Möglichkeiten treiben. Wenn die Konvergenz stark genug ist, kann sie die rauschinduzierte Wanderung auf die infinitesimale Nachbarschaft der Attraktoren des Systems beschränken. Daraus ergibt sich eine entscheidende Schlußfolgerung. Die bei geringer Molekülanzahl auftretenden rauschinduzierten Schwankungen, über die Schrödinger nachdachte, können im Prinzip durch den konvergenten Fluß zu Attraktoren ausgeglichen werden, wenn die Konvergenz stark genug ist. Die Homöostase kann den Wärmetod überwinden.

Diese Schlußfolgerung ist für meine Auseinandersetzung mit Schrödingers Überlegungen zentral. Ich möchte nämlich auf die Möglichkeit aufmerksam machen, daß die Verwendung eines aperiodischen Festkörpers als stabiler Träger der genetischen Information von Organismen nicht ausreichen könnte, um Ordnung zu gewährleisten. Das codierte System könnte chaotisch sein. Auch der aperiodische Festkörper ist nicht notwendig. Sowohl notwendig als auch hinreichend für die erforderliche Ordnung ist vielmehr der konvergente Fluß von Systemen im geordneten Regime.

Boolesche Gitternetzwerke und der Rand des Chaos

Eine einfache Modifikation Boolescher Zufallsnetzwerke erleichtert das Verständnis des geordneten, des chaotischen und des komplexen Regimes. Anstelle eines Diagramms aus zufälligen Verknüpfungen denke man sich ein quadratisches Gitter, in dem jede binäre Variable Inputs von ihren vier Nachbarn erhält. Jeder dieser Gitterstellen sei eine zufällige Boolesche Funktion für ihre vier Inputs zugewiesen. Man beginne mit einem zufällig gewählten Anfangszustand des Gitters und erlaube ihm, im Laufe der Zeit zu evolvieren. In jedem Zeittakt kann jede Variable ihren Wert von 1 auf 0 oder von 0 auf 1 verändern. Variablen, die dies tun, erhalten die Farbe grün. Variablen, die ihren Wert nicht verändern, sondern bei 1 oder 0 bleiben, erhalten die Farbe rot. Grün bedeutet, daß die Variable „nicht eingefroren" oder „beweglich" ist, rot heißt, daß sie sich nicht mehr verändert und „eingefroren" ist.

Zufallsgitternetzwerke mit vier Eingängen pro Variable liegen im chaotischen Regime. Beobachtet man ein solches Gitter, so stellt man fest, daß die meisten Gitterstellen grün bleiben und nur wenige rot werden. Genauer gesagt erstreckt sich ein grünes, nicht gefrorenes „Meer“ über das Gitter, in dem isolierte rote, gefrorene Inseln liegen.

Ich stelle nun ein einfaches Beispiel für eine asymmetrische Boolesche Funktion vor. Jede Boolesche Funktion liefert für jede Kombination der Werte ihrer *K* Inputs einen Ausgabewert 1 oder 0. Die Menge der Ausgabewerte kann jeweils ungefähr zur Hälfte aus Einsen und Nullen bestehen, oder einer der beiden Werte kann überwiegen. Es sei *P* ein Maß für diese Asymmetrie. *P* ist der Anteil der Inputkombinationen, bei denen sich der häufigere Ausgabewert ergibt, egal ob es sich dabei um 1 oder um 0 handelt. Beispielsweise könnten bei der UND-Funktion drei der vier Inputkonfigurationen einer Variable mit zwei Eingängen die Reaktion 0 hervorrufen; nur wenn beide Inputs 1 sind, nimmt die regulierte Variable den Wert 1 an. *P* beträgt daher in diesem Fall 0,75; generell kann sein Wert zwischen 0,5 und 1,0 liegen.

Wie Derrida und Weisbuch (1987) zeigten, liegt ein Boolesches Gitter im geordneten Regime, wenn die den Gitterstellen zugeordneten Booleschen Funktionen zufällig gewählt sind, mit der Einschränkung, daß der Wert von *P* an jeder Gitterstelle einen kritischen Wert P_c überschreiten muß. Für ein quadratisches Gitter beträgt P_c 0,72.

Betrachten wir nun eine „Filmaufnahme“ eines Netzwerkes im geordneten Regime, in dem abermals die veränderbaren Gitterstellen grün und die eingefrorenen rot gefärbt sind. Wenn *P* größer ist als P_c, sind anfangs die meisten Gitterstellen grün. Bald frieren jedoch immer mehr Stellen auf ihrem vorherrschenden Wert 1 oder 0 ein und färben sich rot. Ein ausgedehntes rotes, gefrorenes Meer erstreckt sich über das Gitter beziehungsweise sickert hindurch; zurück bleiben isolierte grüne Inseln aus nicht gefrorenen Variablen, die weiterhin in einem komplizierten Muster aufleuchten und erlöschen. Die Ausbreitung eines roten gefrorenen Meeres, in dem isolierte, nicht gefrorene grüne Inseln zurückbleiben, ist für das geordnete Regime charakteristisch.

Wird in solchen Booleschen Gitternetzwerken *P* von einem Wert über P_c auf einen Wert unter P_c abgesenkt, so kommt es zu einem Phasenübergang. Bei Annäherung an P_c nehmen die grünen, nicht gefrorenen Inseln an Größe zu und verschmelzen schließlich miteinander zu einem sich ausbreitenden grünen, nicht gefrorenen Meer. Der Phasenübergang erfolgt exakt bei dieser Verschmelzung.

An dieser Stelle ist es sinnvoll, „Schäden“ zu definieren. Schäden sind Störungen, die sich im Netzwerk ausbreiten, nachdem die Aktivität einer Gitterstelle vorübergehend umgekehrt wurde. Um dieses Phänomen zu untersuchen, benötigt man lediglich zwei identische Kopien eines Netzwerkes, deren Anfangszustände sich in der Aktivität nur einer Variable unterscheiden. Nun beobachte man die beiden Kopien und färbe jede Gitterstelle in der gestörten Kopie violett, die auch nur einmal einen anderen Aktivitätswert annimmt als ihre ungestörte Kopie. Der von der gestörten Stelle ausgehende Schaden wird als sich ausbreitender violetter Fleck erkennbar.

Im chaotischen Regime lasse man eine Gitterstelle in dem grünen nicht gefrorenen Meer geschädigt sein. Daraufhin breitet sich stets ein violetter Fleck durch den größten Teil des grünen Meeres aus, wobei das erwartete Ausmaß des geschädigten Volumens mit der Größe des gesamten Gittersystems zunimmt (Stauffer 1987). Umgekehrt beschädige man eine Gitterstelle im geordneten Regime. Wenn diese Stelle im gefrorenen roten Bereich liegt, breitet sich der Schaden praktisch nicht nach außen aus. Liegt die Stelle dagegen in einer der nicht gefrorenen grünen Inseln, so kann sich der Schaden über einen großen Teil dieser Insel ausbreiten, dringt aber nicht in den gefrorenen roten Bereich vor. Kurz gesagt, der rote, gefrorene Bereich blockiert die Ausbreitung des Schadens und trägt so wesentlich zur homöostatischen Stabilität des Systems bei.

Im Bereich des Phasenüberganges ist zu erwarten, daß die Größenverteilung der Schadenslawinen einer Exponentialfunktion folgt, mit vielen kleinen und wenigen großen Lawinen. Der Phasenübergang ist das komplexe Regime. Außer durch die charakteristische Größenverteilung der Schadenslawinen zeichnen sich Netzwerke im Phasenübergang dadurch aus, daß die mittlere Konvergenz von Trajektorien, die enge Hamming-Nachbarn sind, null ist. Im chaotischen Regime besteht dagegen im Durchschnitt betrachtet die Tendenz, daß Anfangszustände, die enge Hamming-Nachbarn sind, divergieren, während jeder seiner eigenen Trajektorie folgt. Dies ist die „Empfindlichkeit gegenüber den Anfangsbedingungen", von der ich bereits gesprochen habe. Im geordneten Regime haben benachbarte Zustände die Tendenz zu konvergieren und münden oft in dieselbe Trajektorie ein, bevor sie einen gemeinsamen Attraktor erreichen. Am Rande des Phasenübergangs zum chaotischen Regime zeigen benachbarte Zustände im Durchschnitt weder Konvergenz noch Divergenz.

Eine interessante Hypothese lautet, daß komplexe adaptive Systeme in Richtung auf das komplexe Regime am Rande des Chaos evolvieren. Die Eigenschaften des Regimes am Chaosrand haben eine Reihe von Wissenschaftlern (Langton 1986, 1992; Packard 1988; Kauffman 1993) auf die Idee gebracht, daß das Phasenübergangsregime oder Regime am Chaosrand sich für komplizierte Berechnungen eignen könnte. Auf den ersten Blick ist dieser Gedanke reizvoll. Angenommen man wollte, daß ein solches System das komplexe zeitliche Verhalten weit auseinanderliegender Gitterstellen koordiniert. Tief im geordneten Regime sind die grünen Inseln, die zu wechselnder Aktivität in der Lage wären, voneinander isoliert. Eine Koordination zwischen ihnen ist nicht möglich. Tief im chaotischen Regime lösen Störungen große Veränderungslawinen aus, die eine Koordination verhindern. Es ist daher sehr plausibel, daß die Fähigkeit zur Koordination komplexen Verhaltens in der Nähe des Phasenüberganges, möglicherweise im geordneten Regime, optimal ist.

Es wäre faszinierend, wenn diese Hypothese zuträfe. Eine allgemeine Theorie über die innere Struktur und Logik komplexer, parallelverarbeitender adaptiver Systeme begänne sich abzuzeichnen. Nach dieser Theorie müßte die Selektion der Fähigkeit, komplexes Verhalten zu koordinieren, dazu führen, daß adaptive Systeme Eigenschaften evolvieren, die sie im Phasenübergang oder in dessen Nachbarschaft ansiedeln.

Inzwischen stützen erste Daten die Hypothese, daß komplexe Systeme sich oft nicht genau zum Rand des Chaos, sondern zum geordneten Regime nahe dem Chaosrand evolvieren. Um dies zu überprüfen, lassen meine Kollegen am Santa Fe Institute und ich Boolesche Netzwerke koevolvieren, indem sie miteinander verschiedene „Spiele“ spielen. In allen Fällen gehört es zum Spiel, die Aktivitäten der anderen Netzwerke zu registrieren und eine passende Reaktion auf einige der Ausgabevariablen zu entwickeln. Die Koevolution dieser Netzwerke erlaubt es ihnen, K, P und andere Parameter zu verändern, um in jedem Spiel den Erfolg durch natürliche Auslese zu optimieren. Zusammenfassend ist zu sagen, daß solche Netzwerke bei den Spielen, die wir sie durchführen ließen, im Laufe der Zeit tatsächlich immer besser abschnitten. Wie immer ist eine solche evolutionäre Suche von Zufallsmutationen begleitet, die bei sich adaptierenden Populationen eine Ausbreitungstendenz über den Raum ihrer Möglichkeiten bewirken. Trotzdem besteht eine starke Tendenz zur Evolution in Richtung auf eine Position innerhalb des geordneten Regimes, die nicht allzu weit vom Übergang zum Chaos entfernt ist. Kurz: Erste Daten stützen die Hypothese, daß zahlreiche parallelverarbeitende Systeme sich zum geordneten Regime nahe dem Phasenübergang evolvieren, um komplexe Aufgaben zu koordinieren.

Künftige Arbeiten auf diesem Gebiet werden der Frage nachgehen, die für meine Auseinandersetzung mit Schrödingers Überlegungen zentral ist. Bei solchen spielenden Booleschen Netzwerken gibt es zwei mögliche Quellen für „Rauschen“. Erstens treiben exogene, von anderen Netzwerken eintreffende Inputs jedes System von seiner momentanen Trajektorie und stören daher seinen Fluß zu Attraktoren. Zweitens tritt in jedem Netzwerk thermisches Rauschen auf. Dieses interne Rauschen kann das Verhalten des Systems stören. Um es auszugleichen und Koordination zu ermöglichen, könnte das System seine Position weiter in das geordnete Regime hinein verschieben. Dort ist die Konvergenz im Zustandsraum stärker, wodurch exogenes Rauschen besser abgepuffert wird. Wir können also fragen: Wieviel Konvergenz ist nötig, um eine bestimmte Menge an internem Rauschen auszugleichen?

Dieselbe Frage stellt sich in jedem System, dessen dynamisches Verhalten von einer geringen Anzahl Kopien jeder Molekülart gesteuert wird. Dies ist in heutigen Zellen der Fall, in denen regulatorische Proteine und andere Verbindungen oft nur in einer oder wenigen Kopien vorliegen. Das gleiche Problem stellt sich auch für die kollektiv autokatalytischen Molekülsysteme, die sich meiner Ansicht nach in der Morgendämmerung des Lebens gebildet haben könnten. Wieviel Konvergenz im Zustandsraum gleicht Schwankungen aus, die auf geringe Molekülzahlen in einem dynamischen System zurückzuführen sind, und wie stark nimmt die notwendige Konvergenz mit der Abnahme der Kopienzahl jeder Molekülart im Modellsystem zu? Die kollektiv autokatalytischen Molekülverbände werden vermutlich durch eine ausreichend hohe Konvergenz im Zustandsraum gegen Schwankungen abgepuffert, die auf die potentiell geringe Kopienzahl der einzelnen Molekülarten in dem sich kollektiv reproduzierenden Metabolismus zurückzuführen sind. In diesem Fall ist die stabile Struktur großer aperiodischer fester Körper weder notwendig noch hinreichend für die Ordnung, die für die Entstehung des Lebens oder jener erblichen Variationen, an denen die Selektion erfolgreich angreifen kann, erforderlich ist.

Ordnung und Ontogenese

Wie wir gesehen haben, können selbst Boolesche Zufallsnetzwerke spontan einen unerwartet hohen Ordnungsgrad aufweisen. Es wäre schlicht dumm, die Möglichkeit zu ignorieren, daß solche spontane Ordnung bei der Entstehung und Aufrechterhaltung von Ordnung in der Ontogenese eine Rolle spielen könnte. Zwar gibt es bisher erst vorläufige Daten, aber meiner Ansicht nach erfährt diese Hypothese durch sie beträchtliche Unterstützung. Im folgenden beschreibe ich kurz die Hinweise darauf, daß die regulatorischen Netzwerke der Genome tatsächlich im geordneten Regime und vielleicht nicht allzu weit vom Rande des Chaos entfernt liegen. Erstens werden die meisten bekannten regulierten Gene von Viren, Bakterien und Eukaryoten von einer geringen Anzahl – meist zwischen null und acht – molekularer Inputs direkt gesteuert. Es ist faszinierend, daß in der Booleschen An-aus-Idealisierung die Schaltfunktionen fast aller bekannten regulierten Gene zu einer speziellen Klasse gehören, der ich vor langer Zeit die Bezeichnung „kanalisierende" Funktionen gab (Kauffman 1971, 1993; Kauffman und Harris 1994). Bei diesen asymmetrischen Funktionen gibt es für mindestens einen molekularen Eingang einen Wert 0 oder 1, der allein schon ausreicht, um den Ausgabezustand – entweder 1 oder 0 – des regulierten Locus festzulegen. Die ODER-Funktion für vier Inputs ist also kanalisierend, da der erste Input, wenn er aktiv ist, garantiert, daß das regulierte Element unabhängig von den Aktivitäten der anderen drei Inputs aktiv ist. Boolesche Netzwerke mit mehr als zwei Inputs pro Element, deren Variablen überwiegend von kanalisierenden Funktionen gesteuert sind, liegen generell im geordneten Regime (Kauffman 1993). Seit einigen Jahren interpretiere ich die Zelltypen, die zum Repertoire eines Genomsystems gehören, als Attraktoren eines genetischen Netzwerkes, also als Zustandszyklen. Eine Zelle gehört also einem bestimmten Typ an, weil sich in ihr eine bestimmte Folge von Mustern der Genexpression zyklisch wiederholt. Aus der Länge der Zustandszyklen läßt sich ableiten, daß dabei nur eine sehr beschränkte Menge von Genen beteiligt ist und daß die Zellzyklen einige hundert bis einige tausend Minuten dauern müßten. Die Anzahl der Attraktoren steigt mit der Quadratwurzel aus der Variablenzahl. Wenn ein Attraktor ein Zelltyp ist, bedeutet dies, daß die Anzahl der Zelltypen eines Organismus etwa der Quadratwurzel aus der Anzahl seiner Gene entsprechen müßte. Dies scheint qualitativ richtig zu sein. Der menschliche Organismus mit ungefähr 100 000 Genen müßte demnach aus etwa 316 Zelltypen bestehen. Tatsächlich besitzt der Mensch nach heutigem Wissen 256 Zelltypen (Alberts et al. 1983), und die Anzahl der Zelltypen scheint entsprechend einer Beziehung zuzunehmen, die zwischen einer linearen und einer Quadratwurzelfunktion der genetischen Komplexität liegt (Kauffman 1993). Das Modell sagt noch andere Eigenschaften voraus, etwa die homöostatische Stabilität der Zelltypen. Aus der Ausdehnung der gefrorenen roten Komponente läßt sich korrekt ableiten, daß etwa 70 Prozent der Gene eines Organismus in allen seinen Zelltypen den gleichen feststehenden Aktivitätszustand aufweisen müßten. Weiterhin sagt die Größe der grünen Inseln ziemlich gut die Unterschiede im Genaktivitätsmuster verschiedener Zelltypen eines Organismus voraus. Anhand der Größenverteilung der Schadenslawinen läßt sich möglicherweise die Verteilung der kaskadenartig ablaufenden Veränderungen der Genaktivität vorhersagen, die nach Störung der Aktivität einzelner, zufällig ausgewählter Gene auftreten. Eine letzte Vorhersage erlaubt die Tatsache, daß Systeme im geordneten Regime, die einen Attraktor infolge einer Störung verlassen, nur auf wenige andere Attraktoren übergehen können: Wenn Attraktoren Zelltypen sind, müßte die Ontogenese dementsprechend um sich verzweigende Differenzierungswege herum organisiert sein. Kein Zelltyp dürfte sich direkt zu allen Zelltypen differenzieren können. Tatsächlich trifft dies vermutlich spätestens seit dem Kambrium auf alle mehrzelligen Organismen zu.

Der verfügbare Raum erlaubt mir nur eine kurze Darstellung dieser Ideen. Der derzeitige Stand läßt sich dahingehend zusammenfassen, daß es sich bei Genomregulationssystemen mit einiger Wahrscheinlichkeit um parallelverarbeitende, im geordneten Regime gelegene Systeme handeln könnte. In diesem Fall wäre die für solche Systeme charakteristische Konvergenz im Zustandsraum eine Hauptquelle ihrer dynamischen Ordnung.

Doch hat das hier von mir diskutierte Prinzip der Selbstorganisation eine noch schwerwiegendere Implikation. Seit Darwin betrachten wir die Selektion als die einzige Quelle der Ordnung in der belebten Welt. Organismen, so glauben wir, sind zusammengeschusterte Apparaturen, in denen sich die Bauprinzipien Zufall und Notwendigkeit *ad hoc* vermählt haben. Ich halte diese Ansicht für falsch. Darwin kannte die Macht der Selbstorganisation nicht.

Tatsächlich können auch wir diese Macht nur erahnen. Solche Selbstorganisation, vom Ursprung des Lebens bis zu seiner kohärenten Dynamik, muß in dieser Geschichte des Lebens – und ich möchte sogar behaupten, in jeder Geschichte des Lebens – eine entscheidende Rolle spielen. Aber Darwin hatte auch recht. Die natürliche Auslese ist allezeit am Werk. Wir müssen also die Evolutionstheorie überdenken. In der Geschichte des Lebens sind Selbstorganisation und Selektion ein Bündnis eingegangen. Wir müssen das Leben neu betrachten und neue Gesetze für seine Entfaltung ergründen.

Zusammenfassung

Schon vor einem halben Jahrhundert äußerte Schrödinger aufgrund theoretischer Überlegungen die Vermutung, daß das heutige Leben auf der Struktur großer, aperiodischer Festkörper basiert. Er nahm zutreffend an, daß diese Festkörper das stabile Trägermaterial der genetischen Information seien und daß der in ihnen enthaltene Miniaturcode den Entwicklungsplan für den Organismus liefere. Er erklärte, Veränderungen in dieser Substanz müßten unstetig und selten sein und seien Mutationen gleichzusetzen. Vieles, was er über das heutige Leben sagte, war richtig.

Doch hatte Schrödinger auch auf einer grundlegenderen Ebene recht, nämlich was das Leben an sich betrifft? Ist das strukturelle Gedächtnis des aperiodischen Festkörpers für alles Leben notwendig? Sicherlich kommt Schrödingers Argumentation insofern ein generelles Verdienst zu, als organische Moleküle mit kovalenten Bindungen tatsächlich kleine „aperiodische Festkörper" sind. Zumindest für das auf Kohlenstoff basierende Leben sind Bindungen erforderlich, die stark genug sind, um in einer gegebenen Umwelt stabil zu sein. Doch es ist das Verhalten von Ansammlungen solcher Moleküle, was das Leben auf der Erde ausmacht und – so dürfen wir zumindest vermuten – vielen möglicherweise anderswo im Universum existierenden Lebensformen zugrundeliegt. Lebewesen sind *de facto* kollektiv autokatalytische Molekülsysteme. Neuere Daten und Theorien deuten darauf hin, daß für die Entstehung selbstreproduzierender Molekülsysteme keine großen aperiodischen Festkörper nötig sind. Auch eine begrenzte Evolution solcher Systeme erfordert im Prinzip keine großen aperiodischen Festkörper. Ein aperiodischer Festkörper, der die Struktur und einige der Wechselbeziehungen einer großen Anzahl anderer Moleküle codiert, gewährleistet außerdem noch keine dynamische Ordnung oder erbliche Variation. Erbliche Variation in selbstreproduzierenden chemischen Systemen, auf die die natürliche Auslese mit einer gewissen Wahrscheinlichkeit wirken kann, erfordert vielmehr dynamische Stabilität. Diese wiederum kann von offenen thermodynamischen Systemen erreicht werden, die in ihren Zustandsräumen ausreichend konvergieren, um die Schwankungen auszugleichen, die infolge der Beteiligung nur geringer Molekülzahlen auftreten.

Die Feststellung, daß Schrödinger das selbstorganisierte Verhalten offener thermodynamischer Systeme nicht in seine Überlegungen einbezog, bedeutet keine Kritik.

Die Untersuchung solcher Systeme hatte vor 50 Jahren kaum begonnen und ist auch heute noch nicht weit fortgeschritten. Tatsächlich können wir gegenwärtig nicht mehr sagen, als daß die Formen von Selbstorganisation, die wir in solchen offenen thermodynamischen Systemen zu erahnen beginnen, unsere Ansichten über den Ursprung und die Evolution des Lebens vielleicht verändern werden. Schrödingers Vorhersagen waren weitreichend genug. Es wäre schön, wenn sein Geist heute noch lebendig wäre, um unserer gemeinsamen Sache weiterzuhelfen.

Literatur

Alberts, B.; Bray, D.; Lewis, J.; Raff, M.; Roberts, K.; Watson, J. D. *Molecular Biology of the Cell*. New York (Garland) 1983. [Deutsche Ausgabe der 3. Aufl.: *Molekularbiologie der Zelle*. 3. Aufl. Weinheim (VCH) 1995.]

Bagley, R. J. *The Functional Self-Organisation of Autocatalytic Networks in a Model of the Evolution of Biogenesis*. Dissertation, University of California, San Diego (1991).

Bagley, R. J. et al. *Evolution of a Metabolism*. In: Langton, C. G.; Farmer, J. D.; Rasmussen, S.; Taylor, C. (Hrsg.) *Artificial Life II*, A Proceedings Volume in the Santa Fe Institute Studies in the Sciences of Complexity. Bd. 10, S. 141–158. Reading, Mass. (Addison-Wesley) 1992.

Ballivet, M.; Kauffman, S. A. *Process for Obtaining DNA, RNA, Peptides, Polypeptides or Proteins by Recombinant DNA Techniques*. Internationale Patentanmeldung

(1985). [Patent erteilt in Frankreich 1987, in Großbritannien 1989, in Deutschland 1990.]

Cohen, J. E. *Threshold Phenomena in Random Structures*. In: *Disc. Appl. Math.* 19 (1988) S. 113–118.

Cwirla, P.; Peters, E. A.; Barrett, R. W.; Dower, W. J. *Peptides on Phages. A Vast Library of Peptides for Identifying ligands*. In: *Proceedings of the National Academy of Sciences USA* 87 (1990) S. 6378–6382.

Derrida, B; Pommeau, Y. *Random Networks of Automata: A Simple Annealed Approximation*. In: *Europhysics Letters* 1 (1986) S. 45–49.

Derrida, B; Weisbuch, G. *Evolution of Overlaps Between Configurations in Random Boolean Networks*. In: *Journal de Physique* 47 (1987) S. 1297–1303.

Devlin, J. J.; Panganiban, L. C.; Devlin, P. A. *Random Peptide Libraries: a Source of Specific Protein Binding Molecules*. In: *Science* 249 (1990) S. 404–406.

Eigen, M. *Self-Organization of Matter and the Evolution of Biological Macromolecules*. In: *Naturwissenschaften* 58 (1971) S. 465–523.

Ellington, A.; Szostak, J. *In vitro Selection of RNA Molecules that Bind Specific Ligands*. In: *Nature* 346 (1990) S. 818–822.

Erdos, P.; Renyi, A. *On the Evolution of Random Graphs*. Mathematisches Institut, Ungarische Akademie der Wissenschaften, Veröffentlichung Nr. 5.

Farmer, J. D.; Kauffman, S. A.; Packard, N. H. *Autocatalytic Replication of Polymers*. In: *Physica* 22D (1986) S. 50–67.

Kauffman, S. A. *Metabolic Stability and Epigenesis in Randomly Connected Nets*. In: *Journal of Theoretical Biology* 22 (1969) S. 437–467.

Kauffman, S. A. *Cellular Homeostasis, Epigenesis and Replication in Randomly Aggregated Macromolecular Systems*. In: *Journal of Cybernetics* 1 (1971) S. 71.

Kauffman, S. A. *Emergent Properties in Random Complex Automata*. In: *Physica* 10D (1984) S. 145–156.

Kauffman, S. A. *Autocatalytic Sets of Proteins*. In: *Journal of Theoretical Biology* 119 (1986) S. 1–24.

Kauffman, S. A. *The Origins of Order: Self Organisation and Selection in Evolution*. New York (Oxford University Press) 1993.

Kauffman, S. A.; Harris, S. In Vorb.

Kiedrowski, G. von *A Self-Replicating Hexadesoxynucleotide*. In: *Angewandte Chemie, International Edition (in English)* 25 (1986) S. 932–935.

LaBean, T. et al. *Design, Expression and Characterisation of Random Sequence Polypeptides as Fusions with Ubiquitin*. In: *FASEB Journal* 6A471 (1992).

LaBean, T. et al. Im Druck.

Langton, C. *Studying Artificial Life with Cellular Automata*. In: *Physica* 22D (1986) S. 120–149.

Langton, C. *Adaptation to the Edge of Chaos*. In: Langton, C. G.; Farmer, J. D.; Rasmussen, S.; Taylor, C. (Hrsg.) *Artificial Life II*, A Proceedings Volume in the Santa Fe Institute Studies in the Sciences of Complexity. Bd. 10, S. 11–92. Reading, Mass. (Addison-Wesley) 1992.

Orgel, L. *Evolution of the Genetic Apparatus: a Review*. In: *Cold Spring Harbor Symposium on Quantitative Biology*. Bd. 52. New York, NY (Cold Spring Harbor Laboratory) 1987.

Packard, N. *Dynamic Patterns in Complex Systems*. In: Kelso, J. A. S.; Shlesinger, M. (Hrsg.) *Complexity in Biologic Modeling*. Singapur (World Scientific) 1988. S. 293–301.

Rössler, O. *A System-Theoretic Model of Biogenesis*. In: *A. Naturforsch.* B266 (1971) S. 741.

Schrödinger, E. *What is Life? The Physical Aspect of the Living Cell*. Cambridge (Cambridge University Press) 1944. [Aktuell lieferbare deutsche Ausgabe: *Was ist Leben? Die lebende Zelle mit den Augen des Physikers betrachtet.* München (Piper) 1993.]

Scott, J. K.; Smith, G. P. *Searching for Peptide Ligands with an Epitope Library*. In: *Science* 249 (1990) S. 386.

Stauffer, D. *Random Boolean Networks: Analogy with Percolation*. In: *Philosophical Magazine B* 56 (1987) S. 901–916.

9. Warum wir zum Verständnis von Geist eine neue Physik brauchen

Roger Penrose

Mathematical Institute, University of Oxford

Warum bewußtes Verstehen nicht-rechnerisch ist

Die menschliche Denkfähigkeit hat viele Facetten. Es kann durchaus sein, daß einige von ihnen im Rahmen heutiger physikalischer Begriffe erklärt werden können (Schrödinger 1958) und sich möglicherweise sogar für eine Computersimulation eignen. Die Verfechter der künstlichen Intelligenz (KI; häufig auch „AI" für *artificial intelligence*) behaupten, daß solch eine Simulation tatsächlich möglich ist – wenigstens für einen Gutteil derjenigen Geisteseigenschaften, die unsere Intelligenz grundlegend ausmachen. Darüber hinaus könnte eine solche Simulation einen Roboter in die Lage versetzen, sich in den jeweiligen Aspekten wie ein menschliches Wesen zu verhalten. Die Verfechter der *starken* KI behaupten weiterhin, daß *jede* menschliche Eigenschaft durch elektronische Computervorgänge nachgeahmt – und letztendlich überflüssig gemacht – werden kann. Auch behaupten sie, daß solch ein bloßer Rechenvorgang dieselbe Art von Bewußtseinserfahrungen in einem Computer oder Roboter hervorrufen muß wie bei uns selbst.

Andererseits gibt es viele Leute, die das Gegenteil vertreten: Es gebe Teilbereiche unserer Denkfähigkeit, die mit bloßen Computerberechnungen nicht erfaßt werden können. Das menschliche Bewußtsein wäre diesem Standpunkt zufolge solch eine Eigenschaft – es ist also *nicht* einfach eine logische Folge einer Berechnung. Auch ich werde genau dafür eintreten; und überdies werde ich Gründe dafür anführen, daß die Denkvorgänge, die in unseren Gehirnen als bewußte Überlegungen ablaufen, Dinge sein müssen, die nicht einmal rechnerisch *simuliert* werden können – demnach können Computerberechnungen sicherlich nicht aus sich selbst heraus irgendeine Art Bewußtseinseinserfahrung hervorrufen.

Damit solche Debatten präzisiert werden können, müssen wir eine klar umrissene Vorstellung davon haben, was mit einer „Berechnung" *gemeint* ist. Es gibt auch eine mathematisch exakte Definition. Sie kann im Rahmen von Operationen einer sogenannten *Turing-Maschine* ausgedrückt werden. Eine Turing-Maschine ist ein mathematisch idealisierter Computer – idealisiert insofern, daß er unendlich lange laufen kann, ohne zu verschleißen oder langsam zu werden, daß er nie Fehler macht und – als Wichtigstes – daß er unbegrenzte Speicherkapazität hat. (Dementsprechend müssen wir uns vorstellen, daß immer die Möglichkeit besteht, mehr Speicher hinzuzufügen, falls wir Gefahr laufen, daß er knapp wird.) Ich schlage keine exaktere Definition für eine Turing-Maschine vor als diese, da uns der Begriff „Computer" uns heutzutage einigermaßen vertraut ist. (Weitere Details sind beispielsweise bei Penrose 1989 beschrieben.)

Was den Begriff des „Bewußtseins" betrifft, werde ich hier keinen Versuch einer Definition unternehmen. Was auch immer Bewußtsein ist, es ist etwas, das notwendigerweise vorhanden sein muß, wenn wir *verstehen* – insbesondere wenn wir einen mathematischen Beweis verstehen. Mehr brauchen wir über den Bewußtseinsbegriff nicht zu sagen.

Warum behaupte ich, daß die Auswirkungen bewußter Überlegung mit Rechenprozeduren nicht einmal *simuliert* werden können? Meine eigenen Motive gehen zuvorderst auf das berühmte Theorem Kurt Gödels (1931) zurück. Gödels Theorem beinhaltet klar, daß mathematisches Verständnis nicht auf eine Reihe bekannter und vollständig vertrauter Rechenregeln reduziert werden kann. Man kann darüber hinausgehen und argumentieren, daß keine erkennbare Zusammenstellung von bloßen Rechenabläufen zu einem computergesteuerten Roboter führen könnte, der echtes mathematisches Verständnis besitzt. Solche Vorschriften könnten nicht nur wohlüberlegte algorithmische „abwärts"-Anweisungen (*top-down*) beinhalten, sondern auch etwas lockerere „aufwärts"-Lernverfahren (*bottom-up*). Es ist hier nicht der geeignete Rahmen, um in Details einzusteigen. Die vollständige Diskussion findet man bei Penrose (1994).

Es wäre unsinnig anzunehmen, daß mathematisches Verständnis im Gegensatz zu anderen Arten menschlichen Verstehens durch eine spezielle Besonderheit gekennzeichnet wäre, sofern es die Nicht-Berechenbarkeit durch Computer betrifft. Entsprechend heißt das: Die Nicht-Berechenbarkeit unseres mathematischen Verständnisses schließt vermutlich ein, daß *jede* Art menschlichen Verständnisses ebenso durch nicht-berechenbare Mittel zustande kommt. Desgleichen scheint es mir unsinnig anzunehmen, daß man die verschiedenen anderen Gesichtspunkte menschlichen Bewußtseins rechnerisch in irgendeiner Form besser erklären könnte als die Fähigkeit zu verstehen. Schließlich bin ich überzeugt, daß Tiere – wenigstens etliche Arten – ebenfalls Bewußtsein haben, und folglich müssen sie auch nach nicht-rechnerischen Regeln handeln.

Die zwei Ebenen physikalischer Abläufe

Für den Rest unserer Diskussion wollen wir es einfach hinnehmen, daß unsere Gehirne nicht-rechnerisch handeln, wenn wir uns in bewußten Denkprozessen ergehen. Gleichfalls wollen wir akzeptieren, daß unsere Gehirnvorgänge von ganz und gar denselben physikalischen Gesetzen bestimmt werden, die dem Verhalten unbelebter Materie zugrunde liegen. Dann sind wir mit der Bedingung konfrontiert, daß es also physikalische Vorgänge geben muß, die zwar physikalischen Gesetzen unterliegen, die jedoch *prinzipiell* nicht vollständig rechnerisch simuliert werden können. Welche Vorgänge könnten dies sein?

Zuerst müssen wir versuchen herauszufinden, ob es innerhalb der heutzutage verstandenen physikalischen Gesetze Raum für zweckmäßiges, nicht durch Computer erfaßbares Verhalten gibt. Wenn wir herausfinden, daß diese Gesetze diesen Raum nicht bieten können, müssen wir über den Horizont dieser Gesetze hinaussehen, damit wir die notwendigen, nicht-berechenbaren Prozesse entdecken. Weiterhin müssen wir nach einem plausiblen Ort fragen, wo solch eine nicht-rechnerische Physik wichtigen Einfluß auf die Funktionsweise unserer Gehirne haben könnte.

Welches Bild vermitteln uns denn die heutigen Physiker vom Verständnis der genauen Art und Weise, wie sich die physikalische Welt verhält? Sie werden gewöhnlich behaupten, daß auf der untersten Ebene die Gesetze der Quantenmechanik gelten müssen. Gemäß der Darstellung von Schrödinger wird der Zustand der Welt zu irgendeinem Zeitpunkt durch einen *Quantenzustand* beschrieben (häufig symbolisiert durch den Buchstaben ψ oder in Diracs Schreibweise $|\psi\rangle$, der eine gewichtete Kombination aller alternativ möglichen Verhaltensweisen bezeichnet, die das betrachtete System annehmen *könnte*. Es ist keine mit der Wahrscheinlichkeit gewichtete Kombination, weil die Gewichtungsfaktoren *komplexe Zahlen* sind (das heißt Zahlen der Form $a+ib$, wobei $i^2=-1$, a und b seien gewöhnliche reelle Zahlen). Darüber hinaus wird die zeitliche Entwicklung des Quantenzustands durch eine klar umrissene deterministische Gleichung, die sogenannte *Schrödinger-Gleichung*, bestimmt. Die Schrödinger-Gleichung ist eine *lineare* Gleichung (die diese komplexen Gewichtungsfaktoren unverändert läßt). Für gewöhnlich wird man davon ausgehen, daß sie eine *berechenbare* Entwicklung (Lösung) für den Quantenzustand liefert. Nach diesem Verständnis stellt uns die Quantentheorie keine im wesentlichen nichtberechenbaren Aufgaben.

Dennoch ermöglicht die Lösung der Schrödinger-Gleichung für sich allein kein Weltbild, das auf der klassischen Beobachtungsebene Sinn ergibt (wie Schrödinger selbst betonte). Die Regeln der linearen Quantenüberlagerung (Superposition) scheinen nur für Zustände zu gelten, die sehr wenig voneinander abweichen. Zwei Zustände, die sehr stark voneinander abweichen – wie etwa zwei sichtbar verschiedene Aufenthaltsorte eines Golfballs –, scheinen in der linearen Überlagerung nicht zu existieren. Ein Golfball zum Beispiel hat diesen Aufenthaltsort oder jenen. Man wird ihn nicht an zwei Orten zugleich finden. Ein Elektron oder ein Neutron dagegen *kann* in der Überlagerung zweier völlig verschiedener Aufenthaltsorte gleichzeitig existieren (mit komplexen Gewichtungsfaktoren). Zur Bestätigung sind viele Experimente durchgeführt worden.

Es sieht also so aus, daß es zwei Ebenen physikalischer Phänomene gibt. Einerseits gibt es im „kleinen Maßstab“ die *Quantenebene*. Auf ihr können Teilchen, Atome oder sogar Moleküle in diesen merkwürdigen, mit komplexen Zahlen gewichteten Überlagerungen existieren. Andererseits gibt es noch die *klassische* Ebene, auf der die eine oder die andere Sache passieren kann, jedoch erleben wir keine komplexen Kombinationen der Alternativen. Insbesondere ist ein Golfball ein Objekt auf der klassischen Ebene.

Natürlich sind auch klassische Objekte wie Golfbälle aus Bestandteilen der Quantenebene wie Elektronen und Protonen zusammengesetzt. Wie kann es sein, daß es sowohl eine Gruppe von Regeln für die Bestandteile als auch eine andere für das Gesamtobjekt selbst geben kann? Dies ist tatsächlich ein heikles Problem, das in der heutigen Physik noch nicht vollständig gelöst ist. Ich werde gleich auf das Thema zurückkommen; im Moment ist es aber am besten, wenn wir einfach festhalten, daß es tatsächlich zwei Ebenen physikalischen Verhaltens gibt und daß jede von anderen Gesetzen bestimmt wird.

Wie überbrückt man diese Ebenen?

Auf der Quantenebene beschreibt man ein physikalisches System mathematisch durch den Quantenzustand $|\psi\rangle$, worauf oben hingewiesen wurde – manchmal nennt man das die Wellenfunktion des Systems. Solange das System auf der Quantenebene verbleibt, entwickelt sich dieser Zustand mit der Zeit (in der Darstellung von Schrödinger) gemäß der deterministischen und berechenbaren Schrödinger-Gleichung. Ich bezeichne diese Lösung mit **U** (*unitary*, „unitär“). Auf der vollständig klassischen Ebene sind die

Gesetze, die die physikalischen Objekte beherrschen, die Gesetze von Newton (für die alltäglichen Bewegungen gewöhnlicher Objekte), von Maxwell (für das Verhalten elektromagnetischer Felder) und Einstein (sobald Geschwindigkeiten und Graviationspotentiale groß werden). Für all diese klassischen Beschreibungen benutze ich die Bezeichnung **C** (*classical*). Wiederum sind diese Gesetze deterministischer Natur und scheinen auch im wesentlichen *berechenbar* zu sein. (In meiner Aussage, daß **U** und **C** „berechenbar" sind, habe ich verschwiegen, daß sowohl **U** als auch **C** mit stetigen statt mit diskreten Parametern arbeiten, die für die Turing-Berechenbarkeit Bedeutung haben. Wir dürfen annehmen, daß geeignete diskrete Näherungen an **U** und **C** für diesen Zweck verwendet werden können. Allerdings ist dies im Falle von **C**, das häufig chaotisch ist, weniger leicht möglich als für das lineare **U**.)

Aber wie kann man in der physikalischen Standardtheorie mit Vorgängen umgehen, die beide Ebenen gleichzeitig betreffen? Nehmen Sie zum Beispiel an, daß ein physikalisches System so fein ausbalanciert ist, daß das Verhalten eines Bestandteils der Quantenebene einen makroskopischen klassischen Effekt auslösen kann. Das ist gerade die Situation, auf die sich die Quantentheorie mit dem Begriff „Quanten-Meßproblem" bezieht. Man braucht dafür eine Beschreibung, die sich von der unterscheidet, die die Schrödinger-Gleichung mit sich bringt. Man nennt dies *Reduktion des Zustandsvektors* (oder Kollaps der Wellenfunktion), und ich werde sie mit **R** bezeichnen. Die normale mathematische Vorgehensweise zur Beschreibung einer „Messung" in der Quantenmechanik beinhaltet einen augenblicklichen „Sprung" von einem Quantenzustand in den anderen. Aus diesem „Springen", das an jenem **R**-Vorgang der Quantentheorie beteiligt ist, resultieren all die Wahrscheinlichkeiten und Unsicherheiten der Entwicklung; die Entwicklung eines Systems, das vollständig auf der Quantenebene verharrt, läßt sich mit dem durch und durch deterministischen und berechenbaren **U**-Verfahren beschreiben.

Bei jeder einzelnen Quantenmessung werden die verschiedenen möglichen Ergebnisse durch die spezifische Natur der ausgeführten Messung mitbestimmt. Die Theorie sagt uns nur, daß es gewisse Wahrscheinlichkeiten für die möglichen Ergebnisse gibt, wobei diese Wahrscheinlichkeiten durch den speziellen Quantenzustand festgelegt werden, der gerade einer Messung unterzogen wird. Die Theorie macht keine definierte Aussage darüber, *welches* der möglichen Ergebnisse auftritt (außer in besonderen Situationen, wo die Wahrscheinlichkeiten 1 oder 0 sind). Mehr als *Wahrscheinlichkeitsangaben* liefert die Theorie in bezug auf die Meßergebnisse nicht. Innerhalb der Grenzen, die diese Wahrscheinlichkeiten vorgeben, ist das Systemverhalten vollkommen *zufällig*, wann immer eine Messung durchgeführt wird.

Demnach sagt uns die heutige physikalische Theorie, daß die Objekte dieser Welt sich größtenteils vollkommen berechenbar verhalten, außer daß von Zeit zu Zeit (das heißt, wenn eine „Messung“ – oder etwas Ähnliches – stattfindet) ein zusätzlicher, ganz und gar zufälliger Bestandteil im Systemverhalten vorkommt. Ohne diesen zufälligen Bestandteil würde man jedes physikalische System als *rechnerisch* in dem Sinne ansehen, daß eine Turing-Maschine gebaut werden könnte, die sich dem Systemverhalten so weit wie gewünscht annähert. Folglich dürfen wir ein allgemeines physikalisches System – so weit unsere heutigen Beschreibungen reichen – als etwas betrachten, das sich wie eine Turing-Maschine mit einem Zufallsgenerator verhält.

Im Endefekt bringt uns ein „Zufallsgenerator“ in diesem Sinne jedoch nichts, was jenseits der Turing-Berechenbarkeit angesiedelt ist. In der Praxis kann wirkungsvolles Zufallsverhalten durch sogenannte „Pseudo-Zufalls“-Prozeduren erreicht werden. Rechenprozeduren verhalten sich dabei für alle Absichten und Zwecke wie zufällig. Gewöhnlich führt man eine Art „chaotische Rechnung“ durch, die, obwohl sie vollständig rechnerisch ist, sehr entscheidend von einem Startparameter abhängt. Man könnte zum Beispiel die genaue *Zeit* (wie sie die Uhr im Computer mißt) als Startparameter nehmen. Das Ergebnis ist dann tatsächlich vollständig zufällig, obwohl es das Rechenergebnis einer Turing-Maschine wäre. In der Praxis besteht kein Unterschied zwischen einer „Pseudo-Zufalls“-Rechnung dieser Art und einer echten Zufallseingabe.

Das Bild der physikalischen Realität, das eine Sache abgibt, die genauestens mit einer Turing-Maschine mit Zufallseingabe – oder einer Pseudo-Zufallseingabe – modelliert werden könnte, liefert uns dennoch nicht die Art von *Nicht-Berechenbarkeit*, von der die „Gödelschen“ Argumente im ersten Abschnitt sagen, daß sie für die Vorgänge eines bewußten Gehirns nötig sind. Ist aber „reiner Zufall“, den uns die Standardtheorie vorgibt, *wirklich* das, was in einem physikalischen System vor sich geht? Die schwächste Stelle unseres heutigen physikalischen Weltbildes, zumindest auf der Ebene, die für die Gehirnfunktion relevant ist, liegt tatsächlich im zufälligen **R**-Prozeß. Vielleicht ist der heutige Gebrauch eines ganz und gar zufälligen **R** nur ein Notbehelf? Meiner Ansicht nach ist dies in der Tat so, und einige neue Einsichten in die Physik sowie eine *neue* physikalische Theorie sind nötig, um die Lücke zwischen **U** und **C** zu überbrücken. Tatsächlich wächst die Zustimmung unter Physikern (noch ist es eine Minderheit), daß etwas getan werden muß.

Der Zustandsreduktionsansatz nach Ghirardi, Rimini und Weber

Einer der entsprechend den Bestrebungen dieser Art vielversprechendsten Modifikationsvorschläge für die Regeln der Quantentheorie ist der von Giancarlo Ghirardi, Alberto Rimini und Tullio Weber (GRW). In ihrem ursprünglichen Ansatz (Ghirardi, Rimini und Weber 1986) schlugen sie folgendes vor: Obwohl man die Wellenfunktion eines Teilchens entsprechend der Schrödinger-Gleichung **U** für die *meisten* Fälle lösen könne, gebe es eine geringe Wahrscheinlichkeit dafür, daß die Wellenfunktion einen „Stoß" erlitte, wodurch sie mit einer weiteren Funktion multipliziert würde, die von einer sogenannten Gauß-Funktion abhängt In dieser Theorie kommen zwei willkürlich gewählte Parameter vor, von denen einer (λ genannt) die Breite der Gauß-Funktion festlegt, während der andere (genannt τ) die Rate bestimmt, mit der diese Stöße wohl auftreten. Man nimmt an, daß die Lokalisation der Spitze der Gauß-Funktion zufällig ist, allerdings mit einer Wahrscheinlichkeitsverteilung, die bestimmt wird durch das Absolutquadrat der Wellenfunktion zu dem Zeitpunkt, wenn sie den „Stoß" erfährt. So erreicht man eine Übereinstimmung mit der Standard-„Absolutquadrat-Regel", welche die Wahrscheinlichkeiten der herkömmlichen Quantentheorie bestimmt.

Im ursprünglichen GRW-Vorschlag wird der Wert von τ so gewählt, daß ein einzeln vorliegendes Teilchen nur alle 108 Jahre einen „Stoß" erleiden würde. Es gibt also für übliche Zeitmaßstäbe keinen Konflikt zu quantenmechanischen Standardbeschreibungen einzelner Teilchen (weshalb zum Beispiel die Neutronenbeugungsexperimente von Zeilinger et al. (1988), mit GRW in Einklang stehen). Jedoch muß für Systeme mit großer Teilchenzahl das Phänomen der *Quantenverschränkung* (*quantum entanglement*; auch Quantenkorrelation genannt) mitberücksichtigt werden. Ich werde dieses wichtige Phänomen gleich beschreiben, aber im Augenblick wollen wir nur die Tatsache in Betracht ziehen, daß sich die Wellenfunktion eines Systems mit vielen Teilchen in der Standard-Quantentheorie auf das System in seiner Gesamtheit beziehen muß, das heißt, es gibt nicht einfach eine separate Wellenfunktion für jedes einzelne Teilchen. Deshalb reduziert man im Falle eines Objekts der klassischen Ebene mit einer großen Anzahl Teilchen (etwa eines Golfballes) die *gesamte* Wellenfunktion des Objekts, sobald *eines* der konstituierenden Teilchen einen Stoß erleidet. Im Falle des Golfballes mit etwa 10^{25} Teilchen würde der Zustand in weniger als einer Nanosekunde reduziert werden. Also würde ein Quantenzustand, der aus der Überlagerung eines Golfballes an einem Ort und desselben Golfballes an einem anderen Ort besteht, in einem Zeitbereich von weniger als einer

Nanosekunde umgewandelt, und zwar *entweder* in den Quantenzustand, in dem sich der Golfball an einem dieser Orte befindet, *oder* in den Quantenzustand, in dem er sich am jeweils anderen aufhält.

Auf diese Weise löst der GRW-Ansatz eines der grundlegenden Probleme, auf die man mit der herkömmlichen Quantentheorie trifft: das *Paradoxon von Schrödingers Katze* (Schrödinger 1935a). In diesem Paradoxon wird eine Katze in die Quantenüberlagerung zweier Zustände gebracht. In einem dieser Zustände ist die Katze am Leben, im anderen tot. Die Standard-Quantentheorie behauptet – wenn man annimmt, daß die Entwicklung eines Quantenzustands nur nach dem **U**-Prozeß abläuft –, daß eine Überlagerung von lebenden und toten Katzen dauerhaft bestehen bleiben muß und sich nicht von einem in den anderen Zustand umwandeln kann. Nach dem GRW-Ansatz allerdings könnte sich der Zustand der Katze sehr wohl in den jeweils einen oder anderen umwandeln – in einem Zeitbereich deutlich unter einer Nanosekunde.

Verschränkte Zustände

Ein wichtiges Merkmal des obigen Systems ist die Abhängigkeit von der Tatsache, daß ein Quantenzustand, der eine Vielzahl von Teilchen betrifft sich wahrscheinlich in einem sogenannten *verschränkten Zustand* befindet. Ich werde diese Art Situation in Begriffen der sogenannten EPR-Phänomene (nach Einstein, Podolsky und Rosen) beleuchten. Sie dienen außerdem dazu, die im wesentlichen *nichtlokale* Natur der Quantenzustände im Verhältnis zum **R**-Prozeß zu betonen.

Stellen Sie sich ein Teilchen in einem Anfangszustand mit dem Spin 0 vor, das in zwei Teilchen mit Spin 1/2 zerfällt, die sich in entgegengesetzte Richtungen voneinander fortbewegen. Wenn man eine bestimmte Raumrichtung wählt und den Spin jedes dieser beiden Teilchen in dieser Richtung mißt, dann muß es so sein, daß man für jedes Teilchen ein zum anderen jeweils *entgegengesetztes* Ergebnis erhält – denn der kombinierte Zustand der Spins ist Null. Dies gilt für jede einzelne gewählte Richtung.

Es können noch kompliziertere Messungen durchgeführt werden, in denen eine *verschiedene* Spinrichtung für jedes der beiden Teilchen gewählt wird. In jedem Fall liefert die Messung nur das Ergebnis Ja oder Nein (weil ein Teilchen mit Spin 1/2 nur ein Bit Information in bezug auf seinen Spin mit sich trägt). Es gibt aber gewisse durch die Standard-Quantentheorie festgelegte Gesamtwahrscheinlichkeiten, daß die Ergebnisse für die zwei Teilchen *übereinstimmen* oder *nicht übereinstimmen* (genauer gesagt $1-\cos\theta:1+\cos\theta$, mit θ als dem Winkel zwischen den gewählten Winkeln).

Nun gibt es nach dem berühmten Theorem von John S. Bell (1964) eigentlich keine „lokale" Möglichkeit, die Gesamtwahrscheinlichkeiten zu erklären, welche die quantenmechanischen Vorhersagen für diese Meßwertpaare beschreiben, in denen jedes Teilchen als eine für sich stehende, getrennte Einheit betrachtet wird. Man muß einbeziehen, daß die zwei Teilchen auf eine rätselhafte Weise immer noch miteinander „verbunden" sind bis genau zu dem Zeitpunkt, zu dem eine Messung an dem einen oder dem anderen Teilchen ausgeführt wird. In Wirklichkeit bedingt die Messung, sobald sie an einem Teilchen durchgeführt wird, daß auch der Zustand des *anderen* Teilchens augenblicklich reduziert wird. Man kann sich den Zustand des Teilchenpaares nicht so vorstellen, daß ein spezieller Zustand des einen Teilchens zusammen mit einem anderen Zustand für das andere festgelegt ist. Das Teilchen*paar* hat einen Quantenzustand – einen *verschränkten* Zustand –, jedoch hat keines der beiden Teilchen einen eigenen Zustand für sich allein.

Das Phänomen der Quantenverschränkung wurde zuerst von Erwin Schrödinger (1935b) als ein allgemeines Merkmal von Quantensystemen beschrieben. Das Bellsche Theorem bereitete den Weg zur experimentellen Verifizierung von Quantenverschränkungen über große Abstände. Diese Effekte wurden in der Folge von einer ganzen Reihe von Experimentatoren beobachtet, am eindrucksvollsten von Alain Aspect und seinen Mitarbeitern (1982), die Verschränkungen über etwa zwölf Meter Abstand beobachten konnten.

Jedes gewöhnliche makroskopische Objekt, wie etwa die Katze in Schrödingers oben beschriebenem Gedankenexperiment, ist ebenfalls ein verschränktes System. Die einzelnen Teilchen im Körper der Katze haben nicht einen Zustand für sich allein, sondern sind Teil eines verschränkten Zustands der Katze als ganzer. Dies wäre tatsächlich eine Implikation herkömmlicher quantenmechanischer Beschreibungen. Nun benutzt der GRW-Ansatz dieselbe Art quantenmechanischer Beschreibung. Quantenverschränkungen sind tatsächlich ebenso ein Merkmal dieser Methode wie in der Standard-Quantenmechanik. Sobald auf diese Weise eines der Teilchen im Körper von Schrödinger Katze einen GRW-„Stoß" erleidet, wird der Zustand der ganzen Katze reduziert, so daß der Zustand der Katze entweder „tot" oder „lebendig" wird, statt eine Quantenüberlagerung beider Zustände zugleich zu sein.

Verschränkung mit der Umgebung

Faktisch ist der Zustand der Katze nicht von seiner Umgebung isoliert, und wir müßten berücksichtigen, daß die Verschränkungen nicht mit der Katze enden, sondern sich auch in ihre Umgebung erstrecken. Ferner wären viel mehr Teilchen an dieser durcheinandergebrachten Umgebung beteiligt als im Katzenkörper selbst. In Standard-Diskussionen des Meßprozesses kommt tatsächlich der Umgebung des Quantensystems eine sehr bedeutende Rolle zu. Die Standard-Argumentation lautet: Die genaue Quanteninformation (welche in sogenannten „Phasenbeziehungen" besteht), die eine Quantenüberlagerung von einer wahrscheinlichkeits-gewichteten Kombination unterscheidet, geht einfach in diesen Verflechtungen mit der Umgebung verloren. Folglich verhält sich eine Quantenüberlagerung *eigentlich* – John Bell nennt es „FAPP" (vom englischen *for all practical purposes* für „alle praktischen Zwecke") – wie eine wahrscheinlichkeitsgewichtete Kombination von Alternativen, sobald die Verschränkungen mit der Zufallsumgebung bedeutsam werden.

Allerdings erbringt dieses Standardargument nur die Beschreibung einer *Koexistenz* (FAPP) zwischen den Quantenprozessen **U** und **R** statt einer *Folgerung* von **R** aus **U**. (Dies wäre genaugenommen in jedem Fall unmöglich, und sei es nur, weil der **U**-Prozeß selbst keine Wahrscheinlichkeiten erwähnt.) Wir brauchen immer noch etwas, das über eine bloße deterministische Lösung **U** der Schrödinger-Gleichung eines Systems hinausgeht, wenn wir erklären sollen, wie sich physikalische Objekte wirklich verhalten (wie Schrödinger selbst betonte). Was Ansätze wie der von Ghirardi, Rimini und Weber zu erzielen versuchen, ist eine Darstellung, in welcher der physikalisch beobachtete **R**-Prozeß – oder etwas sehr Ähnliches – Teil der tatsächlichen physikalischen Entwicklung eines Systems wird.

Tatsächlich träten dem GRW-Ansatz zufolge die „Stöße" normalerweise zuerst in der Systemumgebung auf. Die Verschränkungen dieser Umgebung mit dem System würden sich im Reduktionsprozeß **R** auswirken und somit im System selbst wirksam werden. Zum Beispiel wäre ein DNA-Molekül weitaus zu klein, daß „Stöße" für die einzelnen Nucleotide des Moleküls selbst bedeutsam werden könnten. Ohne „Stöße" in der verschränkten Umgebung, die eine zusätzliche Rolle spielen, gäbe es nichts, das eine bestimmte Reihenfolge der Nucleotide in der DNA festlegen würde; vielmehr wäre sie nur eine bestimmte Quantenüberlagerung einer Menge verschiedener Nucleotide!

Ein nicht-berechenbarer Reduktionsansatz für die Gravitation?

Nichts von alldem sagt irgend etwas über die Rolle der Nicht-Berechenbarkeit bei physikalischen Vorgängen aus, für deren Notwendigkeit ich im ersten Abschnitt so heftig eingetreten bin. Ich habe bis hierher nur auf eine wichtige Lücke in unserem physikalischen Verständnis hingewiesen – nämlich an der Grenze zwischen klassischem und Quantenweltbild – und einen bestimmten Vorschlag (den GRW-Ansatz) erläutert, der die Lücke zu schließen versucht. Ich glaube es gibt gute Gründe für die Annahme, daß die Physik, die diese Lücke tatsächlich schließen wird, sich aus der geeigneten Vereinigung zwischen der Quantentheorie und Einsteins allgemeiner Relativitätstheorie ergeben muß. Daß diese Vereinigung auf eine Abänderung von Einsteins Gravitationstheorie (in sehr kleinen Abstandsbereichen) hinauslaufen würde, ist allgemein akzeptiert. Weniger geläufig ist der Standpunkt, daß die Standardregeln der (**U**-)Quantentheorie ebenfalls verändert werden müssen, wenn man eine geeignete Vereinigung findet, so daß die Erscheinung der Zustandsvektorreduktion **R** sich als Quanten-Gravitationserscheinung herausstellen würde (vergleiche Komar 1969; Károlyházy, 1974; Károlyházy et al. 1986; Diósi 1989; Ghirardi et al. 1990; Penrose 1989, 1993, 1994).

Wenn man hinnimmt, daß die fehlende Theorie, die als Ersatz für den Lückenbüßer **R** gebraucht wird, eine Theorie über die Gravitation ist, dann wird man zu zuverlässigen „Größenordnungs"-Schätzungen der Ebenen und Zeitmaßstäbe kommen, auf denen sich **R** tatsächlich abspielen müßte. (Es gibt auch einige indirekte – und ziemlich vorläufige – Hinweise, daß eine derartige Theorie durchaus von nicht-rechnerischer Natur sein könnte; Penrose 1995).

Um ein Verständnis für die Ebene zu entwickeln, auf der eine solche Theorie Bedeutung erlangen sollte, betrachten Sie die Situation, in der ein festes Materiekügelchen in einer linearen Quantenüberlagerung zweier Aufenthaltsorte plaziert wird. Ich werde davon ausgehen, daß diese Überlagerung wie ein instabiles Teilchen oder ein instabiler Atomkern ist, also eine bestimmte Halbwertszeit und zwei getrennte Zerfallsarten hat. In einer dieser Zerfallsarten zerfällt der Überlagerungszustand in den Zustand, in dem das Kügelchen einen der beiden betrachteten Aufenthaltsorte einnimmt. In der anderen Zerfallsart zerfällt der Zustand so, daß das Kügelchen den anderen Ort einnimmt. Um die Halbwertszeit dieses Zerfalls zu schätzen, betrachten wir die Energie, die nötig wäre, um die zwei Kügelchen der beiden Zustände voneinander zu entfernen. Dabei gehen wir von einer übereinstimmenden Position über zur räumlichen Trennung, die in den betrachteten Überlagerungen vorliegt. Wir beziehen nur die Wirkung ein, die das *Schwere*feld des einen Kügelchens auf das andere ausübt (vergleiche auch Diósi 1989). Um mit anderen Worten dieselbe Sache auszudrücken, unter der Annahme, daß das Kügelchen sich starr bewegt: E ist die Gravitations-Selbstenergie der *Differenz* aus den Newtonschen Graviationsfeldern der Kügelchen in den zwei Fallbeispielen (Penrose 1994). Die Halbwertszeit T des Zerfalls des Überlagerungszustands in den einen oder den anderen Lokalisierungszustand hat dann die Größenordnung

$$T = \hbar / E,$$

wobei $\hbar$ das Plancksche Wirkungsquantum dividiert durch 2π ist.

Wir wollen dieses Beispiel in bestimmten einfachen Situation untersuchen. Wenn das Kügelchen nur aus einem einzigen Kernteilchen bestünde (der Teilchenradius sei in der Größenordnung eines Femtometers, das heißt 10^{-15} Meter), erhalten wir eine Zerfallszeit von etwa 10^7 Jahren – ähnlich wie aus dem ursprünglichen GRW-Ansatz. Für ein Kügelchen mit der Dichte von Wasser und einem Radius von einem Mikrometer erhalten wir für T etwa eine zwanzigstel Sekunde. Wäre dieser Radius 10^{-3} Zentimeter, ist T weniger als eine millionstel Sekunde, für einen Radius von 10^{-5} Zentimeter ein paar Stunden.

Dies wären jedoch, wie oben ausgeführt wurde, nur dann die Reduktionszeiten, wenn das Kügelchen von seiner Umgebung isoliert bleiben könnte. Wenn nennenswerte Mengen der umgebenden Materie gestört werden, könnte die Reduktionszeit viel kürzer sein.

Mein Vorschlag lautet: Wenn dieser Zustandsreduktionsansatz bedeutsame nicht-rechnerische Merkmale aufweisen soll, wäre es nötig, daß die Reduktion im *System* selbst stattfindet – ich werde dies *Selbstreduktion* nennen – statt in der Umgebung. Die Umgebung ist im wesentlichen vom Zufall geprägt, so die Idee, so daß alle wahrhaftig nicht-berechenbaren Merkmale durch diese Zufälligkeit verdeckt werden würden. Dies ist der Fall, solange es die Zustandsreduktion in der Umgebung des Systems ist, die (wegen der Verschränkungseffekte) den Systemzustand reduziert. In jeder normalen experimentellen Situation wäre es tatsächlich die Umgebung, die die Zustandsreduktion steuert, so daß wir keinen Unterschied zum normalen zufälligen Verhalten erkennen könnten, das so erfolgreich durch den standardmäßigen quantenmechanischen **R**-Prozeß beschrieben wird. Man bräuchte eine sehr sorgfältig organisierte Struktur für genügende Quantenisolation, so daß Selbstumwandlung stattfindet, bevor die Zufallsumgebung in den Vordergrund tritt. Solch eine Organisation wäre notwendig, damit es nennenswerte *nicht-rechnerische* Abweichungen vom normalen **R**-Prozeß gäbe, die nach den Ausführungen des ersten Abschnitts gebraucht würden.

Bisher hat kein physikalischer Versuchsaufbau auch nur näherungsweise die nötige Isolation erreicht.

Bedeutung für die bewußte Gehirnfunktion

Das soll nicht bedeuten, daß die Natur keinen Weg gefunden hätte, die notwendigen Bedingungen zu schaffen. Eigentlich müssen uns die Argumente des ersten Abschnitts zeigen, daß sie irgendwie einen solchen Weg gefunden *hat*. Die übliche Vorstellung von der Gehirnfunktion ist, daß sie vollständig in Begriffen von Nerven- und Synapsentätigkeit verstanden werden kann. Nervensignale scheinen ihre Umgebung entschieden zu stark zu stören, als daß die Isolation erreichbar wäre, die für die im letzten Abschnitt genannten Kriterien gebraucht wird. Aber was ist mit der Synapsentätigkeit? Die Wirkung der (zumindest aber einiger) Synapsen ist ständiger Änderung unterworfen. Welche Einflüsse steuern diese Änderungen? Es gibt viele unterschiedliche Möglichkeiten und Vorschläge, aber ein wichtiger Faktor scheint die Aktivität der *Mikrotubuli* im Cytoskelett der Neuronen zu sein.

Was sind Mikrotubuli? Sie sind feine röhrenartige Strukturen, die in eukaryotischen Zellen allgemein vorkommen und in ihnen viele unterschiedliche Rollen spielen. Zum Beispiel scheinen sie in einzelligen Tieren für die Kontrolle der Fortbewegung wichtig zu sein – wie dies für die ständige Formänderung in einer Amöbe der Fall ist. Mikrotubuli kommen in Neuronen vor und steuern die („amöbenähnliche“) Weise, mit denen diese sich mit anderen Neuronen verbinden. Die Mikrotubuli erstrecken sich das Axon (vielleicht nicht alle an einem Stück) und die Dendriten entlang, in jedem Fall ganz in enger Nachbarschaft zu den Synapsen. Sie transportieren verschiedene Moleküle an sich entlang – speziell die Neurotransmittersubstanzen, die unbedingt für die Fortleitung von Nervensignalen über die Synapsen hinweg nötig sind.

Mikrotubuli bestehen aus einem erdnußförmigen Protein, dem sogenannten *Tubulin* (etwa 8 Nanometer × 4 Nanometer × 4 Nanometer groß), wobei die Tubulineinheiten in einem leicht schraubenförmigen hexagonalen Gitter angeordnet sind. Jedes Tubulin ist ein „Dimer“ aus zwei Untereinheiten, dem „α-Tubulin“ und dem „β-Tubulin“. Ein Tubulindimer kann in (mindestens) zwei Zuständen vorliegen – sogenannten „Konformationen“. (Offenkundig hängen die Konformationen von der Lokalisation eines Elektrons ab, das zentral in einer „hydrophoben Tasche“ zwischen den beiden Untereinheiten plaziert ist.) Hameroff und Watt (1982; siehe auch Hameroff 1987) haben vorgeschlagen, daß diese Konformationen den einzelnen Mikrotubuli computerartige Eigenschaften verleihen, wobei die beiden Konformationen des Dimers sich wie „An“-und „Aus“-Zustände verhalten und die Bits „0“ und „1“ wie in einem Computer verschlüsseln. Komplizierte Signale könnten an den Mikrotubuli in der Art und Weise eines zellulären Automaten weitergeleitet werden. Zelluläre Automaten sind bestimmte mathematische Modelle, die eine räumliche Aneinanderreihung gleichartiger Strukturelemente – den „Zellen“ – aufweisen. Mit simulierten einfachen Wechselwirkungen zwischen benachbarten „Zellen“ kann man Struktur- und Musterbildungen nachvollziehen.

Dies beschreibt soweit die Möglichkeit *computer*artiger Vorgänge mit ungeheuer viel größerer Leistungsfähigkeit, als sie der Fall wäre, wenn man einzelne Neuronen als einzige „Recheneinheiten“ nähme. (Die Tubulinkonformationen ändern sich etwa millionenmal schneller als neuronale Signale, und es gibt etwa zehn Millionen Tubulinmoleküle pro Neuron.) Trotzdem brauchen wir noch etwas mehr, wie aus der vorangehenden Diskussion hervorgeht, nämlich einen Raum für einen *nicht-rechnerischen* Vorgang; einen Vorgang, der nur auftreten könnte, wenn ein makroskopischer, im Quantenbereich kohärenter Zustand in einer isolierten Umgebung genügend lange gehalten werden kann, so daß der Quantenzustand (oder mindestens Teile davon) *selbst-kollabieren* kann, statt aufgrund der Verschränkung mit der Umgebung zu kollabieren. Können Mikrotubuli ein plausibles Medium für diese Art physikalischen Vorgang darstellen? Ich bin überzeugt, daß es gute Aussichten dafür geben dürfte. Es sei daran erinnert, daß Mikrotubuli *Röhren* sind. Es besteht die Möglichkeit, daß eine Art Quantenoszillation *innerhalb* der Röhren stattfindet (Hameroff 1974; del Giudice et al. 1983; Hameroff 1987; Jibu et al. 1994; siehe auch Fröhlich 1968). Diese Oszillationen könnten schwach mit den Konformationsänderungen gekoppelt sein, die entlang der Röhren oder der Tubulindimere stattfinden. Die Quantenoszillationen innerhalb der Röhren würden wahrscheinlich keine größeren Massenverschiebungen beinhalten. Es könnten aber Situationen auftreten, in denen die Kopplung mit den Tubulinkonformationen genügend stark wird, daß die Massenverschiebungen gerade eben für einen Selbst-Kollaps ausreichen. Die hier vorgestellte Sichtweise sagt aus, daß eine Nicht-Berechenbarkeit in diesem Selbst-Kollaps liegt und daß bewußte Ereignisse in gewisser Weise mit diesem Prozeß in Verbindung gebracht werden sollen.

Natürlich beinhalten diese Vorschläge ein gehöriges Maß an Spekulation, aber es scheint mir, daß man *irgendetwas* dieser allgemeinen Art braucht. Eine wesentlich vollständigere Darstellung dieser Überlegungen kann man bei Penrose (1994) sowie in einem weiteren, in Vorbereitung befindlichen Artikel von Hameroff und Penrose finden.

Literatur

Aspect, A.; Grangier, P.; Roger, G. *Experimental Realization of Einstein-Podolsky-Rosen-Bohm Gedankenexperiment: A New Violation of Bell's Inequalities.* In: *Physical Review Letters 48* (1982) S. 91–94

Bell, J. S. *On the Einstein-Podolsky-Rosen Paradox.* In: *Physics* 1 (1964) S. 195–200. [Nachdruck in: Wheeler, J. A.; Zurek, W. H. (Hrsg.) *Quantum Theory and Measurement.* Princeton (Princeton University Press) 1983.]

Giudice, E. del; Doglia, S.; Milani, M. *Self-Focusing and Ponderomotive Forces of Coherent Electric Waves – A Mechanism for Cytoskeleton Formation and Dynamics.* In: Fröhlich, H.; Kremer, F. (Hrsg.) *Coherent Excitations in Biological Systems.* Berlin (Springer) 1983.

Diósi, L. *Models for Universal Reduction of Macroscopic Quantum Fluctuations.* In: *Physical Review* A 40 (1989) S. 1165–1174.

Fröhlich, H. *Long-Range Coherence and Energy Storage in Biological Systems.* In: *International Journal of Quantum Chemistry* II (1968) S. 641–649.

Ghirardi, G. C.; Rimini, A.; Weber, T. *Unified Dynamics for Microscopic and Macroscopic Systems.* In: *Physical Review* 34 (1986) S. 470.

Ghirardi, G. C.; Grassi, R.; Rimini, A. *Continuous-Spontaneous-Reduction Model Involving Gravity.* In: *Physical Review* A 42 (1986) S. 1057–1064.

Gödel, K. *Über formal unentscheidbare Sätze der Principia Mathematica und verwandter Systeme I.* In: *Monatshefte für Mathematik und Physik* 38 (1931) S. 173–198.

Hameroff, S. R. Chi: *A Neural Hologram?* In: *American Journal of Clinical Medicine* 2/2 (1974) S. 163–170.

Hameroff, S. R. *Ultimate Computing. Biomolecular Consciousness and Nano-Technology.* Amsterdam (North Holland) 1987.

Hameroff, S. R.; Watt, R. C. *Information Processing in Microtubules.* In: *Journal of Theoretical Biology* 98 (1982) S. 549–561.

Jibu, M; Hagan, S.; Hameroff, S. R.; Pribam, K. H.; Yasue, K. *Quantum Optical Coherence in Cytoskeletal Microtubules: Implications for Brain Function.* In: *BioSystems* 32 (1994) S. 195–209.

Károlyházy, F. *Gravitation and Quantum Mechanics of Macroscopic Bodies.* In: *Magyar Fizikai Polyoirat* 12 (1974) S. 24.

Károlyházy, F.; Frenkel, A.; Lukács, B. *On the Possible Role of Gravity on the Reduction of the Wave Function.* In: Penrose, R.; Isham, C. J. (Hrsg.) *Quantum Concepts in Space and Time.* Oxford (Oxford University Press) 1986.

Komar, A. B. *Qualitative Features of Quantized Gravitation.* In: *International Journal of Theoretical Physics* 2 (1969) S. 157–160.

Penrose, R. *The Emperor's New Mind: Concerning Computers, Minds, and the Laws of Physics.* Oxford (Oxford University Press) 1989. [Deutsche Ausgabe: *Computerdenken. Des Kaisers neue Kleider oder die Debatte um künstliche Intelligenz,*

Bewußtsein und die Gesetze der Physik. Heidelberg (Spektrum Akademischer Verlag) 1991.]

Penrose, R. *Gravity and Quantum Mechanics*. In: Gleiser, R. J.; Kozameh, C. N.; Moreschi, O. M. (Hrsg.) *General Relativity and Gravitation 1992. Proceedings of the Thirteenth International Conference on General Relativity and Gravitation held at Cordoba, Argentina, 28 June–4 July 1992. Part 1: Plenary Lectures*. Bristol (Institute of Physics Publishing) 1993.

Penrose, R. *Shadows of the Mind: An Approach to Missing Science of Consciousness*. Oxford (Oxford University Press) 1994. [Deutsche Ausgabe: *Schatten des Geistes. Wege zu einer neuen Physik des Bewußtseins*. Heidelberg (Spektrum Akademischer Verlag) 1995.]

Schrödinger, E. *Die gegenwärtige Situation in der Quantenmechanik*. In: *Naturwissenschaften* 23 (1935a) S. 807–812, S. 823–828, S. 844–849.

Schrödinger, E. *Probability Relations Between Separated Systems*. In: *Proceedings of the Cambridge Philosophical Society* 31 (1935b) S. 555–563.

Schrödinger, E. *Mind and Matter*. Cambridge (Cambridge Univeristy Press) 1958. [Deutsche Ausgabe: *Geist und Materie*. Nachdruck Zürich (Diogenes) 1994.]

Zeilinger, A.; Gaehler, R.; Schull, C. G. Mampe, W. *Single and Double Slit Diffraction of Neutrons*. In: *Reviews in Modern Physics* 60 (1988) S. 1067.

10. Gibt es eine Evolution der Naturgesetze?

Walter Thirring

Institut für Theoretische Physik, Universität Wien

Vieles in der Natur, das einst als ewig und unveränderlich galt, die Fixsterne, das Atom oder auch eine Größe wie die Masse, stellte sich später als bloß temporäre Form heraus. Das einzige Objekt der Physik, dem man heute noch ewige Gestalt zubilligt, ist das Naturgesetz. In meinem Beitrag zu einem Symposium der Päpstlichen Akademie über *Understanding Reality: The Role of Culture and Science* habe ich versucht darzulegen, daß dem nicht zwangsläufig so ist und daß sich auch die Naturgesetze im Verlauf der Geschichte des Universums entwickeln könnten. Hier möchte ich diese kleine Häresie einem breiteren wissenschaftlichen Publikum vorstellen; nicht als ewige Wahrheit, aber als eine Möglichkeit, die mir des Nachdenkens und der Diskussion wert scheint.

Heute kennt die Physik Gesetze, welche sowohl die winzigsten Teile der materiellen Welt als auch ihre unermeßliche Weite beschreiben. Daß diesen Gesetzen keine heute bekannten Phänomene widersprechen, ist kaum verwunderlich. Geschah dies doch einmal, so hatte die Physik die Gesetze derart zu berichtigen, daß sie wieder mit den bis dato unerklärten Ereignissen in Einklang waren. Das Überraschende ist vielmehr, daß dieser graduelle Ausdehnungsprozeß die Gesetze sowohl verallgemeinert als auch vereinheitlicht hat. So tritt die Quantenmechanik bei atomaren Systemen an die Stelle der klassischen Mechanik, enthält letztere aber als einen Grenzfall. In ähnlicher Weise enthält die Elementarteilchenphysik die Atomphysik als „Niederenergielimes". Dies veranlaßt viele Leute zu glauben, daß an der Spitze dieser Pyramide eine „Urgleichung" (in Heisenbergs Worten; heute firmiert diese Ansicht unter „T. O. E. = Theory of Everything") stünde, die alles enthalte.

Wie dem auch sei; ob die T. O. E. eines Tages gefunden wird oder auf ewig ein Trugbild bleibt, es findet sich doch immer in ihrem Gefolge eine Pyramide von Gesetzen, die auf bestimmte Raum- und Zeitskalen bezogen sind

– manche mit eingeschränktem, andere mit weitem Anwendungsbereich. Auch Biologen sprechen von verschiedenen Gesetzesebenen (Mayr 1988; Novikoff 1945; Weinberg 1987), außer daß sie die Pyramide auf den Kopf stellen. Je komplexer ein System, desto höher rangiert es für den Biologen. Insofern „oben" und „unten" unwillentlich ein Werturteil darstellen, zeigt sich hieran die unterschiedliche Haltung von Physikern und Biologen gegenüber der Komplexität.

Der Anspruch auf eine T. O. E. muß natürlich im Rahmen unseres gegenwärtigen Denkens verstanden werden. Um die Gesetze der Physik zu formulieren, ist es ratsam, die Sprache der Quantentheorie zu benutzen und von Observablen und Zuständen zu sprechen. Für ein Punktteilchen etwa sind seine Lage x und sein Impuls p die Observablen, wohingegen die Zustände aus der Schrödinger-Funktion folgen, die eine Wahrscheinlichkeitsverteilung für diese Observablen angibt. Die Observablen stellen eine objektive Realität dar und entwickeln sich deterministisch. Damit meine ich, daß eine Eins-zu-eins-Entsprechung zwischen diesen Größen zur Zeit t, $(x(t), p(t))$ und ihren anfänglichen Werten (x, p) existiert. Genauer gesagt, bilden die Transformationen $(x, p) \to (x(t), p(t))$ eine Einparametergruppe von Automorphismen der von (x, p) erzeugten Algebra, wobei die Zeit t der Gruppenparameter ist. Der Zustand, in dem sich ein bestimmtes physikalisches System befindet, spiegelt unser subjektives Wissen wider. In der Quantenmechanik ist er niemals vollständig – was zu einer gewissen Nichtvorhersagbarkeit führt (Ich möchte hier nicht das Wort „Kausalität" verwenden, da es eine andere philosophische Konnotation besitzt.) Trotz der deterministischen Zeitentwicklung kann nicht alles mit Sicherheit vorhergesagt werden, da bereits in der Gegenwart ein Körnchen Unsicherheit steckt. Für große Systeme wird diese erdrückend, weil wir immer nur einen kleinen Bruchteil aller Observablen messen können. Natürlich steht uns frei zu wählen, was wir messen wollen – aber in jedem Fall wird das nur ein kleiner Teil sein. Mathematisch bedeutet dies, daß der Zustand nur innerhalb einer schwachen Umgebung bestimmt werden kann.

Nichtsdestoweniger wird allgemein angenommen, daß die von der Urgleichung diktierte Zeitentwicklung die Dynamik des gesamten Universums enthält und alles festlegt. Ich möchte hier diese Ansicht durch eine andere ersetzen, die sich auf drei Thesen stützt:

1. Die Gesetze jeder niedrigeren Ebene der oben erwähnten Pyramide sind nicht vollständig von den Gesetzen der höheren Ebene bestimmt, obwohl letztere den Phänomenen der niedrigeren Ebene nicht widersprechen. Jedoch: Was wie eine fundamentale Tatsache auf einer Ebene aussieht, kann von der höheren Ebene aus gesehen als rein zufällig erscheinen.

2. Die Tatsachen der niedrigeren Ebene hängen mehr von den Umständen ab, auf die sie sich beziehen, als von den „höheren" Gesetzen. Allerdings können letztere notwendig sein, um interne Mehrdeutigkeiten der ersteren Ebene zu beseitigen.
3. Die Hierarchie der Gesetze hat sich zusammen mit der Evolution des Universums entwickelt. Neu geschaffene Gesetze existierten zu Beginn nicht als Gesetze, sondern nur als Möglichkeiten.

Ich erachte diese Vorschläge nicht für revolutionär, sondern als plausible Vermutungen gemäß unserem derzeitigen Wissensstand. Weit davon entfernt, sie mathematisch beweisen zu können, möchte ich sie an einigen Beispielen veranschaulichen. Einige davon gehören zu spekulativen Bereichen der Physik und könnten Phantasie bleiben. Diese sollten daher nur als Anschauungsmodelle meiner Vorschläge verstanden werden.

1. Es ist die Grundlage aller unserer Theorien, daß wir in einer Welt leben, die drei Raumdimensionen und eine Zeitdimension besitzt. Wissenschaftler und Schriftsteller haben mit viel Vergnügen das merkwürdige Leben in Welten anderer Dimension erkundet. Die derzeitige Ansicht deutet sogar darauf hin, daß die Welt an ihrem Beginn weit mehr Dimensionen hatte und daß durch eine Anisotropie nur drei derart gewaltig expandierten (Chodos und Detweiler 1980). Die anderen sind mittlerweile kollabiert und haben lediglich ihre Spuren in den inneren Symmetrien der Elementarteilchen hinterlassen. Diese Aufspaltung in $4 + x$ Dimensionen ist in keinster Weise in die „Urgleichung" eingraviert, da diese vollkommen symmetrisch in allen Dimensionen ist. Vielmehr ereignet sich in solchen höherdimensionalen Theorien die Aufspaltung zufällig. Auch ist sie genau so unvorhersagbar wie die Lage des ersten Tröpfchens in einem Kondensationsvorgang. Eine solche Unvorhersagbarkeit scheint der deterministischen Zeitentwicklung zu widersprechen. Schließlich brauche ich lediglich den gegenwärtigen Zustand in der Zeit zurückzuentwickeln, um denjenigen Anfangszustand exakt zu kennen, der zu den gegenwärtigen Verhältnissen führt. Jedoch kann man, wie oben erwähnt, für große Quantensysteme nur bestimmen, in welcher schwachen Umgebung ein Zustand liegt. Der Punkt ist nun, daß jede schwache Umgebung Zustände enthält, die sich in alle erdenkliche Richtungen entwickeln werden.
2. Obwohl der verbliebene, auf 10^{-33} cm eingeringelte innere Raum keinerlei Vorzugsrichtung hatte, wurde seine Symmetrie durch einen Phasenübergang gebrochen, so daß sich die fundamentale Wechselwirkung in starke, elektromagnetische und schwache Kraft aufspaltete (Barrow und Tipler 1986). Warum das gerade in nämlicher Weise geschah, war mit

Sicherheit nicht durch das ursprüngliche thermische Gleichgewicht bestimmt. Vielmehr mußte dieses potentiell alle Gesetze enthalten, die aus der einen oder anderen Symmetriebrechung hervorgehen konnten. Lange Zeit waren viele große Physiker davon besessen, eine Theorie zu finden, die die numerische Stärke dieser Wechselwirkungen erklärt, vor allem die berühmte Feinstrukturkonstante $2\pi e^2/hc = (137{,}0\ldots)^{-1}$. Bis jetzt sind all diese Versuche gescheitert, so daß diese Größen in der heutigen Vorstellung als zufällig erscheinen.

3. Die Dynamik von Vielteilchensystemen hängt nicht so sehr von der genauen Form der Wechselwirkung zwischen den Teilchen ab, sondern von einer Eigenschaft, die Stabilität genannt wird (Lieb 1991; Thirring 1986; Thirring 1990). Sie besagt, daß die potentielle Energie pro Teilchen von unten beschränkt ist, und zwar durch eine Energie, die unabhängig von der Teilchenanzahl ist. Ist diese Bedingung nicht erfüllt, bildet die Materie einen heißen Cluster, der schlußendlich in einem schwarzen Loch verschwinden könnte. Die Stabilität der gewöhnlichen Materie hängt entscheidend davon ab, daß das Elektron der Fermi-Statistik genügt. Wäre das Pion π^- leichter als das Elektron und damit das leichteste stabile geladene Elementarteilchen, wären wir in einer sehr eigentümlichen Lage. Wasserstoff = $p\,\pi^-$ wäre immer noch stabil, da das Proton ein Fermion ist; schwerer Wasserstoff (Deuterium) = $d\,\pi^-$ hingegen nicht, da das Paar von Proton und Neutron der Bose-Statistik folgt. Für N geladene Bosonen beträgt die Grundzustandsenergie ungefähr $-N^{7/5}$, so daß ein Mol Deuterium $10^{24\times 2/5} \approx 10^{9,6}$ mehr Energie pro Mol enthielte als gewöhnlicher Wasserstoff. In diesem Szenario verwandeln sich alle Kerne in Isotope gerader Massenzahl, und die Materie würde zu einem superdichten Plasma.
4. Für die Langzeitstabilität großer Strukturen wie des Sonnensystems sind Resonanzen maßgeblich (Siegel und Moser 1971). Befinden sich die Umlaufzeiten zweier Planeten in Resonanz, so wird der kleinere aus seiner Bahn geworfen. Das Schicksal der Erde wird daher von den zahlentheoretischen Eigenschaften des Verhältnisses der Umlaufzeiten anderer Planeten (insbesondere Jupiter) und des unsrigen bestimmt. Von geringer Bedeutung ist dabei, ob das Kraftgesetz Newtons $1/r^2$-Gesetz ist oder ein anderes. Für die Frage, wie lange die Erde noch sonnenbaden kann, ist daher die Zahlentheorie von größerer Bedeutung als die Feldtheorie der Gravitation.

Das Beispiel der Gravitation zeigt auch, warum man sich möglicherweise auf eine höhere Ebene berufen muß, um Mehrdeutigkeiten aufzulösen. Die Singularität des $-1/r$-Potentials macht es in der klassischen Physik unmöglich vorherzusagen, ob eine frontale Kollisionsbahn an der Singularität reflektiert wird oder schlichtweg durch sie hindurch geht. In der

Quantenmechanik ist diese Singularität für die Zeitentwicklung kein Problem und ihr klassischer Limes zeigt, daß erstere Alternative zutrifft.

Vorstehende Liste könnte beliebig um ähnlich geartete Beispiele verlängert werden. Statt dessen möchte ich einige allgemeinere Betrachtungen anfügen.

Um scheinbar widersprüchliche Tatsachen miteinander in Einklang zu bringen, mußte die Physik ihr Begriffsgerüst erweitern und verlor dadurch an Vorhersagekraft. So beschreibt zum Beispiel die Quantenmechanik Wellen- und Korpuskulareigenschaften von Teilchen um den Preis der Unschärferelationen. Eine „Urgleichung" – falls es so etwas überhaupt gibt – muß potentiell alle möglichen Verläufe, die das Universum hätte nehmen können, und somit alle möglichen Gesetze enthalten. Daher muß sie sicherlich sehr viel Spielraum lassen. Mit einer solchen Gleichung wäre die Physik in einer ähnlichen Lage wie die Mathematik der dreißiger Jahre, als Gödel gezeigt hatte, daß mathematische Gebilde vielleicht nicht inkonsistent sind, aber dennoch wahre Aussagen enthalten, die nicht beweisbar sind. In ähnlicher Weise wird die „Urgleichung" nicht der Erfahrung widersprechen – ansonsten würde sie modifiziert werden, aber sie wird bei weitem nicht alles festlegen. Im Verlauf der Evolution des Universums schufen sich die Umstände ihre eigenen Gesetze.

Man mag nun das Gefühl hegen, daß die oben diskutierten Ebenen alle lediglich verschiedene Realisierungen eines *fundamentaleren Prinzips* sind. Die Schwierigkeit, diese Intuition präziser zu fassen, liegt in einer guten Definition von „fundamental". So könnte man beispielsweise dafür eintreten, daß das fundamentale Prinzip der klassischen und der Quantenfeldtheorie in ihrer Lorentz-Invarianz besteht. Die Maxwell-Gleichungen oder auch die Yang-Mills-Gleichungen sind nur spezielle Mechanismen, dieses Prinzip zu entfalten. Aber es gilt nicht global; in der Allgemeinen Relativitätstheorie erfahren wir, daß Räume mit einer derart großen Isomorphismengruppe eine ziemliche Ausnahme darstellen. Oder noch schlimmer (vergleiche Punkt 1): Dimensionalität und Signatur der Raum-Zeit selbst könnten Ergebnis eines historischen Zufalls sein.

Gleichfalls kann die extensive Natur der Energie $\approx N$ als ein fundamentales Gesetz angesehen werden. Es ist einfach und von weitreichender Gültigkeit, denn es gilt für alle chemischen Elemente. Auch bildet es die Grundlage einer wichtigen Wissenschaft, der Thermodynamik. Dennoch gilt es nicht allgemein und wird von der Gravitation verletzt. Wiederum (vergleiche Punkt 2) mag es Ergebnis eines historischen Zufalls gewesen sein. Gäbe es ein geladenes Boson leichter als das Elektron, lautete das fundamentale Gesetz $E \propto N^{7/5}$ anstatt $\propto N$. In diesem Sinne könnten Gesetze, die uns fundamental erscheinen, zu Beginn gar nicht als Gesetze existiert haben, sondern nur als Möglichkeiten.

Die dargelegten Ansichten beabsichtigen den Akzent dessen zu verschieben, was in der Wissenschaft wichtig ist. Dem vorherrschenden Bild nach ist es das erhabenste Ziel in der Wissenschaft, die T. O. E. zu finden – alles andere hat dann nur noch die Bedeutung einer Ausarbeitung von Spezialfällen. Wenn man aber glaubt, daß die wenigen griechischen Lettern der „Urgleichung" nicht sehr viel besagen und die wirkliche Physik aus ihren mathematischen Folgerungen in einer gegebenen Situation besteht, dann stehen die verschiedenen Ebenen der Pyramide der Physik in ihrem eigenen Recht. Das bedeutet nicht, daß man nicht verpflichtet wäre, aus den höheren Ebenen all dies abzuleiten, was ableitbar ist; aber nur mit der gebührenden Bescheidenheit und ohne falsche Ansprüche zu erheben.

Literatur

Barrow, J. D.; Tipler F. *The Anthropic Cosmological Principle.* Oxford (Oxford University Press) 1986.

Chodos, A.; Detweiler, S. *Where has the Fifth Dimension Gone?* In: *Physical Review* D21 (1980) S. 2167.

Lieb, E. H. *The Stability of Matter: From Atoms to Stars.* In: *Selected Papers.* Berlin, New York (Springer) 1991.

Mayr, E. *The Limits of Reductionism.* In: *Nature* 331 (1988) S. 475.

Novikoff, A. B. *The Concept of Integrable Levels in Biology.* In: *Science* 101 (1945) S. 209–215.

Siegel, C. L.; Moser, J. *Lectures in Celestial Mechanics.* New York (Springer) 1971.

Thirring, W. *Stabilität der Materie.* In: *Naturwissenschaften* 73 (1986) S. 605–613.

Thirring, W. *The Stability of Matter.* In: *Foundations of Physics* 20 (1990) S. 1103.

Weinberg, S. *Newtonianism, Reductionism and the Art of Congressional Testimony.* In: *Nature* 330 (1987) S. 433.

11. Im Organismus sind neue Gesetze zu erwarten: Synergetik von Gehirn und Verhalten

J. A. Scott Kelso

Center for Complex Systems,
Florida Atlantic University, Boca Raton, Florida

Hermann Haken

Institut für Theoretische Physik und Synergetik, Universität Stuttgart

Am besten kann man bei einem Studium
der Lebewesen abschätzen, wie primitiv die Physik noch ist.
(Albert Einstein)

Einführung

Der Titel dieses Artikels, zumindest der Satz vor dem Doppelpunkt, ist schamlos aus Schrödingers (1944) wunderbarem kleinen Buch *Was ist Leben?* gestohlen. Der Teil nach dem Doppelpunkt verweist auf die Quelle, wo diese neuen Gesetze gefunden werden können. Synergetik ist eine Bezeichnung, die von Hermann Haken (1969, 1977) eingeführt wurde, um ein ziemlich neues interdisziplinäres Forschungsgebiet zu umreißen, das zum Ziel hat, zu verstehen, wie sich Muster in offenen Nichtgleichgewichtssystemen bilden. Derartige Systeme „leben" von einem kontinuierlichen Zufluß von Energie und/oder Materie. Synergetik befaßt sich damit, wie typischerweise sehr viele individuelle Teile eines Systems miteinander kooperieren, um neuartige raumzeitliche oder funktionale Strukturen zu bilden. In der letzten Dekade etwa wurden enorme Fortschritte bei der Erforschung der Wege erzielt, auf denen die Natur Muster in offenen physikalischen und chemischen oder biophysikalischen Systemen erzeugt (Übersichten bei Babloyantz 1986; Bak 1993; Bergé, Pomeau und Vidal 1984; Collet und Eckmann 1990; Ho, im Druck; Iberall und Soodak 1987; Kuramoto 1984; Nicolis und Prigogine 1989). Insbesondere haben die synergetischen Konstruktionsprinzipien gezeigt, daß die Konzepte der Instabilität, der Ordnungsparameter, der Fluktuationen und der Versklavung entscheidend sind, um die spontane (selbstorganisierte) Bildung von Mustern in komplexen Systemen zu verstehen und vorauszusagen.

Als Schrödinger offen vorschlug – wahrscheinlich zum Schrecken von vielen damals und heute –, daß das Verständnis lebender Systeme andere Gesetze als die bekannten Gesetze der Physik fordere, waren die theoretischen Konzepte der Musterbildung und Selbstorganisation in offenen Nichtgleichgewichtssystemen praktisch nicht bekannt. (Ein Flüstern war vielleicht in von Bertalanffys frühem Werk wie auch in Schrödingers etwas unglücklicher Einführung des Begriffs *negative Entropie* zu hören.) Gleichermaßen mußten die mathematischen Werkzeuge der nichtlinearen Dynamik erst zur Blüte kommen, was zum Teil darauf zurückzuführen ist, daß Computerrechnungen, die hauptsächlichen Mittel zur Erforschung nichtlinearer Gleichungen, deren analytische Lösungen nicht bekannt sind, damals praktisch nicht existierten. Indem er ihre intellektuellen Bemühungen beklagte, sagte Schrödinger einmal von seinen hochgeschätzten Kollegen Dirac und Eddington in einem Brief an Born: »Das ist etwas jenseits ihrer linearen Denkweise. Alles ist linear ... ›Wenn alles linear wäre, könnte nichts etwas anderes beeinflussen‹, sagte Einstein einst zu mir. Das ist tatsächlich so.« (Moore 1989, S. 381) Schrödinger erkannte, daß die enorm interessanten und wichtigen Strukturen, die von Physikern untersucht werden und die infolge ihrer Unordnungs-Ordnungs-Übergänge entstehen (zum Beispiel wenn die Materie ihre makroskopische Struktur ändert, wenn die Temperatur verringert wird), vollständig irrelevant für die Entstehung von Lebensprozessen sind. In der Physik werden verschiedene Aggregatzustände der Materie – fest, flüssig, gasförmig – *Phasen* genannt und die Übergänge zwischen ihnen *Phasenübergänge*. Wenn sich Dampf in Flüssigkeit und schließlich in Eis umwandelt, ist dies ein Beispiel für die fortschreitende Umwandlung von Unordnung in Ordnung. Es ist unmittelbar klar, daß Lebensprozesse nichts mit dieser Art von Phasenübergängen zu tun haben und daß völlig verschiedene Prinzipien, die mit Nichtgleichgewichtsphasenübergängen verknüpft sind, gebraucht werden. Die letzteren kommen in Systemen vor, die „gepumpt“, das heißt von außen mit Energie versorgt werden (oder wie lebende Systeme, die einen Stoffwechsel besitzen, von innen oder von außen). Ohne einen Austausch von Energie, Materie oder Information mit ihrer Umgebung können solche Systeme nicht ihre Struktur oder Funktion aufrechterhalten.

In der Biologie wurden, mindestens bis jetzt, die Prozesse der Selbstorganisation in offenen Systemen nur kurz abgehandelt. Sicherlich, Reaktions-Diffusions-Mechanismen des Turing-Typus sind in der Diskussion über Embryonalentwicklung genannt worden, sowie die Erzeugung biologischer Formen – wie eine Zelle ein Finger oder eine Zehe wird –, aber meistens ist es nur ein kurzer Gruß im Vorübergehen. Sicherlich gestehen die meisten Biologen zu, daß Organismen zu der allgemeinen Klasse offener Systeme gehören. In seinem Buch *Of Molecules and Men* (1966) bemerkt Crick sogar in einem einzelnen Abschnitt, daß der Organismus ein offenes System sein muß. Das, sagt er, ist die erste Minimalanforderung für Leben. Indessen wird erwartungsgemäß die größte Aufmerksamkeit der Tatsache geschenkt, daß Organismen genetisches Material besitzen, das es ihnen erlaubt, sich zu vermehren und Kopien ihrer Gene an ihre Abkömmlinge weiterzugeben. Darwins Selektion macht dann den Rest. Indessen ist schon lange erkannt worden, daß die Darwinsche Selektion die Existenz von sich selbst erhaltenden Strukturen, wie dem Gen, voraussetzt. Es erklärt nicht, wie diese spezielle Konfiguration aus der Ursuppe ausgewählt wurde. Es gibt bis jetzt, in der Tat, keinen experimentellen Nachweis von biologischer Ordnung ohne die Hilfe von bereits geordneten biologischen Vorläufern (Dyson 1985).

Kurz, die moderne Biologie erkennt an, daß Organismen organisierte Objekte sind. Im Laufe der Zeit haben sich Biologen große Mühe gegeben, den kleinsten Hinweis, daß irgendeine immaterielle Lebenskraft der biologischen Organisation zugrunde liegt, abzulehnen (beispielsweise Mayr 1988) – eine Haltung, die auch von uns geteilt wird. Selbst wenn die Biologie die stärkste Motivation haben sollte, die Grenzen der gewöhnlichen Physik und Chemie aufzuzeigen und Schrödingers neue Gesetze zu finden und darzustellen (der Selbstorganisation in offenen Systemen?), hat sie es nicht getan ... Statt dessen hat sie einen anderen Weg genommen (den der Molekularbiologie), auf dem sie trotz eines enormen Erfolgs jetzt ihren Tribut zahlen muß (Maddox 1993). Um unseren Standpunkt ganz klar zu machen: Wir behaupten nicht, daß die grundlegenden Gesetze der Physik (und deshalb auch der Chemie) nicht für die Biologie gelten; sie tun es natürlich. Aber wir behaupten, daß ihr konzeptueller Rahmen zu eng ist. Statt dessen müssen wir neue Konzepte finden, die die rein mikroskopische Beschreibung der Systeme überschreitet.

Obgleich dieses Kapitel sich nicht mit molekularen Ereignissen *per se* beschäftigt, weist es darauf hin, daß nichtlineare Prozesse, die fern vom Gleichgewicht stattfinden, reich genug sind, um biologische Selbstorganisation auf verschiedenen Skalen zu behandeln. Unsere Absicht ist es zu zeigen, daß die physikalischen Konzepte der selbstorganisierten Musterbildung (das heißt Synergetik) bereits eine Basis für das Verständnis der Organismen und ihrer Beziehung zu der Umgebung bilden. Das Kapitel ist wie folgt gegliedert: In Abschnitt 2 („Wie die Natur mit Komplexität umgeht") werden einige Hauptkonzepte der Hakenschen Synergetik in Zusammenhang mit bekannten Beispielen aus der Physik eingeführt. In Abschnitt 3 („Koordinationsdynamik lebender Systeme") werden diese Ideen auf das Problem der *Koordination* angewendet, die, so behaupten wir, (vielleicht) *die* fundamentale Eigenschaft lebender Dinge ist. In solchen komplexen Systemen sind die *relevanten* Freiheitsgrade und ihre Dynamik oft nicht bekannt, sondern müssen gefunden werden. Die Synergetik versieht uns mit einer Strategie unabhängig von der Beschreibungsebene und Methoden, die zugrunde liegende (nichtlineare) Dynamik zu beleuchten. Abschnitt 4 („Selbstorganisation im Gehirn") bringt neue Evidenz, daß das Gehirn selbst grundsätzlich ein aktives, selbstorganisierendes System ist, das nichtlinearen dynamischen Gesetzen unterliegt. Theorie und Experiment kommen in der Idee zusammen, daß biologische Systeme, einschließlich des Gehirns, nahe an Grenzen leben, die reguläres und irreguläres Verhalten trennen, die also am besten an der Grenze der Instabilität überleben. In einem abschließenden Abschnitt werden einige Implikationen dieser Resultate für das Leben selbst erörtert. Dabei ist es unmöglich, Schrödingers Stil nachzueifern. Wie er wollen wir allerdings hier die wesentlichen Ingredientien der biologischen Selbstorganisation in einer konzeptuellen und nichttechnischen Weise vermitteln und dies mit einem Minimum von Gleichungen.

Wie die Natur mit Komplexität umgeht

Jede Behandlung der Musterbildung in offenen Nichtgleichgewichtssystemen muß sich mit mindestens zwei Problemen befassen. Das erste betrifft die Frage, wie Muster aus der sehr großen Zahl der materiellen Komponenten gebildet werden. Das zweite Problem ist, daß oft nicht nur ein Muster, sondern *mehrere* Muster produziert werden, um den Umweltbedingungen gerecht zu werden. Biologische Strukturen sind, zum Beispiel, multifunktional: der *gleiche* Satz von Komponenten kann sich für *verschiedene* Funktionen selbst organisieren, *oder verschiedene* Komponenten können sich für die *gleiche* Funktion selbst organisieren. Darüber hinaus muß dafür Rechnung getragen werden, wie ein gegebenes Muster oder eine Struktur unter verschiedenen Umweltbedingungen bestehen bleibt (deren *Stabilität*) und wie sie sich an ändernde interne oder externe Bedingungen anpaßt (ihre *Anpassungsfähigkeit*). Die Prozesse, die bestimmen, wie ein Muster aus Myriaden von Möglichkeiten *selektiert* wird, müssen ebenfalls von Gesetzen oder Prinzipien der Selbstorganisation erfaßt werden. Wie wir sehen werden, sind an derartigen Vorgängen oft *Kooperation* und *Wettbewerb* sowie ein subtiles Wechselspiel zwischen diesen beiden beteiligt.

Um die Mechanismen, die der Musterbildung zugrunde liegen zu erklären, betrachten wir das bekannte Beispiel einer Flüssigkeit, die von unten erhitzt und von oben gekühlt wird. Erst einmal ein Wort der Vorsicht. Niemand wird sagen, daß das Gehirn, oder Lebewesen im allgemeinen, einfache Flüssigkeiten sind, die aus homogenen Elementen bestehen. Weit gefehlt. Vielmehr wird die Flüssigkeit hier als ein Beispiel benutzt, das einige der Wege illustriert, wie die Natur mit komplexen Nichtgleichgewichtssystemen umgeht, die viele Freiheitsgrade enthalten. Im besonderen gestattet uns dieses Beispiel die Schlüsselkonzepte der Synergetik zu illustrieren, die uns mit einer Grundlage für das Verständnis des Entstehens von biologischer Ordnung versehen. Wie bei allen großen physikalischen Experimente liegt die Schönheit des Flüssigkeitsbeispiels darin, daß es, obwohl im Labor durchgeführt, den Blick auf das größere Bild ermöglicht. Das Experiment wird die Rayleigh-Bénard-Instabilität genannt und verläuft wie folgt: Man nehme eine Flüssigkeit, zum Beispiel etwas Speiseöl, gebe sie in eine Pfanne und erhitze sie. Mikroskopisch enthält die Flüssigkeit beispielsweise 10^{20} Moleküle, jedes von ihnen in einer zufälligen, ungeordneten Bewegung (das heißt *sehr viele mikroskopische Elemente*). Wenn die Temperaturdifferenz zwischen der oberen Oberfläche und der unteren Oberfläche der Flüssigkeit klein ist, gibt es keine Bewegung der Flüssigkeit auf einer makroskopischen Skala. Die Wärme wird zwischen den Elementen als mikroskopische Bewegung verteilt, die wir nicht sehen können. Man beachte jedoch, daß es sich sogar bei diesem Zustand um ein *offenes System* handelt, das von einem Temperaturgefälle aktiviert wird, das in der Sprache der Synergetik und der dynamischen Systeme als *Kontrollparameter* bezeichnet wird. Wenn dieser Kontrollparameter wächst, kommt es zur *Instabilität.* Die Flüssigkeit beginnt sich makroskopisch in Form geordneter Rollen zu bewegen. Das System ist nicht länger eine planlose Ansammlung von sich zufällig bewegenden Molekülen: Milliarden von Molekülen kooperieren, um makroskopische Muster zu schaffen, die sich in Raum und Zeit entwickeln. Der Grund für das Einsetzen der Rollbewegung (Konvektion) ist, daß die kühlere Flüssigkeit, die sich im oberen Teil der Flüsigkeitsschicht befindet, dichter ist und die Tendenz hat herunterzusinken, während die wärmere und weniger dichte Flüssigkeit am Boden des Gefäßes die Tendenz hat aufzusteigen.

In der Synergetik spielt die Amplitude der Rollbewegung die Rolle eines *Ordnungsparameters* oder einer *kollektiven Variablen*: Alle Teile der Flüssigkeit verhalten sich nicht mehr unabhängig, sondern werden in einen geordneten Koordinationsmodus hineingesaugt. In der Umgebung der kritischen Region (das heißt nahe an einer Instabilität) wird das makroskopische Verhalten des Systems lediglich durch einige wenige kollektive Modi, die sogenannten Ordnungsparameter, beherrscht, die dann die einzigen Variablen sind, um die hier sich entwickelnde Musterbildung erschöpfend zu beschreiben. Diese Kompression der Freiheitsgrade nahe an kritischen Punkten wird in der physikalischen Literatur als das *Versklavungsprinzip* bezeichnet, dem Haken (1977) eine exakte mathematische Form für eine große Klasse von Systemen gegeben hat. Ein ausgezeichneter Überblick über das Versklavungsprinzip findet sich bei Wunderlin (1987). Beispiele schließen die Wirbelbildung in dem Taylor-Couette-System ein, das Einsetzen von kohärentem Laserlicht, die Bildung von Konzentrationsmustern bei gewissen chemischen Reaktionen, wie der Belousov-Zhabotinsky-Reaktion, und die gut untersuchte Turing-Instabilität, die mit gewissem Erfolg als Modell für Morphogenese gedient hat. In all diesen Fällen kommt die Entstehung der Muster und der Schaltung zwischen Mustern lediglich als das Resultat der kooperativen Dynamik des Systems zustande – ohne spezifische Ordnungseinflüsse von außen und keinem homunculusähnlichem Agenten oder *Programm* darinnen. Der Kontrollparameter ist nicht-spezifisch, das heißt er schreibt weder den Code für das sich entwickelnde Muster vor, noch enthält er ihn. Man kann vielmehr sagen, daß das Muster ein Produkt der Selbstorganisation ist. In selbstorganisierenden Systemen gibt es keinen *deus ex machina*, keinen Geist in der Maschine, der die Teile ordnet. Kein „Selbst" in der Tat. Später werden wir diskutieren, wie spezifische parametrische Einflüsse auf biologische Prozesse in dieses Bild mit eingeschlossen werden können.

Einige weitere Punkte. Einer betrifft *zirkuläre Kausalität*: Der Ordnungsparameter wird durch die Kooperation der individuellen Teile eines Systems geschaffen. Umgekehrt beherrscht der Ordnungsparameter das Verhalten der einzelnen Teile. Zum Beispiel erzeugt im Laser die stimulierte Emission der Atome das Lichtfeld, das umgekehrt als ein Ordnungsparameter wirkt, der die Bewegung der Elektronen in den Atomen spezifiziert oder – in Hakens Worten – diese Bewegung „versklavt". Das Ergebnis ist eine enorme Kompression der Information. Zirkuläre Kausalität ist typisch für nichtlineare Prozesse unter Bedingungen weit vom thermischen Gleichgewicht. Sie steht im Gegensatz zu der linearen Kausalität, die den größten Teil der Biologie und Physiologie beherrscht, zum Beispiel das alte „zentrale Dogma", daß die Information nur in einer Richtung von DNA zu RNA zum Protein fließt. Ein zweiter Punkt betrifft Fluktuationen und Symmetriebrechung. Wie weiß in unserem physikalischen Beispiel die Rollenbewegung der Flüssigkeit, in welche Richtung sie zu erfolgen hat? Die Antwort ist der Zufall selbst: Die Symmetrie der Links- oder Rechtsbewegung wird durch eine zufällige Fluktuation oder Störung gebrochen. Wenn einmal die „Entscheidung" gefällt ist, ist sie endgültig und kann nicht umgekehrt werden. Alle Elemente müssen ihr gehorchen. Dieses Wechselspiel zwischen Zufälligkeit (stochastische Prozesse) und Auswahl bestimmen die Muster, die sich entwickeln. In biologischen selbstorganisierenden Systemen sind Fluktuationen immer gegenwärtig und testen die Stabilität existierender Zustände und gestatten dem System, neue zu entdecken. Ein dritter Punkt ist, daß sich mehr und mehr komplexe Muster – eine ganze Hierarchie von Instabilitäten – bilden können, wenn der Wert des Kontrollparameters weiter erhöht wird. Immer wieder werden neue Muster mit einer immer mehr wachsenden Komplexität geschaffen. Manchmal kann ein System so hart angetrieben werden, daß es in einen turbulenten Zustand übergeht. Hier gibt es zu viele Möglichkeiten,die die Komponenten einnehmen können, und das Verhalten kommt nie zur Ruhe.

Zusammenfassend kann man sagen, daß sich die Synergetik typischerweise mit der Gleichung der folgenden Form

$$\dot{\boldsymbol{q}} = \boldsymbol{N}(\boldsymbol{q}, \text{Kontrollparameter, Rauschen}) \quad (1)$$

befaßt, wobei der Punkt die Ableitung (von $\boldsymbol{q}$) nach der Zeit bezeichnet und $\boldsymbol{q}$ ein möglicherweise hochdimensionaler Zustandsvektor ist, der den Zustand des Systems spezifiziert. $\boldsymbol{N}$ ist eine nichtlineare Funktion des Zustandsvektors und kann von einer Zahl von Parametern einschließlich der Zeit abhängen, wie auch von Zufallskräften, die auf das System wirken. Im allgemeinen werden sich die Lösungen der Gleichung (1) stetig ändern, wenn Parameter in dieser Gleichung kontinuierlich geändert werden. Das Verhalten des Systems kann sich aber qualitativ oder diskontinuierlich ändern, wenn bei einer kontinuierlichen Änderung des Kontrollparameters dieser einen kritischen Wert überschreitet. Solche qualitativen Änderungen sind mit der spontanen (selbstorganisierenden) Bildung von Mustern verknüpft und kommen immer durch eine Instabilität zustande. Muster, die bei *Nichtgleichgewichtsphasenübergängen* (ein Ausdruck, der von Physikern bevorzugt wird, weil er die Effekte von Fluktuationen umfaßt) oder *Bifurkationen* (der mathematische Ausdruck, der in der Theorie dynamischer Systeme verwendet wird) auftreten, sind als *Attraktoren* der kollektiven Variablen oder der Ordnungsparameterdynamik definiert. (Diese Begriffe werden im nächsten Abschnitt im Zusammenhang mit biologischer Koordination näher beleuchtet werden.) Sogenannte attraktive Zustände der Dynamik kollektiver Variabler existieren, weil die Nichtgleichgewichtssysteme *dissipativ* sind: Viele unabhängige Trajektorien mit verschiedenen Anfangsbedingungen konvergieren im Laufe der Zeit zu einer gewissen Grenzmenge oder Attraktorlösung. Oft sind stabile Fixpunkte, Grenzzyklen und chaotische Lösungen – wie auch eine Reihe verschiedener Übergangsformen und noch kompliziertere Verhaltensweisen – möglich, und zwar in dem gleichen System, abhängig vom Parameterwert. Dies ist dann eines der

Hauptthemen der Natur, um mit komplexen lebenden Dingen umzugehen (Kelso 1988): Die enorme materielle Komplexität wird nahe an Instabilitäten (wie vom Versklavungsprinzip der Synergetik gezeigt wird) komprimiert und gibt so Anlaß zu niedrig-dimensionalem Verhalten, das durch kollektive Variablen oder Ordnungsparameter beschrieben wird. Die resultierende Musterdynamik ist nichtlinear, woraus die reiche Komplexität im Verhalten folgt, einschließlich stochastischer Eigenschaften und/oder deterministischem Chaos. Dieses Szenario stellt so eine konzeptuelle und mathematische Begründung der Unordnungs-Ordnungs- und Ordnungs-Ordnungs-Prinzipien bereit, wie sie von Schrödinger (1944) verfochten wurden, und fügt das evolutionäre Ordnung-zu-Chaos-Prinzip offener, dissipativer Systeme hinzu. Die letzteren sind randvoll von „neuer Physik".

Koordinationsdynamik lebender Systeme

Ich sehe keinen Weg, um das Problem der Koordination
zu vermeiden und dennoch die physikalische Basis des Lebens zu verstehen.
(Howard Pattee)

Trotz, oder vielleicht wegen des Erfolgs der modernen Molekularbiologie bleibt ein großes ungelöstes Problem aller Biologie: Wie sind komplexe lebende Dinge in Raum und Zeit koordiniert? Weder klassische noch Quantenphysik (trotz der Erklärungen der Physiker wie Hawking, Penrose und Weinberg) geben uns irgendeinen Einblick in funktional spezifische Koordination. Obgleich wir behaupten, daß wir alle Gesetze des Verhaltens der Materie kennen (gewöhnliche Physik und Chemie), ausgenommen unter extremen Bedingungen, sagen uns derartige Sätze kaum ein Jota, wie oder warum wir die Straße entlanggehen. Wie Howard Pattee (1976) vor Jahren bemerkte, ist das Rätsel des Lebens durch die Molekularbiologie gelöst worden. Aber Leben ist mehr als die Chemie zellulärer Reaktionen. Der Ursprung und die Natur der Koordination zwischen diesen Reaktionen bleiben verborgen. Man stelle sich für den Moment ein lebendes System vor, das aus vielen individuellen Komponenten besteht, die sich gegenseitig ignorieren und die weder unter sich noch mit ihrer Umgebung wechselwirken. Solch ein System würde keinerlei Struktur oder Funktion besitzen. Unabhängig von dem Beschreibungsniveau, das wir studieren wollen, sind die Freiheitsgrade, zumindest vorübergehend, gekoppelt oder funktionell verbunden. (Das Beschreibungsniveau ist eine persönliche Wahl des Wissenschaftlers, sofern man glaubt, so wie wir es tun, daß es keine ontologische Priorität von irgendeinem einzelnen Beschreibungsniveau über ein anderes gibt.) Im Falle des Gehirns, zum Beispiel, können die einzelnen Nervenzellen nicht denken, riechen, agieren oder sich erinnern. Sie scheinen statt dessen in zeitlich kohärenten Gruppen miteinander zu kooperieren, um sogenannte kognitive Gruppen zu erzeugen. Die wesentlichen Fragen des Verständnisses der Koordination in Lebewesen betreffen die Form, die die grundlegende Wechselwirkung annimmt, wie sie auftritt, und warum sie so ist, wie sie eben ist.

Mutmaßliche Lösungen zu diesen Fragen liegen, zumindest in primitiver Form, in Gestalt dessen vor, was man elementare Koordinationsdynamik nennen könnte (Kelso 1990, 1994). Unter „elementar" verstehen wir eine einfache mathematische Formulierung (aber nicht so einfach, daß das Wesen des Problems verlorengeht), die nichtsdestotrotz eine Grundlage für das Verständis weiterer Fragen liefert, wie Lernen und Anpassung an die Umgebung und die Beziehung dieser Vorgänge zu Gehirnfunktionen. Es ist überflüssig zu sagen, daß die elementare Koordinationsdynamik die Konzepte der Selbstorganisation und Musterbildung (Haken 1977) als Teil einer theoretisch motivierten experimentellen Strategie und die Werkzeuge und Sprache der nichtlinearen Dynamik benutzt, um mit Hilfe von Gesetzen (in kontinuierlicher oder diskreter Form) auszudrücken, wie sich Koordinationsmuster bilden und wechseln.

Wie finden wir grundlegende Gesetze für die Koordination? Oder, um es anders auszudrücken, wie finden wir relevante kollektive Variable für komplexe Systeme und deren Dynamik auf einem gewählten Beobachtungsniveau? Gemäß der Synergetik stellen Phasenübergänge (oder Bifurkationen) einen speziellen Zugang dar, um das theoretische Verständnis komplexer lebender Objekte zu verstehen, bei denen die relevanten Freiheitsgrade üblicherweise nicht bekannt sind. Der Grund dafür ist, daß qualitative Änderungen uns gestatten, eine klare Unterscheidung zwischen einem Muster und einem anderen zu ziehen, wobei es möglich wird, die kollektiven Variablen der verschiedenen Muster und der Musterdynamik zu identifizieren (wie Multistabilität und Verlust der Stabilität). Nahe kritischen Punkten können die wesentlichen Prozesse, welche die Stabilität, Flexibilität und sogar die Auswahl des Musters bestimmen, aufgedeckt werden. Theoretisch motivierte Messungen (Fluktuationen, Relaxationszeiten, Lebenszeiten nahe kritischen Punkten, und so weiter; siehe unten) sind verfügbar, um diese Prozesse aufzuklären und theoretische Voraussagen zu testen (zum Beispiel Schöner und Kelso 1988a; Kelso, Ding und Schöner 1992). Kontrollparameter, die Instabilitäten hervorrufen, können bestimmt werden. Instabilitäten liefern einen echten Mechanismus für flexiblen Wechsel (Schalten ohne Schalter) zwischen Koordinationsmustern, das heißt um in kohärente Zustände zu gelangen und aus ihnen heraus. Schließlich können verschiedene Beschreibungsniveaus, nämlich auf dem koordinativen und dem der individuellen Komponenten, durch ein Studium der Dynamik ungekoppelter Komponenten und dann deren nichtlinearen Kopplung verknüpft werden.

Eigenartigerweise wurden grundlegende Koordinationsgesetze erstmals bei der menschlichen Bewegungskoordination (Haken, Kelso und Bunz 1985; Schöner, Haken und Kelso 1986) zugänglich, nachdem man experimentell die spontane unfreiwillige Änderung von Handbewegungsmustern (Kelso 1981, 1984) entdeckt hatte – analog vielleicht zu der raum-zeitlichen Umordnung, die eintritt, wenn Tiere ihre Gangarten ändern (Shik, Severin und Orlovski 1966). Wenn Menschen aufgefordert werden, ihre Zeigefinger rhythmisch alternierend zu bewegen und die Frequenz der Fingerbewegung systematisch erhöht wird, kommt es zu einem spontanen Übergang in ein symmetrisches, sogenanntes In-Phasen-Muster. Ein derartiger Übergang zurück von der In-Phase zur Gegenphase wird nicht beobachtet, wenn die Frequenz reduziert wird. Gleichermaßen, wenn das System im In-Phasen-Muster präpariert und die Frequenz erhöht wird, kommt es zu keinem Übergang zu dem Anti-Phasen-Koordinationsmuster.

Dieses einfache experimentelle Beispiel illustriert, wie eine elementare Koordinationsverknüpfung in komplexen, biologischen Systemen zustande kommt. Sie enthält wesentlich nichtlineare Eigenschaften der Selbstorganisation, nämlich Multistabilität (zwei Koordinationszustände koexistieren für den gleichen Parameterwert), Übergänge von einem geordneten Zustand zu einem anderen und Hysterese, eine einfache Form des Gedächtnisses.

Die einfachste Koordinationsdynamik, die all diese experimentellen Resultate erfaßt, ist die Gleichung

$$\dot{\phi} = -a \sin \phi - 2b \sin 2\phi \qquad (2)$$

wobei ϕ die relative Phase zwischen den rhythmisch miteinander wechselwirkenden Komponenten ist und das Verhältnis b/a der Kontrollparameter, der zu der Periode t des Fingerbewegungszyklus gehört, die der Kehrwert der Frequenz ist. Es gibt guten Grund zu der Annahme, daß ϕ der relevante Ordnungsparameter der Koordination ist. Erstens gibt er die raum-zeitliche Ordnung zwischen den Komponenten wieder. Alle anderen Observablen, wie sie auch sein mögen, werden durch die Phasenrelation „versklavt“. Zweitens ändert er sich viel langsamer als die Variablen, die das Verhalten der individuellen Komponenten beschreiben. Drittens ändert sich ϕ abrupt bei dem Übergang. Die Dynamik von Gleichung (2) kann man sich mit Hilfe eines Teilchens vorstellen, das sich in der Landschaft einer Potentialfunktion, $V(\phi)$, bewegt. Daraus ergibt sich eine äquivalente Formulierung der Gleichung (2) in Form von

$$\dot{\phi} = -\delta V(\phi)/\delta\phi = -a \cos \phi - b \cos 2\phi \qquad (3)$$

Die Potentiallandschaft oder „Attraktorlandschaft" für verschiedene Kontrollparameter *b/a* ist in Abbildung 11.1 (oben) angegeben.

Diese sogenannte HKB-Dynamik (2) und (3) gibt die beobachteten Koordinationsfakten wieder.

1. Sie hat zwei stabile Fixpunktattraktoren, die dem phasen- und frequenzgekoppelten Zustand bei $\phi = 0$ (In-Phase) und $\phi = \pm\phi$ (Anti-Phase) entsprechen. Für niedrige Werte des Verhältnisses *b/a* koexistieren beide Koordinationszustände, wobei es von den Anfangsbedingungen abhängt, welcher beobachtet wird – dies ist das wesentliche nichtlineare Merkmal der Bistabilität .
2. Wenn das Verhältnis *b/a* verringert wird, verliert der Fixpunkt bei π seine Stabilität. Eine kleine Fluktuation kann das System dann in den einzigen verbleibenden stabilen Fixpunkt bei $\phi = 0$ stoßen. Jenseits dieses spontanen Phasenübergangs ist nur das symmetrische Muster mit $\phi = 0$ stabil. Und

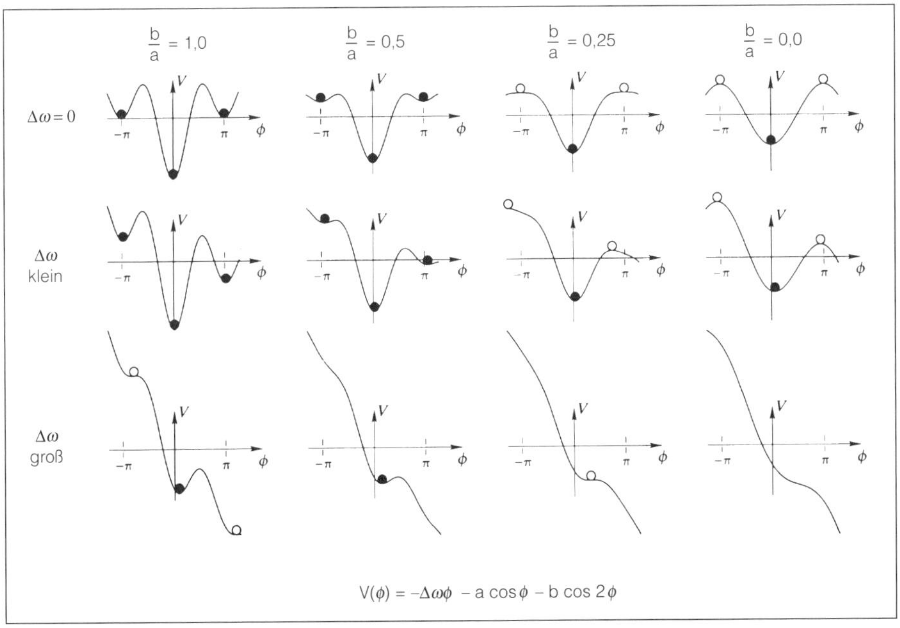

11.1 Das HKB-Potential als Funktion des Verhältnisses *b/a* für verschiedene Werte von $\Delta\omega$. Die gefüllten Kreise zeigen die stabilen Fixpunktattraktoren an; offene Kreise sind die instabilen Fixpunkte. Oberste Reihe: $\Delta\omega = 0$: Das Potential ist symmetrisch, mit Minima, die ursprünglich bei $\phi = 0$ und $\phi = \pi$ lokalisiert sind (vergleiche Text). Mittlere Reihe: $\Delta\omega$ klein: Das Potential ist unsymmetrisch, mit leicht verschobenen Minima. Unterste Reihe: $\Delta\omega$ groß: Nur das verschobene Minimum bei $\phi = 0$ ist anfänglich stabil, dann verschwindet auch dieses. Man beachte, wie „Überbleibsel" des ursprünglich stabilen Fixpunktes bei bestimmten Parameterwerten von *b/a* übrigbleiben.

3. wenn die Richtung, in der der Kontrollparameter geändert wird, umgekehrt wird, bleibt das Koordinationssystem in dem In-Phase-Attraktor. Diese Hysterese beruht auf der Tatsache, daß der Fixpunkt bei $\phi = 0$ immer stabil ist.

Die grundlegende Koordinationsdynamik, Gleichungen (2) und (3), ist in einer Reihe von Weisen ausgedehnt worden, die hier nur kurz erwähnt werden können. Unter diesen Erweiterungen sind:

1. die Einführung von stochastischen Kräften in den Gleichungen (2) und (3) führt zu Voraussagen über kritisches Langsamerwerden und kritische Fluktuationen nahe der Instabilität (Haken et al. 1985; Schöner et al. 1986). Diese Voraussagen kann man sich leicht anhand der Abbildung 11.1 (oben) veranschaulichen. Wenn das Minimum bei $\phi = \pi$ flacher und flacher wird, braucht das System immer länger, um sich von einer kleinen Störung zu erholen. Auf diese Weise läßt sich voraussagen, daß die Relaxationszeit anwächst, wenn das System sich der Instabilität nähert, weil die rücktreibende Kraft (der Gradient des Potentials) immer kleiner wird (kritisches Langsamerwerden). In ähnlicher Weise läßt sich erwarten, daß die Schwankungen von ϕ (kritische Fluktuationen) wegen des Flacherwerdens des Potentials nahe dem Übergangspunkt wachsen werden. Beide Voraussagen sind in einem weiten Bereich von experimentellen Systemen bestätigt worden (zum Beispiel Buchanan und Kelso 1993; Kelso und Scholz 1985; Kelso, Scholz und Schöner 1986; Scholz, Kelso und Schöner 1987; Schmidt, Darello und Turvey 1990; Wimmers, Beek und van Wieringen 1992).
2. Die Auswirkung spezifischer parametrischer Einflüsse ist in Gleichung (2) eingebaut worden, zum Beispiel wenn ein spezielles Muster durch die Umgebung, durch Lernen und Intention festgelegt wird (z. B. Kelso, Scholz und Schöner 1988; Schöner und Kelso 1988b; Zanone und Kelso 1992). Ein Vorteil der Kenntnis der Gleichung (2), in der sich Koordinationsmuster aufgrund *nichtspezifischer* parametrischer Einflüsse bilden und auch ändern (das heißt, der Kontrollparameter *b/a* trägt das System durch seine kollektiven Zustände, aber schreibt sie nicht vor), ist daß sie erlaubt, *spezifische* Parameter von verschiedenen Quellen dynamisch auszudrücken (das hießt als „Kräfte“, die exakt in der gleichen Weise wie die Ordnungsparameter definiert sind). Ein Begriffsvorteil ist, daß die Dualität zwischen (spezifischer) Information und (nichtspezifischer, innerer) Dynamik beseitigt wird. Gemäß diesem Schema ist die Information nur dann bedeutsam und spezifisch in dem Maße, daß es zur Dynamik der Ordnungsparameter beiträgt, indem es diese in das gewünschte Koordinationsmuster hineinzieht. Ob eine solche theoretische Perspek-

tive zu dem „wirklichen Problem" des Lebens (Rosen 1991) beitragen kann, nämlich wie sich die holonome (symbolische, raten-unabhängige) Ordnung, die für eine DNA oder RNA Sequenz charakteristisch ist, in nicht-holonome (ratenabhängige, sich „verhaltende") Ordnung, die sich im Phänotyp manifestiert, umwandelt, ist eine offene Frage. Die gegenwärtige Analyse legt eher eine Umformulierung des Problems nahe. Hier sind die Gesetze der selbstorganisierten Koordination von ihrer Wurzel her informationelle Strukturen. Der identifizierte Ordnungsparameter, ϕ, gibt die kohärenten Beziehungen zwischen verschiedenen Arten von Dingen oder Komponenten wieder. Im Gegensatz zur „gewöhnlichen Physik" ist der Ordnungsparameter für biologische Koordination abhängig vom Kontext und in sich bedeutungsvoll für das Funktionieren des Systems. Was, kann man fragen, wäre bedeutungsvoller für einen Organismus als die Information, die die Koordinationsrelationen zwischen seinen Teilen oder zwischen ihm und der Umgebung festlegen?

3. Der Einschluß eines symmetriebrechenden Glieds in Gleichung (2), um auch Situationen zu erfassen, in denen die Komponenten nicht identisch sind, d. h. wo die ungekoppelten Komponenten verschiedene Eigenfrequenzen aufweisen. Man beachte, daß Gl. (2) ein symmetrisches Koordinationsgesetz ist: das System ist 2π-periodisch und identisch unter Links-Rechts-Spiegelung ($\phi \rightarrow -\phi$). Die Natur gedeiht natürlich mit Hilfe gebrochener Symmetrie, deren Quellen und Folgen in lebenden Systemen vielfältig sind. Die Koordinationsdynamik der Gleichung (2) kann leicht ausgedehnt werden, um Symmetriebrechung zu erfassen, indem ein konstanter Term, $\Delta\omega$, hinzugefügt wird, der äquivalent zum Frequenzunterschied zwischen ungekoppelten Komponenten ist (Kelso, DelColle und Schöner 1990). Vernachlässigt man stochastische Kräfte, so wird die Dynamik jetzt durch die Gleichungen

$$\dot{\phi} = \Delta\omega - a \sin \phi - 2b \sin 2\phi$$
$$\text{und } V(\phi) = -\Delta\omega\phi - a \cos \phi - b \cos 2\phi \qquad (4)$$

für die Bewegung beziehungsweise das Potential beschrieben. Abbildung 11.1 (Mitte und unten) zeigt die Entwicklung der Attraktorlandschaft für verschiedene Werte von $\Delta\omega$. Diese Erweiterung sagt zwei wichtige Konsequenzen der Symmetriebrechung voraus. Erstens, für kleine Werte von $\Delta\omega$ sagt sie voraus, daß die Minima des Potentials nicht länger bei $\phi = 0$ und $\phi = \pi$ sind, sondern systematisch verschoben werden. Zweitens, für genügend große Werte von $\Delta\omega$ gibt es keine lokalen Minima in der Attraktorlandschaft mehr – die stabilen Fixpunkte verschwinden – und die relative Phase erleidet eine Driftbewegung. Wiederum konnten beide Voraussagen experimentell beobachtet werden (Kelso et al. 1990; Kelso und Jeka 1992; Schmidt, Shaw und Turvey 1993; siehe auch die Beiträge in Swinnen et al. 1994).

Man beachte in Abbildung 11.1 (unten), daß selbst wenn es nicht länger zu einer exakten Koordination kommt, „Überbleibsel" oder „Geister" der vollständig koordinierten Zustände übrigbleiben, zum Beispiel nahe bei $\phi = 0$. Dieses wird Intermittenz genannt und stellt einen der typischen Prozesse dar, die in niedrig-dimensionalen Systemen nahe bei Tangenten- oder Sattel-Knoten-Bifurkationen gefunden werden. Als ein Resultat der gebrochenen Symmetrie in der Koordinationsdynamik zeigt das System – anstatt daß es absolut koordiniert ist – eine teilweise oder relative Koordination zwischen seinen Komponenten. Relative Koordination ist, wie von Holst (1939) vor vielen Jahren bemerkte, eine »Art von neuronaler Kooperation, die die operativen Kräfte des zentralen Nervensystems sichtbar macht, die sonst unsichtbar blieben.« Der Effekt rührt von den miteinander konkurrierenden Tendenzen für die volle Koordination (Phasen- und Frequenzkopplung) auf der einen Seite und der Tendenz der individuellen Komponenten, ihre intrinsischen räumlichen und zeitlichen Änderungen auszudrücken, her. Man kann dies schnell anhand der Koordinationsdynamik von Gleichung (4) sehen, in der das Verhältnis b/a die relative Wichtigkeit der inneren Phasen-Attraktionszustände bei $\phi = 0$ und π darstellt, und wobei $\Delta\omega$ der Frequenzdifferenz zwischen den Komponenten entspricht. Die Identifizierung dieser mehr variablen, plastischen und fluiden Form der relativen Koordination mit dem dynamischen Mechanismus der Intermittenz (Kelso, DeGuzman und Holroyd 1991) ist konsistent mit der sich immer mehr ausbildenden Ansicht, daß biologische Systeme an Grenzen zwischen regulärem und irregulärem Verhalten leben (Kauffman 1993). Indem sie die strategische intermittente Region nahe den Grenzen des modusgekoppelten Zustands besetzen, erhalten Lebewesen (wie auch das Gehirn selber, siehe unten) die nötige Mischung der Stabilität (der hyperbolischen, nicht asymptotischen Art) und der Fähigkeit zu flexiblem Schalten zwischen „metastabilen" koordinierten Zuständen.

4. Es ist wahrscheinlich offensichtlich, daß die Gleichungen (2) und (4) erweitert werden können, um die Koordination von multiplen, anatomisch verschiedenen Komponenten (zum Beispiel Collings und Stewart 1993; Schöner, Jiang und Kelso 1990; Jeka, Kelso und Kiemel 1993) zu erfassen. Die experimentelle Forschung hat diese individuellen Komponenten als nichtlineare Oszillatoren identifiziert, die – als Archetypen zeitabhängigen Verhaltens – wesentliche Bestandteile der Dynamik einer nichtmonotonen Evolution sind, sei sie nun regelmäßig oder unregelmäßig (Bergé et al. 1984). Kürzlich haben Jirsa, Friedrich, Haken und Kelso (1994) postuliert, daß die ursprüngliche HKB-Kopplung

$$K_{12} = (\dot{X}_1 - \dot{X}_2)\{\alpha + \beta(X_1 - X_2)^2\} \quad (5)$$

in der α und β Kopplungsparameter sind und X_1 und X_2 selbsterhaltenden, nichtlinearen Oszillatoren entsprechen, eine fundamentale biophysikalische Kopplung sein kann. Der Grund ist, daß Gleichung (5) den einfachsten Weg aufzeigt, um Komponenten zu koppeln, so daß sie Eigenschaften garantieren, die für Lebewesen essentiell sind, nämlich Multistabilität, Flexibilität und Übergänge zwischen koordinierten Zuständen. Ein anderer Grund ist natürlich, daß die grundlegende selbstorganisierte Koordinationsdynamik, Gleichung (2) und (4), mit Hilfe von Gleichung (5) hergeleitet werden kann.

Zusammenfassend läßt sich sagen, daß die Gleichungen (5) und (4) elementare Formen für Kopplung beziehungsweise Koordination darstellen. Die grundlegende Koordinationsdynamik enthält (a) keine Koordination; (b) absolute Koordination (wenn zwei oder mehr Komponenten bei der gleichen Frequenz sich synchronisieren und eine feste Beziehung aufrechterhalten); und (c) relative Koordination (die Tendenz zu einer Phasenanziehung, selbst wenn die Frequenzen der Komponenten nicht die gleichen sind). Für alle diese verschiedenen Formen der Selbstorganisation gibt es eine Erklärung – sie sind nämlich Muster, die in verschiedenen Parameterregionen bei der identifizierten Koordinationsdynamik entstehen. Im Herzen einer solchen Dynamik liegt eine raum-zeitliche Symmetrie, welche, wenn sie gebrochen wird, eine Ereignisstruktur für lebende Objekte erzeugt, die Musterbildung, Musterschaltung und Intermittenz einschließt. Die Dynamik der Gleichungen (2), (3) und (4) wurden experimentell nachgewiesen, um Koordination zwischen a) Komponenten eines Organismus b) Organismen selbst und c) Organismen und ihrer Umgebung (siehe Kelso 1994) auszudrücken, und liefern eine Basis für weitere theoretische und experimentelle Entwicklungen; eine davon wird im folgenden behandelt.

Selbstorganisation im Gehirn

Ist das Gehirn selbst ein sich selbstorganisierendes, musterbildendes System? Oder spezifischer gefragt, existieren Phasenübergänge im Gehirn, und, wenn ja, welche Form nehmen sie an? Wie ist es möglich, die ungeheure Musterkomplexität in Raum und Zeit von Sherringtons »Zauberwebstuhl« (*enchanted loom*) zu erfassen? Mindestens drei Dinge sind nötig, um diese Fragen zu beantworten: ein geeigneter Satz theoretischer Konzepte und entsprechende methodologische Strategien, eine Technologie, die eine Analyse der globalen Dynamik des Gehirns gestattet, und ein klares experimentelles Paradigma, das Komplikationen vermeidet und nur die wesentlichen Aspekte beibehält. In diesem Abschnitt werden neuere Arbeiten zusammengefaßt (Kelso et al. 1991, 1992; Fuchs, Kelso und Haken 1992; Fuchs und Kelso 1993), die den Versuch unternehmen, alle diese Eigenschaften zu erfassen.

Das Experiment befaßt sich mit Übergängen bei der sensorimotorischen Koordination im Rahmen eines Paradigmas, das von Kelso, DelColle und Schöner (1990) eingeführt wurde. Eine Testperson (Wallenstein, Bressler, Fuchs und Kelso 1993) wird einem periodischen akustischen Stimulus ausgesetzt und angewiesen, einen Knopf zwischen zwei aufeinanderfolgenden Tönen zu drücken, das heißt innerhalb des Stimulus zu „synkopieren". Die Stimulusfrequenz beginnt bei 1 Hz und wird in acht Stufen um 0,25 Hz nach jedem zehnten Ton erhöht. Bei einer gewissen kritischen Frequenz ist die Testperson nicht länger fähig zu synkopieren und schaltet automatisch zu einem Koordinationsmuster um, das nun mit der Anregung synchronisiert ist. Während dieser Experimente wird die Gehirntätigkeit mit einem 37-SQUID-System aufgenommen, das über dem linken parieto-temporalen Cortex liegt, wie in den Abbildungen 11.2a, b und c gezeigt wird. SQUIDs (supraleitende Quanten-Interferenz-Geräte) gestatten, die raum-zeitlichen Muster magnetischer Felder aufzunehmen, die durch intrazelluläre dendritische Ströme im Gehirn erzeugt werden. Weil die Hirnschale für magnetische Felder, die im Gehirn erzeugt worden sind, durchlässig ist und weil das Sensorgebiet groß genug ist, um einen wesentlichen Teil des menschlichen Neocortex zu erfassen, eröffnet dieses neue Forschungsgerät ein nichtinvasives Fenster in die raum-zeitliche Organisation des Gehirns und seine Beziehung zum Verhalten in Echtzeit. Abbildung 11.2d zeigt die gemittelten Daten von zwei SQUID-Sensoren vor und nach dem Verhaltensübergang vom Synkopieren zur Synchronisierung. Offene Vierecke markieren den Zeitpunkt, wo die Anregung geschah; ausgezogene Quadrate entsprechen dem Drücken des Knopfes durch den rechten Finger. Vor dem Übergang sind die Anregung und die Antwort in Anti-Phase. Nach dem Übergang sind die Antworten der Testperson fast in Phase mit der Anregung. Die neuronale Aktivität des Gehirns zeigt eine starke Periodizität während dieser Wahrnehmungs-Aktions-Aufgabe, speziell im Bereich vor dem Übergang. Nach dem Übergang fällt die Amplitude stark ab, obgleich die Bewegungen schneller sind, und das Signal sieht verrauschter aus. Dieses Resultat ist paradox, aber äußerst interessant. Einerseits ist die Verhaltenssynchronisation stabiler als das Synkopieren. Andererseits ist die Gehirnaktivität während der Synchronisation weniger kohärent als während der Synkopierung, wie man leicht aus Abbildung 11.2d ersehen kann. Die Schwierigkeit der Bedingungen in der Aufgabe scheint die Kohärenz des Signals zu bestimmen.

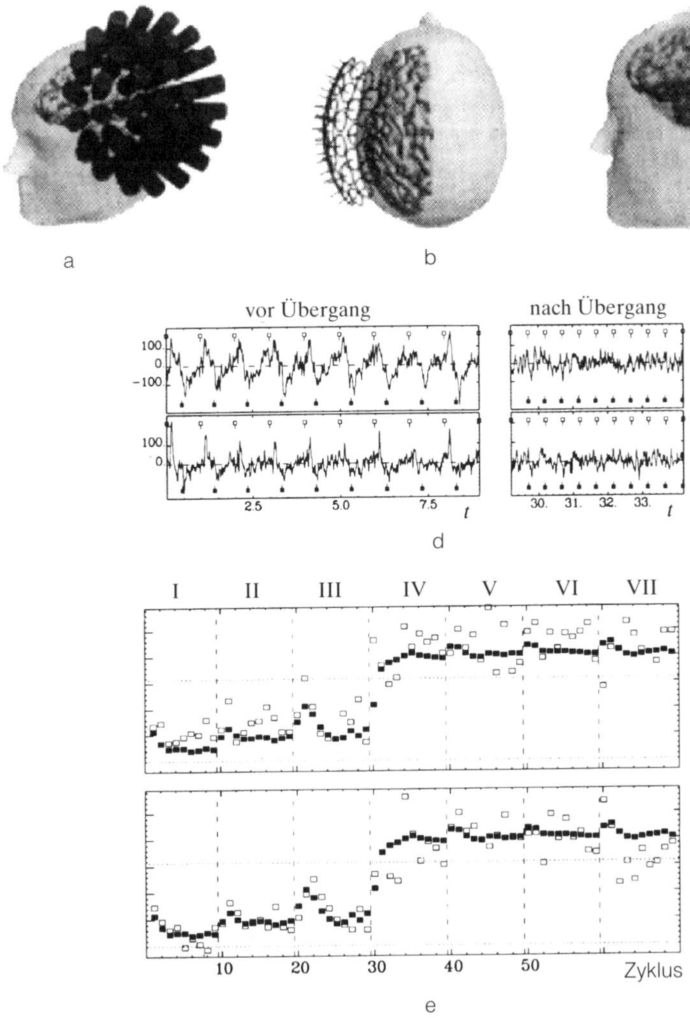

11.2 a) Rekonstruktion des Kopfes der Testperson und Lokalisierung der SQUID-Sensoren. b) Konstruktion des Gehirnmodells unter Benutzung der magnetischen Resonanz-Abbildung (MRI). Querschnitte wurden in einer koronalen Ebene mit einem Abstand von 3,5 mm aufgenommen. Die Lokalisierung und Orientierung jedes SQUID-Sensors ist überlagert. c) Beispiel der magnetischen Feldaktivität, die von SQUIDs entdeckt und in dem Kopf-Gehirn-Modell dargestellt wird. d) Zeitserien von zwei Sensoren vor und nach dem Übergang. e) überlagerte relative Phase (*y*-Achse), berechnet bei der Stimulus-Frequenz für jeden Zyklus für das Verhalten in der Zeit (ausgezogene Quadrate) und zwei der Sensoren (offene Quadrate).

Ein höchst bemerkenswertes Resultat ist in Abbildung 11.2e gezeigt, in dem die relative Phase zwischen der Anregung und der Antwort (ausgezogene Quadrate) überlagert wird mit der relativen Phase zwischen der Anregung und den Gehirnsignalen von zwei repräsentativen SQUID-Sensoren (offene Quadrate; der vollständige Datensatz findet sich bei Kelso et al. 1992). Die gestrichelten senkrechten Linien zeigen die Punkte an, wo die Stimulusfrequenz in dem Experiment geändert wurde. Die horizontalen Linien stellen eine Phasendifferenz von π dar. Wie zu erwarten ist, sind die SQUID-Daten etwas verrauschter als die Verhaltensdaten. Nichtsdestotrotz ist ein Übergang sowohl beim Gehirn als auch beim Verhalten in der relativen Phase klar ersichtlich, welche typischerweise nach oben driftet und Fluktuationen vor dem Umschalten zeigt – ein definitives Zeichen für das Erreichen der Instabilität. Kritisches Langsamerwerden wird durch die Tatsache angezeigt, daß sowohl das Gehirn als auch das Verhalten stärker durch die gleiche Größe der Störung (ein schrittweiser Wechsel von 0,25 Hz) gestört werden, wenn man sich dem kritischen Punkt nähert. Es nimmt eine immer längere Zeit in Anspruch, um zu dem Wert der relativen Phase vor der Störung zurückzukehren, wenn man sich dem Übergang nähert. Musterbildung und Schalten nehmen, mit anderen Worten, die Form einer dynamischen Instabilität an. Bemerkenswerterweise ist die Kohärenz sowohl der Gehirn- als auch der Verhaltenssignale durch den gleichen makroskopischen Ordnungsparameter, relative Phase, erfaßt. Es gibt sozusagen einen abstrakten „Ordnungsparameter-Isomorphismus“ zwischen dem Gehirn und den Verhaltensgeschehnissen.

Um das gesamte räumliche Gebiet von 37 Sensoren zu charakterisieren, wie es sich in der Zeit entwickelt, wurde eine Zerlegung mit Hilfe der Karhunen-Loève-(KL-)Methode (Friedrich, Fuchs und Haken 1991; Fuchs, Kelso und Haken 1992) durchgeführt. Dieses Verfahren ist auch als Hauptkomponenten-Analyse oder singuläre Wert-Zerlegung bekannt. Das raumzeitliche Signal $H(\boldsymbol{r},\mathrm{t})$ kann in räumliche, zeitunabhängige Moden $\phi_i(\boldsymbol{r})$ und ihre entsprechenden Amplituden $\xi_i(\mathrm{t})$ zerlegt werden:

$$H(\boldsymbol{r},\mathrm{t}) = \sum_{i=1}^{N} \xi_i(t)\,\phi_i(\boldsymbol{r}). \tag{6}$$

Wenn die Funktionen $\phi_i(\boldsymbol{r})$ geeignet gewählt werden, liefert bereits eine verkürzte Entwicklung bei kleinen Werten von N (etwa $N < 5 \ldots 10$) eine gute Näherung des ursprünglichen Datensatzes. Die KL-Zerlegung ist optimal in dem Sinne, daß es den mittleren quadratischen Fehler für jeden Abschneidepunkt N minimalisiert. Es ergibt sich, daß nur wenige Moden gebraucht werden, um den größten Teil der Varianz in den Gehirnsignalen zu erfassen.

Abbildung 11.3 (oben und Mitte) zeigt die räumliche Form der Funktionen, die durch die KL-Entwicklung erhalten werden, und ihre Amplituden für die beiden am meisten dominierenden Moden, das heißt die zwei größten Eigenwerte. Für die Spitzenmode, die etwa 60 Prozent der Leistung des

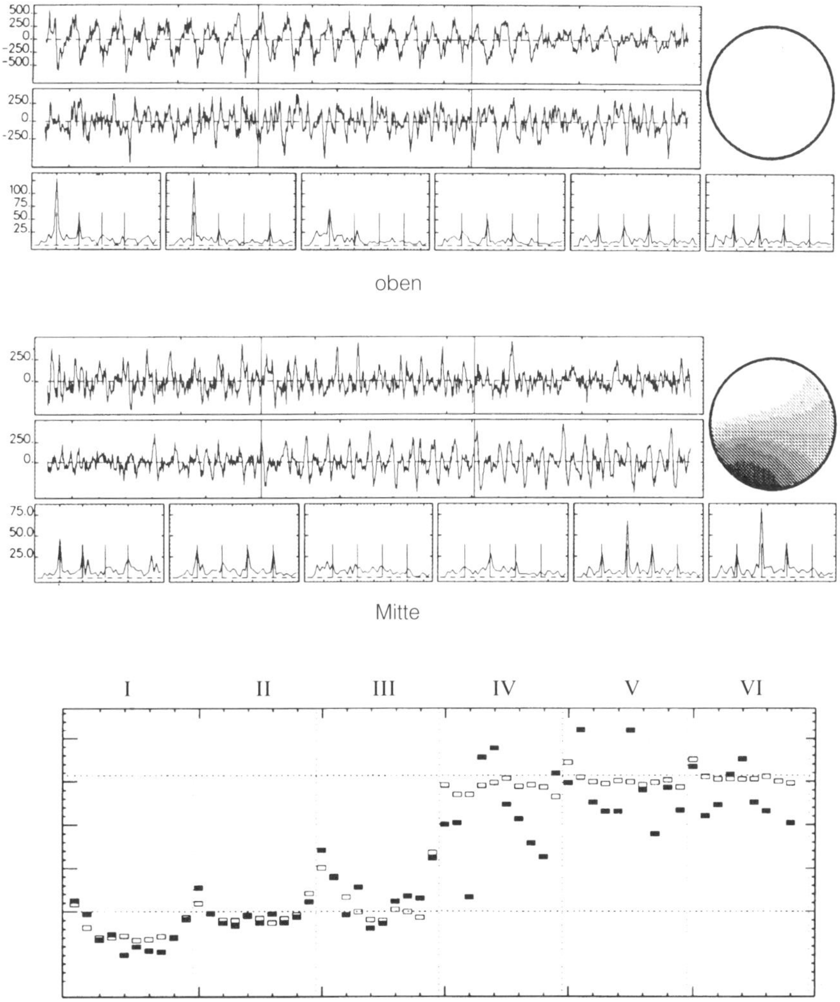

11.3 Dynamik der ersten beiden räumlichen KL-Modi, die ungefähr 75 Prozent der Änderungen in dem Signalgebiet erfassen. Oben rechts: Dominierender KL-Modus. Amplituden und Leistungsspektren auf den Frequenzplateaus I–VI. Mitte rechts: Zweiter KL-Modus und die entsprechenden Amplituden und Leistungsspektren. Unten: Relative Phase des Verhaltens (offene Quadrate) und die Amplitude des obersten Modus (ausgefüllte Rechtecke) bezogen auf die Anregung. Man beachte die qualitativen Änderungen bei allen drei Darstellungen in der Gegend des Beginns des Plateaus IV.

Signals abdeckt, ist eine starke periodische Komponente über die gesamte Zeitserie ersichtlich. Die Spektren zeigen indessen, daß es einen qualitativen Wechsel zwischen der Vor- und der Nachübergangsregion gibt. In der Vor-Übergangsregion wird die Dynamik von der ersten KL-Mode beherrscht, die mit der Anregungs- und Antwortfrequenz des Verhaltens oszilliert. Am Übergangspunkt geschieht ein Umschalten, wobei die zweite KL-Mode eine große Frequenzkomponente bei der doppelten Stimulusfrequenz zeigt (Abbildung 11.3, Mitte).

Wie oben schon erwähnt, ist das (Anti-Phasen-)Synkopierungsmuster jenseits einer kritischen Frequenz nicht stabil, und ein spontanes Umschalten zu einem In-Phasen-Synchronisationsmuster wird beobachtet. Wie in Abbildung 11.3 (unten) gezeigt wird, zeigt die erste KL-Mode (ausgezogene Quadrate) einen klaren Übergang von π am Übergangspunkt. Man beachte, daß die Phase des Gehirnsignals und das sensorimotorische Verhalten in der Vor-Übergangsregion fast identisch sind, wohingegen nach dem Übergang das Gehirnsignal diffuser wird, obwohl das sensorimotorische Verhalten regulärer wird. Das Relaxationsverhalten, das typisch für kritisches Langsamerwerden ist, ist wiederum evident.

Zusammenfassend läßt sich sagen, daß es, obgleich das Gehirn eine ungeheure strukturelle Heterogenität besitzt und seine Dynamik im allgemeinen nicht stationär ist, trotzdem – unter wohl definierten Bedingungen – möglich ist, seinen musterbildenden Charakter zu zeigen. Von einem inkohärenten spontanen oder Ruhe-Zustand aus bildet das Gehirn kohärente räumlich-zeitliche Muster unmittelbar, wenn es mit einer sinnvollen Aufgabe konfrontiert ist. Wie viele der komplexen Nichtgleichgewichtssysteme, die in der Synergetik studiert werden, durchläuft das Gehirn an kritischen Punkten eines Kontrollparameters spontante Änderungen seiner raum-zeitlichen Muster, was zum Beispiel in der relativen Phase oder in den spektralen Eigenschaften der räumlichen Modi gemessen wird. Bemerkenswerterweise weisen diese Größen die vorausgesagten Kennzeichen musterbildender Instabilitäten in selbstorganisierenden (synergetischen) Systemen auf. Gegenwärtige theoretische Untersuchungen sind der Modellierung der hier beobachteten Dynamik gewidmet. Empirische Studien, die einen vollständigen Kopf abdecken, mit 64 Sensoren, sind ebenfalls durchgeführt worden. Sherringtons schönes Bild von einem Zauberwebstuhl, wo Millionen von blitzenden Wegschiffchen ein niemals beständiges, aber immer sinnvolles Muster weben, beginnt, wie es scheint, realisiert zu werden.

Abschließende Gedanken

Über die Jahre hinweg haben herausragende Biologen argumentiert, daß die Methoden, die man verwendet, um Wissenschaft an unbelebten Objekten zu betreiben, völlig unangemessen sind, um Wissenschaft an Lebewesen zu betreiben, speziell an jenen, die Gehirne haben und Intentionalität besitzen. Wenn andererseits herausragende Physiker dazu kommen, exotische Eigenschaften von Lebewesen, wie Bewußtsein, zu betrachten, so suchen sie Aufschluß in Zusammenhängen mit physikalischen Theorien, wie Quantenmechanik und spezielle Relativitätstheorie. Man kann sich nur fragen, warum die Physik der kooperativen Phänomene und Selbstorganisation in offenen Nichtgleichgewichtssystemen von beiden Seiten ignoriert wird. Insbesondere haben die Synergetik und damit zusammenhängende Verfahren gezeigt, daß die Natur immer wieder die gleichen Prinzipien benutzt, um neuartige Formen auf einer makroskopischen Ebene zu bilden. Dies sind globale Eigenschaften des Systems: sie sind explizit kollektiv und (üblicherweise) ganz unabhängig von dem Material, das sie hervorbringt. Unter gewissen Bedingungen zeigt gewöhnliche Materie außergewöhnliches „lebensähnliches" Verhalten, einschließlich der spontanen Musterbildung, Musterwechsel und die Erschaffung und Vernichtung von Formen. In diesem Artikel konnte nur ein Hinweis auf die Möglichkeiten gegeben werden, aber hoffentlich ist dies genug, um die weitere Erforschung der These zu ermutigen, daß lebende Objekte *fundamental* Nichtgleichgewichtssysteme sind, in denen sich neue Muster ausbilden und in einer verhältnismäßig autonomen Weise selbst unterhalten.

Was trennt dann das Tote von dem Lebenden? Schrödinger schlug Ideen vor, wie das „Ordnung-aus-Ordnung-Prinzip", „Leben auf negativer Entropie" und den „aperiodischen Festkörper". Konzentration auf das letztere führte die Biochemie voran und brachte die Molekularbiologie hervor, aber nicht viel „neue Physik". Indessen läßt sich argumentieren, daß offene, Nichtgleichgewichtssysteme uns viel über die Organisation lebender Objekte zu lehren haben – und umgekehrt. Ein Teil des Beweismaterials, das hier summarisch dargestellt wurde, zeigt, daß Lebewesen, einschließlich des menschlichen Gehirns, dazu tendieren, in metastabilen koordinierten Zuständen zu leben, nahe der Instabilität, wo sie flexibel umschalten können. Sie leben nahe an einem kritischen Punkt, wo sie die Zukunft vorwegnehmen können und nicht einfach auf das Gegenwärtige reagieren. All dieses umfaßt „neue" Physik der Selbstorganisation, in der gleichzeitig kein einzelnes Niveau mehr oder weniger fundamental als das andere ist.

Für den Hauptstrom der Biologie ist die wichtigste Quelle der biologischen Organisation nicht ihre Offenheit, sondern die Tatsache, daß Organismen von einem Programm gesteuert werden. Für viele Genetiker und Biologen ist der teleonomische Charakter eines Organismus speziell in einem *genetischen Programm* begründet. Dieses haben Organismen gemeinsam mit von Menschen gemachten Maschinen, und das ist es, was sie von der unbelebten Natur unterscheidet. Gemäß solcher Ansichten ist alles, was wir wissen müssen, daß ein Programm existiert, das kausal verantwortlich für die Zielgerichtetheit lebender Objekte ist: wie das Programm zustande kam, ist völlig irrelevant.

Die Physik der Selbstorganisation in offenen Nichtgleichgewichtssystemen zeigt bereits „lebensähnliche“ Eigenschaften, selbst ohne ein Genom. Robert Rosen (1991) schlug vor, daß das freie Verhalten offener Systeme gerade die Art von Objekt ist, das Mendelsche Gene „erzwingen“ können. Aber um das Gen, selbst konzeptionell, als ein Programm, das Instruktionen zu Zellen aussendet, um sich selbst zu organisieren, zu beschreiben, schmälert die Komplexität des Gens. Je mehr wir über das genetische Material lernen, um so mehr erscheint das Gen selbst als ein selbstorganisiertes dynamisches System. Programme werden schließlich von Programmierern geschrieben. Aber wer oder was programmiert das genetische Programm?

Man kann – in wahrlich reduktionistischer Weise – spekulieren, daß eines Tages die Unterscheidung zwischen Genotypen und Phänotypen dahinschwinden wird. Selbst Darwin und später Lorenz erkannten, daß das Verhalten selbst aus koordinierten Aktionen entsteht, die das Überleben des Individuums und so auch der Gattung ermöglichen. Hier und anderswo wurde gezeigt, daß gewisse grundlegende Formen der Koordination den Prinzipien der Selbstorganisation unterliegen. Könnte dann die Genotyp-Phänotyp-Relation schließlich als gemeinsame selbstorganisierte Dynamik aufgefaßt werden, die auf verschiedenen Zeitskalen agiert? Wenn das so ist, können wir das Versklavungsprinzip der Synergetik benutzen: die langsam variierenden Größen sind die Ordnungsparameter, die die schnell adjustierenden Teile versklaven. Wenn der Genpool einer Spezies als langsam variierend über die Lebensdauer eines Individuums betrachtet wird (Mensch, Tier oder Pflanze), dann versklaven die Gene sicherlich das Individuum, das uns an Dawkins' These (1976) des „egoistischen Gens“ erinnert. Aber was geschieht, wenn das Individuum seine Gene beeinflussen kann? Das ist gegenwärtig eine ganz unorthodoxe Frage, die impliziert, daß Lamarck nochmals sein Haupt erheben könnte. Andere Ordnungsparameter, die auf Menschen wirken, sind sicherlich Sprache, Kultur, Wissenschaft, und so weiter. Sie tragen, zusätzlich zu den Genen, zu der Bildung eines Individuums bei.

Danksagung

Die in diesem Artikel beschriebenen Arbeiten wurden durch folgende Drittmittel unterstützt: NIMH (Neurosciences Research Branch) Grant MH42900, BRS Grant RR07258, Office of Naval Research Contract N00014-92-J-1904 und NSF Grant DBS-9213995. Wir sind Tom Holroyd und Armin Fuchs für ihre Hilfe bei den Abbildungen dankbar.

Literatur

Vor der im folgenden aufgelisteten zitierten Literatur sei noch auf drei weiterführende Bücher verwiesen:

Haken, H.; Haken-Krell, M. *Entstehung von biologischer Information und Ordnung*. Darmstadt (Wissenschaftliche Buchgesellschaft) 1989.
Haken, H. *Principles of Brain Functioning. A Synergetic Approach to Brain Activity, Behavior and Cognition*. Berlin (Springer) 1996.
Kelso, J. A. S. *Dynamical Patterns*. London (MIT Press) 1995.

Babloyantz, A. *Molecule, Dynamics and Life*. New York (Wiley) 1986.
Bak, P. *Self-Organized Criticality and Gaia*. In: Stein, W. D.; Varela, F. J. (Hrsg.) *Thinking About Biology*. Reading, Mass. (Addison Wesley) 1996. S. 255–268.
Bergé, P.; Pomeau, Y.; Vidal, C. *Order Within Chaos*. Paris (Hermann) 1984.
Buchanan, J. J.; Kelso, J. A. S. *Posturally Induced Transmition in Rhythmic Multijoint Limb Movements*. In: *Experimental Brain Research* 94 (1993) S. 131–142.
Collet, P.; Eckmann, J. P. *Instabilities and Fronts in Extended Systems*. Princeton, NJ (Princeton University Press) 1990.
Collins, J. J.; Stewart, I. N. *Coupled Nonlinear Oscillators and the Symmetries of Animal Gaits*. In: *Journal of Nonlinear Science* 3 (1993) S. 349–392.
Crick, F. H. C. *Of Molecules and Men*. Seattle (University of Washington Press) 1966.
Dawkins, R. *The Selfish Gene*. Oxford (Oxford University Press) 1976. [Deutsche Ausgabe; *Das egoistische Gen*. Heidelberg (Spektrum Akademischer Verlag) 1994.]
Dyson, F. *Origins of Life*. Cambridge (Cambridge University Press) 1985.
Friedrich, R.; Fuchs, A.; Haken, H. In: Haken, H.; Köpchen, H. P. (Hrsg.) *Synergetics of Rhythms*. Berlin (Springer) 1991.
Fuchs, A.; Kelso, J. A. S. *Pattern Formation in the Human Brain During Qualitative Changes in Sensorimotor Coordination*. World Congress on Neural Networks (1993) 4, S. 476–479.
Fuchs, A.; Kelso, J. A. S.; Haken, H. *Phase Transitions in the Human Brain: Spatial Mode Dynamics*. In: *International Journal of Bifurcation and Chaos* 2(4) (1992) S. 917–939.
Haken, H. Vorlesung an der Universität Stuttgart (1969).
Haken, H. *Cooperative Phenomena in Systems Far from Thermal Equilibrium and in Non-Physical Systems*. In: *Reviews of Modern Physics* 47 (1975) S. 67–121.
Haken, H. *Synergetics: An Introduction*. Berlin (Springer) 1977. [Deutsche Ausgabe: *Synergetik. Eine Einführung*. 3. erw. Aufl., Berlin (Springer) 1990.]
Haken, H.; Kelso, J. A. S.; Bunz, H. A *Theoretical Model of Phase Transitions in Human Hand Movements*. In: *Biological Cybernetics* 51 (1985) S. 347–356.
Ho, M. W. *The Rainbow and the Worm*. Singapore (World Scientific). In Druck.

Iberail, A. S.; Soodak, H. *A Physics for Complex Systems*. In: Yates, F. E. (Hrsg.) *Self-Organizing Systems: The Emergence of Order*. New York, London (Plenum) 1987.

Jeka, J. J.; Kelso, J. A. S.; Kiemel, T. *Pattern Switching in Human Multilimb Coordination Dynamics*. In: *Bulletin of Mathematical Biology* 55 (4) (1993) S. 829–845.

Jirsa, V. K.; Friedrich, R.; Haken, H.; Kelso, J. A. S. *A Theoretical Model of Phase Transitions in the Human Brain*. In: *Biological Cybernetics* 71 (1994) S. 27–35.

Kauffman, S. A. *Origins of Order: Self-Organization and Selection in Evolution*. Oxford (Oxford University Press) 1993.

Kelso, J. A. S. *On the Oscillatory Basis of Movement*. In: *Bulletin of the Psychonomic Society* 18 (1981) S. 63.

Kelso, J. A. S. *Phase Transitions and Critical Behavior in Human Bimanual Coordination*. In: *American Journal of Physiology: Regulatory, Integrative and Comparative Physiology* 15 (1984) S. R1000–R1004.

Kelso, J. A. S. *Introductory Remarks: Dynamic Patterns*. In: Kelso, J. A. S.; Mandell, A. J.; Shlesinger, M. F. (Hrsg.) *Dynamic Patterns in Complex Systems*. Singapore (World Scientific) 1988. S. 1–5.

Kelso, J. A. S. *Phase Transition: Foundations of Behavior*. In: Haken, H. (Hrsg.) *Synergetics of Cognition*, Berlin (Springer) 1990 S. 249–268.

Kelso, J. A. S. *Elementary Coordination Dynamics*. In: Swinnen, S.; Heuer, H.; Massion, J.; Casaer, P. *Interlimb Coordination: Neural, Dynamical and Cognitive Constants*. New York (Academic Press) 1994.

Kelso, J. A. S.; Bressler, S. L.; Buchanan S.; DeGuzman, G. C.; Ding, M.; Fuchs, A.; Holroyd, T. *Cooperative and Critical Phenomena in the Human Brain Revealed by Multiple SQUIDS*. In: Duke, D.; Pritchard, W. *Measuring Chaos in the Human Brain*, Singapore (World Scientific) 1991. S. 97–112.

Kelso, J. A. S.; Bressler, S. L.; Buchanan, S.; DeGuzman, G. C.; Ding, M.; Fuchs, A.; Holroyd, T. *A Phase Transition in Human Brain and Behavior*. In: *Physics Letters A* 169 (1992) S. 134–144.

Kelso, J. A. S.; DeGuzman, G. C.; Holroyd, T. *The Self-Organized Phase Attractive Dynamics of Coordination*. In: Babloyantz (Hrsg.) *Self-Organization, Emerging Properties and Learning*, Series B: Vol. 260. New York (Plenum) 1991. S. 41–62.

Kelso, J. A. S.; DelColle, J. D.; Schöner, G. *Action-Preception as a Pattern Formation Process*. In: Jeannerod, M. (Hrsg.) *Attention and Performance XIII*. Hillsdale, NJ (Erlbaum) 1990. S. 139–169.

Kelso, J. A. S.; Ding, M.; Schöner, G. *Dynamic Pattern Formation: A Primer*. In: Baskin, A.; Mittenthal, J. (Hrsg.) *Principles of Organization in Organisms*. Redwood City, CA (Addison Wesley) 1992. S. 397–439.

Kelso, J. A. S.; Jeka, J. J. *Symmetry Breaking Dynamics of Human Multilimb Coordination*. In: *Journal of Experimantal Psychology: Human Perception and Performance* 18 (1992) S. 645–668.

Kelso, J. A. S.; Scholz, J. P. *Cooperative Phenomena in Biological Motion*. In: Haken, H. (Hrsg.) *Complex Systems: Operational Approaches in Neurobiology, Physical Systems and Computers*. Berlin (Springer) 1985. S. 124–149.

Kelso, J. A. S.; Scholz, J. P.; Schöner, G. *Non-Equilibrium Phase Transitions in Coordinated Biological Motion: Critical Fluctuations*. In: *Physics Letters* A 118 (1986) S. 279–284.

Kelso, J. A. S.; Scholz, J. P.; Schöner, G. *Dynamics Governs Switching Among Patterns of Coordination in Biological Movement*. In: *Physics Letters* A 134(1) S. 8–12.

Kuramoto, Y. *Chemical Oscillations, Waves, and Turbulence*. Berlin (Springer) 1984.

Maddox, J. *The Dark Side of Molecular Biology*. In: *Nature* 363 (1993) S. 13.

Mayr, E. *Toward a New Philosophy of Biology*. Cambridge, Mass. (Harvard University Press) 1988. [Deutsche Ausgabe: *Eine neue Philosophie der Biologie*. München (Piper) 1991.]

Moore, W. *Schrödinger, Life and Thought*. Cambridge (Cambridge University Press) 1989.

Nicolis, G.; Prigogine, I. *Exploring Complexity: An Introduction*. San Francisco (Freeman) 1989.

Pattee, H. H. *Physical Theories of Biological Coordination*. In: Grene, M.; Mendelsohn, E. (Hrsg.) *Topics in the Philosophy of Biology*. Boston (Reidel) 1976, Bd. 27. S. 153–173.

Rosen, R. *Life Itself*. New York (Columbia University Press) 1991.

Schmidt, R. C.; Carello, C.; Turvey, M. T. *Phase Transitions and Critical Fluctuations in the Visual Coordination of Rhythmic Movements Between People*. In: *Journal of Experimental Psychology: Human Perception and Performance* 16(2) (1990) S. 227–247.

Schmidt, R. C.; Shaw, B. K.; Turvey, M. T. *Coupling Dynamics in Interlimb Coordination*. In: *Journal of Experimental Psychology: Human Perception and Performance* 19 (1993) S. 397–415.

Scholz, J. P.; Kelso, J. A. S.; Schöner, G. *Non-Equilibrium Phase Transitions in Coordinated Biological Motion: Critical Slowing Down and Switching Time*. In: *Physics Letters* A 123 (1987) S. 390–394.

Schöner, G.; Haken, H.; Kelso, J. A. S. *A Stochastic Theory of Phase Transitions in Human Hand Movement*. In: *Biological Cybernetics* 53 (1986) S. 442–452.

Schöner, G.; Jiang, W. Y.; Kelso, J. A. S. *A Synergetic Theory of Quadrupedal Gaits and Gait Transitions*. In: *Journal of Theoretical Biology* 142(3) (1990) S. 359–393.

Schöner, G.; Kelso, J. A. S. *Dynamic Pattern Generation in Behavioral and Neural Systems*. In: *Science* 239 (1988a) S. 1513–1520.

Schöner, G.; Kelso, J. A. S. *A Synergetic Theory of Environmentally-Specified and Learned Patterns of Movement Coordination. II. Component Oscillator Dynamics*. In: *Biological Cybernetics* 58 (1988b) S. 81–89.

Schrödinger, E. *What is Life?* Cambridge (Cambridge University Press) 1944. [Aktuell lieferbare deutsche Ausgabe: *Was ist Leben? Die lebende Zelle mit den Augen des Physikers betrachtet.* München (Piper) 1993.]

Shik, M. L.; Severin, F. V.; Orlovskii, G. N. *Control of Walking and Running by Means of Electrical Stimulation.* In: *Biophysics* 11 (1966) S. 1011.

Swinnen, S.; Heuer, H.; Massion, J.; Casaer, P. (Hrsg.) *Interlimb Coordination: Neural, Dynamical and Cognitive Constants.* New York (Academic Press) 1994.

von Holst, E. *Relative Coordination as a Phenomenon and as a Method of Analysis of Central Nervous Function.* In: Martin, R. (Hrsg.) *The Collected Papers of Erich von Holst.* Coral Gables, FL (University of Miami) 1939. S. 33–135.

Wallenstein, G. V.; Bressler, S. L.; Fuchs, A.; Kelso, J. A. S. *Spatiotemporal Dynamics of Phase Transitions in the Human Brain.* In: *Society for Neuroscience Abstracts.* Washington DC (Society for Neuroscience) 1993, Bd. 19. S. 1606.

Wimmers, R. H.; Beek, P. J.; van Wieringen, P. C. W. *Phase Transitions in Rhythmic Tracking Movements: A Case of Unilateral Coupling.* In: *Human Movement Science* 11 (1992) S. 217–226.

Wolpert, L. *The Triumph of the Embryo.* Oxford (Oxford University Press) 1991.

Wunderlin, A. *On the Slaving Principle.* In: *Springer Proceedings in Physics* 19 (1987) S. 140–147.

Zanone, P G.; Kelso, J. A. S. *Evolution of Behavioural Attractors with Learning: Nonequilibrium Phase Transitions.* In: *Journal of Experimental Psychology: Human Perception and Performance* 18/2 (1992) S. 403–421.

12. Ordnung aus Unordnung: Die Thermodynamik der Komplexität in der Biologie

Eric D. Schneider

Hawkwood Institute, Livingston, Montana, USA

James J. Kay

University of Waterloo, Waterloo, Ontario, Kanada

Einführung

Mitte des 19. Jahrhunderts traten zwei bedeutende wissenschaftliche Theorien darüber in Erscheinung, wie sich natürliche Systeme im Laufe der Zeit entwickeln. Die Thermodynamik, so wie sie von Boltzmann ausgearbeitet wurde, betrachtet die Natur gemäß dem zweiten Hauptsatz der Thermodynamik als im Zerfall begriffen, auf dem Weg zu einer Art Tod in zufälliger Unordnung. Diese am Gleichgewicht orientierte, pessimistische Betrachtungsweise der Evolution natürlicher Systeme kontrastiert mit der Ansicht, die mit dem Namen Darwin verbunden wird, nämlich von im Laufe der Zeit zunehmender Komplexität, Spezialisierung und Organisation biologischer Systeme. Die Erscheinungsweise vieler natürlicher Systeme zeigt, daß die Welt voll von zusammenhängenden Nichtgleichgewichtsstrukturen ist, etwa Konvektionszellen, autokatalytischen chemischen Reaktionen und dem Leben selbst. Lebende Systeme stellen eine Fortentwicklung weg von Unordnung und Gleichgewicht dar hin zu hochorganisierten Strukturen, die in einigem Abstand vom Gleichgewicht existieren.

Dieses Dilemma regte Erwin Schrödinger an, und in seinem zukunftsweisenden Buch *What is Life?* (Schrödinger 1944) versuchte er, die grundlegenden Prozesse der Biologie mit der Physik und der Chemie zu vereinen. Er bemerkte, daß das Leben aus zwei grundlegenden Vorgängen besteht; einer ist „Ordnung aus Ordnung“, der andere „Ordnung aus Unordnung“. Er beobachtete, daß ein Gen Ordnung aus Ordnung in einer Spezies erzeugt, das heißt, der Nachkomme erbt die Merkmale des Elternteils. Über ein Jahrzehnt später gaben Watson und Crick (1953) der Biologie ein Forschungsprogramm vor, das zu einigen der wichtigsten Entdeckungen der letzten 50 Jahre führte.

Eine nicht weniger bedeutsame, aber weniger verstandene Beobachtung Schrödingers war die Prämisse von „Ordnung aus Unordnung“. Sie stellte den Versuch dar, die Biologie mit den grundlegenden Lehrsätzen der Thermodynamik zu verbinden (Schneider 1987). Lebende Systeme bemühen sich, wie Schrödinger anmerkte, dem zweiten Hauptsatz der Thermodynamik zu trotzen. Dieser besagt, daß die Entropie innerhalb geschlossener Systeme einem Maximum zustrebt. Lebende Systeme sind jedoch die Antithese solcher Unordnung. Sie weisen faszinierende Ordnungsstufen auf, die aus Unordnung geschaffen sind. So stellen zum Beispiel Pflanzen hochgeordnete Strukturen dar, die aus ungeordneten Atomen und Molekülen in Erdböden und in atmosphärischen Gasen aufgebaut sind.

Schrödinger löste dieses Dilemma, indem er sich der Nichtgleichgewichtsthermodynamik zuwandte. Er erkannte, daß lebende Systeme in einer Welt von Energie- und Materialflüssen existieren. Ein Organismus bleibt in seinem hochorganisierten Zustand am Leben, indem er hochwertige Energie von außerhalb seiner selbst bezieht und sie in seinem Inneren umwandelt, so daß ein stärker organisierter Zustand zustande kommt. Leben ist ein System fernab vom Gleichgewicht, das seinen lokalen Organisationsgrad um den Preis eines größeren globalen Entropieinhalts erhält. Schrödinger war der Ansicht, daß die Untersuchung lebender Systeme vom Standpunkt des Nichtgleichgewichts aus die biologische Selbstorganisation mit der Thermodynamik in Einklang bringen würde. Weiterhin erwartete er, daß solch eine Untersuchung neue Prinzipien der Physik hervorbringen würde.

Dieser Aufsatz betrachtet das Forschungsprojekt „Ordnung aus Unordnung“, welches von Schrödinger vorgeschlagen worden war, und macht nähere Ausführungen über seine Sicht der Thermodynamik des Lebendigen. Wir werden erläutern, daß der zweite Hauptsatz der Thermodynamik kein Hindernis für das Verständnis von Leben darstellt, sondern sogar für eine vollständige Beschreibung von Lebensprozessen nötig ist. Wir erweitern die Thermodynamik zum Kausalzusammenhang des Lebensprozesses und zeigen, daß der zweite Hauptsatz die Selbstorganisationsprozesse unterstreicht sowie die Richtung vieler Vorgänge bestimmt, die bei der Entstehung lebender Systeme beobachtet werden.

Vorbemerkungen über die Thermodynamik

Es hat sich gezeigt, daß die Thermodynamik für alle arbeitsleistenden und energiehaltigen Systeme gültig ist, einschließlich der klassischen Temperatur-Volumen-Druck-Systeme, die chemische Kinetik, den Elektromagnetismus und die Quantensysteme. Die Thermodynamik kann als eine Beschreibungsmöglichkeit für drei verschiedene Situationen angesehen werden:

1. Gleichgewicht (klassische Thermodynamik), zum Beispiel die Wechselwirkungen einer großen Anzahl Moleküle in einem geschlossenen System.
2. Systeme, die sich in einer gewissen Entfernung vom Gleichgewicht befinden und zu diesem zurückkehren, zum Beispiel Moleküle in zwei Gefäßen, die mit einem geschlossenen Absperrhahn verbunden sind; ein Gefäß enthält mehr Moleküle als das andere, und sobald der Hahn geöffnet wird, wird das System in seinen Gleichgewichtszustand kommen, nämlich mit gleich vielen Molekülen in jedem Gefäß.
3. Systeme, die vom Gleichgewicht entfernt worden sind und nun durch Gradienten gezwungen werden, in diesem Abstand vom Gleichgewicht zu verharren, zum Beispiel zwei miteinander verbundene Gefäße, in denen ein Druckgradient mehr Moleküle in dem einen Gefäß hält als in dem anderen.

Für unsere Diskussion von „Ordnung aus Unordnung" ist das Konzept der *Exergie* von zentraler Bedeutung. Energie variiert in ihrer Beschaffenheit oder Fähigkeit, nutzbare Arbeit zu verrichten. Während eines jeglichen chemischen oder physikalischen Vorgangs geht die Beschaffenheit oder die Fähigkeit der Energie zur Arbeitsleistung unwiederbringlich verloren. Exergie ist ein Maß für die maximale Fähigkeit eines energiehaltigen Systems, nützliche Arbeit zu verrichten, während es sich zum Gleichgewicht mit seiner Umgebung hin bewegt (Brzustowski und Golem 1978; Ahern 1980).

Der erste Hauptsatz der Thermodynamik entstand aus dem Bemühen, die Beziehung zwischen Wärme und Arbeit zu verstehen. Er besagt, daß Energie weder geschaffen noch vernichtet werden kann und daß die Gesamtenergie in einem geschlossenen oder isolierten System unverändert bleibt. Trotzdem kann sich die Qualität der Energie im System (das heißt der Exergiegehalt) ändern. Der zweite Hauptsatz der Thermodynamik verlangt, daß die Qualität der Energie (die Exergie) in diesem System abnimmt, wenn irgendwelche Vorgänge im System ablaufen. Der zweite Hauptsatz kann auch in Form des Maßes für die Irreversibilität, der Entropie, formuliert werden: Die Änderung der Entropie ist in jedem real vorkommenden Prozeß größer als Null. Weiterhin sagt der zweite Hauptsatz aus: Jeder reale

Prozeß kann nur in einer Richtung fortschreiten, bei der sich die Entropie erhöht.

1908 wurde die Thermodynamik durch die Arbeit von Carathéodory einen Schritt vorangebracht (Kestin 1976). Er entwickelte einen Beweis, der zeigte, daß das Gesetz von der „Entropiezunahme" nicht die allgemeine Aussage des zweiten Hauptsatzes ist. Die umfassendere Aussage des zweiten Hauptsatzes der Thermodynamik ist: »In der Nähe eines jeden beliebigen Zustandes eines beliebigen geschlossenen Systems existieren Zustände, die für das System unerreichbar sind, über welchen adiabatischen Weg auch immer, sei er reversibel oder irreversibel.« Im Gegensatz zu früheren Definitionen hängt dies weder von der Natur des Systems ab noch von Entropie- oder Temperaturbegriffen.

Einige Zeit später faßten Hatsopoulos und Keenan (1965) sowie Kestin (1968) den nullten, ersten und zweiten Hauptsatz in ein vereinigtes Prinzip der Thermodynamik zusammen: »Wenn ein geschlossenes System einen Prozeß ausführt, nachdem eine Reihe innerer Zwänge aufgehoben sind, wird es einen wohldefinierten Gleichgewichtszustand erreichen. Dieser Gleichgewichtszustand ist unabhängig von der Reihenfolge, in der die Zwänge beseitigt werden.« Diese Aussage beschreibt das Verhalten der zweiten Gruppe von Systemen, die etwas vom Gleichgewicht entfernt sind, aber nicht gezwungen werden, im Nichtgleichgewichtszustand zu verharren. Die Bedeutung dieser Aussage liegt darin, daß sie eine Richtung und einen Endzustand für alle realen Prozesse vorschreibt. Sie besagt, daß ein System in denjenigen Gleichgewichtszustand geraten wird, den die inneren Zwänge zulassen.

Dissipative Systeme

Die oben ausgeführten Prinzipien gelten für geschlossene isolierte Systeme. Gleichwohl weist die dritte Klasse von Systemen noch interessantere Erscheinungen auf. Diese Systemklasse ist offen für Energie- und/oder Materialflüsse und verharrt in quasi-stabilen Zuständen in einem gewissen Abstand vom Gleichgewicht (Nicolis und Prigogine 1977, 1989). Nichtlebende geordnete Systeme (wie Konvektionszellen, Tornados und Laser) und lebende (von Zellen bis hin zu Ökosystemen) sind abhängig von äußeren Energieflüssen, um ihre Organisation zu erhalten. Sie gleichen Energiegradienten aus, um diese selbstorganisierenden Prozesse auszuführen. Diese Organisation wird um den Preis sich erhöhender Entropie im größeren „globalen" System erhalten, in das die Struktur eingebettet ist. In diesen sogenannten dissipativen Systemen ist die gesamte Entropieänderung die

Summe der inneren Entropiebildung im System (die immer größer oder gleich null ist) und dem Entropieaustausch mit der Umgebung, welcher positiv, negativ oder null sein kann. Damit das System sich in einem Nichtgleichgewichtszustand halten kann, muß der Entropieaustausch negativ sein und gleich groß wie die durch innere Vorgänge (wie den Stoffwechsel) produzierte Entropie.

Dissipative Strukturen, die bei einer endlichen Anzahl von Bedingungen stabil sind, werden am besten durch autokatalytische Zyklen mit positiver Rückkopplung repräsentiert. Konvektionszellen, Wirbelstürme, autokatalytische chemische Reaktionen und lebendige Systeme sind alles Beispiele für dissipative Strukturen fernab vom Gleichgewicht, die ein kohärentes, das heißt gleichgerichtetes Verhalten an den Tag legen.

Der Übergang von Wärmeleitung zum Auftreten von Konvektion in einer erhitzten Flüssigkeit ist ein treffendes Beispiel für die Entstehung einer kohärenten Organisationsstruktur als Antwort auf eine Energiezufuhr von außen (Chandrasekhar 1961). Im Experiment mit Bénard-Zellen wird die untere Schicht der Flüssigkeit erhitzt, während die obere auf einer niedrigeren Temperatur gehalten wird. Der anfängliche Wärmefluß durch das System wird durch Molekül-Molekül-Wechselwirkungen bestimmt. Sobald der Wärmefluß einen kritischen Wert erreicht, wird das System instabil, und die molekularen Bewegungen der Flüssigkeit werden kohärent, so daß eine konvektive Umwälzung zustande kommt. Es resultieren hochgeordnete kohärente hexagonale bis schraubenförmige Oberflächenmuster (Bénard-Zellen). Diese Strukturen beschleunigen die Geschwindigkeit des Wärmetransports und des Gradientenausgleichs im System. Der Übergang von nicht-kohärenten zu kohärenten Strukturen ist die Antwort des Systems auf den Versuch, es vom Gleichgewichtszustand zu entfernen (Schneider und Kay 1994). Dieser Übergang vom nicht-kohärenten Wärmeaustausch von Molekül zu Molekül hin zu kohärenten Strukturen bedeutet, daß mehr als 10^{22} Moleküle in einer hochorganisierten Art und Weise agieren. Dieses scheinbar unwahrscheinliche Ereignis ist die direkte Folge aus dem angelegten Wärmegradienten sowie der Systemdynamik und stellt die Antwort des Systems auf Versuche dar, es aus dem Gleichgewicht zu entfernen.

Um diese Klasse von Nichtgleichgewichtssystemen zu behandeln, schlagen wir einen Zusatz für Kestins vereinheitlichtes Prinzip der Thermodynamik vor. Kestins Beweis zeigt, daß der Gleichgewichtszustand eines Systems stabil im Sinne von Ljapunow ist. In dieser Schlußfolgerung ist inbegriffen, daß ein System gegen die Entfernung aus dem Gleichgewicht Widerstand leistet. Das Maß, in dem ein System vom Gleichgewichtszustand entfernt wurde, wird anhand des Gradienten abgeschätzt, der an das System angelegt wird.

Sobald man Systeme aus dem Gleichgewicht bringt, benutzen sie alle verfügbaren Wege, um den angelegten Gradienten entgegenzuwirken. Wenn diese zunehmen, nimmt auch die Fähigkeit des Systems zu, sich einer weiteren Entfernung vom Gleichgewichtszustand zu widersetzen.

Wir werden uns auf diese Aussage als den „neu formulierten zweiten Hauptsatz" beziehen, auf die Aussagen aus der Zeit vor Carathéodory dagegen als den „klassischen zweiten Hauptsatz". In chemischen Systemen ist das Prinzip von Le Chatelier ein Beispiel für den neu formulierten zweiten Hauptsatz.

Thermodynamische Systeme im Temperatur-, Druck- und chemischen Gleichgewicht leisten einer Entfernung vom Gleichgewichtszustand Widerstand. Wenn die Systeme aus ihrem Gleichgewichtszustand entfernt werden, verändern sie ihren Zustand auf eine Weise, daß sie sich dem angelegten Gradienten entgegenstellen und versuchen, sich zum Gleichgewicht als Anziehungspunkt zurückzubewegen. Je stärker der angelegte Gradient, desto größer ist die Anziehungskraft des Gleichgewichtszustandes auf das System. Je weiter ein System vom Gleichgewicht entfernt wurde, desto ausgefeilter sind seine Mechanismen, um der Entfernung aus dem Gleichgewicht Widerstand zu leisten. Wenn es die dynamischen und/oder kinetischen Bedingungen zulassen, treten selbstorganisierende Vorgänge auf, die den Gradientenausgleich begünstigen. Aus einer klassischen Betrachtungsweise heraus ist dieses Verhalten nicht einsichtig. Im Hinblick auf den neu formulierten zweiten Hauptsatz kann man es jedoch erwarten. So ist das Auftreten kohärenter selbstorganisierender Strukturen nicht länger eine Überraschung, sondern vielmehr eine zu erwartende Antwort eines Systems, denn es versucht, von außen angelegten Gradienten, die das System aus dem Gleichgewicht entfernen würden, Widerstand entgegenzusetzen und sie auszugleichen. Folglich haben wir es bei der Bildung dissipativer Strukturen mit *Ordnung, die aus Unordnung entsteht*, zu tun.

Bis hierher hat sich unsere Betrachtung auf einfache physikalische Systeme und auf die Frage, wie thermodynamische Gradienten eine Selbstorganisation antreiben, konzentriert. Chemische Gradienten haben ebenfalls dissipative autokatalytische Reaktionen zur Folge. Beispiele dafür kann man in einfachen anorganischen Systemen finden, bei der Proteinbiosynthese, autokatalytischen Phosphorylierungs-, Polymerisations- und Hydrolysereaktionen. Autokatalytische Reaktionssysteme sind eine Form von positiver Rückkopplung, wobei die Aktivität des Systems oder der Reaktion in Form sich selbst verstärkender Reaktionen zunimmt. Autokatalyse regt die gesamte Aktivität des ganzen Zyklus an. Solch eine sich selbst verstärkende katalytische Aktivität ist selbstorganisierend und eine wichtige Methode, um die ausgleichend wirkende Kapazität des Systems zu erhöhen.

Die Vorstellung von dissipativen Systemen als Gradientenausgleicher gilt für chemische und physikalische Nichtgleichgewichtssysteme und beschreibt den Vorgang des Auftretens und der Entwicklung komplexer Systeme. Die Vorgänge in jenen dissipativen Systemen sind nicht nur im Einklang mit dem neu formulierten zweiten Hauptsatz – man sollte sogar erwarten, daß unter geeigneten Bedingungen solche Systeme entstehen, wenn Gradienten vorliegen. Schrödingers Begriff von Unordnung bezieht sich auf die Entstehung dieser dissipativen Systeme, eine Erscheinung, die allgemein in diesen thermodynamischen Systemen der Klasse 3 beobachtet werden.

Lebende Systeme gleichen Gradienten aus

Boltzmann erkannte den offensichtlichen Widerspruch zwischen dem Wärmetod des Universums und der Existenz des Lebens, bei dem Systeme wachsen, komplexer werden und evolvieren. Er begriff, daß der von der Sonne ausgehende Energiegradient den Lebensprozeß antreibt, und schlug einen Darwinschen Wettkampf lebender Systeme um Entropie vor:

> »Der allgemeine Daseinskampf der Lebenswesen ist daher nicht ein Kampf um die Grundstoffe – die Grundstoffe aller Organismen sind in Luft, Wasser und Erdboden im Überflusse vorhanden –, auch nicht um Energie, welche in Form von Wärme leider unverwandelbar in jedem Körper reichlich enthalten ist, sondern ein Kampf um die Entropie, welche durch den Übergang der Energie von der heißen Sonne zur kalten Erde disponibel wird.« (Boltzmann 1886)

Boltzmanns Ideen wurden von Schrödinger weiter erforscht, der feststellte, daß manche Systeme, wie etwa das Leben, dem klassischen zweiten Hauptsatz der Thermodynamik zu trotzen scheinen (Schrödinger 1944). Andererseits erkannte er, daß lebende Systeme – im Gegensatz zu den adiabatischen geschlossenen Kästen der klassischen Thermodynamik – offen sind. Ein Organismus bleibt in seinem hochorganisierten Zustand am Leben, indem er Energie hoher Qualität von außen aufnimmt und sie „degradiert" (das heißt in geringerwertige Energie umwandelt), um die Organisationsstruktur des Systems zu unterstützen. Oder, wie Schrödinger sagt, die einzige Methode für einen Organismus, am Leben zu bleiben – fern von maximaler Entropie und Tod – besteht darin, daß

> »... er sozusagen einen Strom negativer Entropie zu sich hin zieht ... Der Kunstgriff, mittels dessen ein Organismus sich stationär auf einer ziemlich hohen Ordnungsstufe (einer ziemlich tiefen Entropiestufe) hält, besteht in Wirklichkeit aus einem fortwährenden „Aufsaugen" von Ordnung aus seiner Umwelt ... Pflanzen ... besitzen ihren stärksten Vorrat an „negativer Entropie" selbstverständlich im Sonnenlicht.« (Schrödinger 1944)

Leben kann als eine dissipative Struktur angesehen werden, die ihren lokalen Organisationsgrad um den Preis der Entropieerzeugung in der Umgebung erhält.

Wenn wir die Erde als ein offenes thermodynamisches System mit einem enormen von der Sonne aufgedrückten Gradienten betrachten, so legt es der neu formulierte zweite Hauptsatz nahe, daß das System diesen Gradienten verkleinert, indem es alle verfügbaren physikalischen und chemischen Prozesse nutzt. Wir schlagen folgende Formulierung vor: Leben existiert auf der Erde als ein weiteres Mittel, um den sonneninduzierten Gradienten auszugleichen, und ist daher als solches eine Manifestation des neu formulierten zweiten Hauptsatzes. Lebende Systeme als dissipative Systeme fernab vom Gleichgewicht haben ein großes Potential, Strahlungsgradienten auf der Erde zu vermindern (Kay 1984; Ulanowicz und Hyänen 1987).

Der Ursprung des Lebens ist die Entwicklung einer weiteren Route für den Ausgleich induzierter Energiegradienten. Leben leistet Gewähr dafür, daß diese Ausgleichsvorgänge weiterbestehen. Es hat Strategien entwickelt, diese dissipativen Strukturen trotz einer sich ständig ändernden physikalischen Umgebung aufrechtzuerhalten. Wir meinen, daß lebende Systeme dynamische dissipative Strukturen mit verschlüsselten Erinnerungen sind, den Gewinnen, die es den dissipativen Prozessen erlauben fortzubestehen.

Wir haben erörtert, daß das Leben eine Antwort auf den thermodynamischen Imperativ ist, Gradienten auszugleichen (Kay 1984; Schneider 1988). Biologisches Wachstum findet statt, wenn im System noch mehr gleichartige Wege hinzugefügt werden, angelegte Gradienten abzuflachen. Biologische Entwicklung findet dagegen statt, wenn *neue* Wege im System auftauchen. Dieses Prinzip stellt ein Kriterium für die Bewertung von Wachstum und Entwicklung lebender Systeme dar.

Ein Versuch, die Sonnenenergie einzufangen und nutzbare Gradienten auszugleichen, ist das Pflanzenwachstum. Pflanzen vieler Spezies ordnen sich selbst derart an, daß die Blattfläche vergrößert wird, um Energiegewinnung und -degradation zu optimieren. Die massiven Energievorräte von Landpflanzen zeigen, daß die überwiegende Mehrheit ihrer Energie für Evapotranspiration genutzt wird, wobei 200 bis 500 Gramm Wasser pro Gramm des durch Photosynthese fixierten Materials transpiriert werden. Dieser Mechanismus ist ein sehr wirkungsvoller Energiedegradationsprozeß, wobei 2500 Joule pro Gramm transpirierten Wassers verbraucht werden (Götze 1962). Evapotranspiration ist der wichtigste Dissipationsweg in Landökosystemen.

Die großräumige biogeographische Verteilung des Artenreichtums ist streng mit der potentiellen jährlichen Evapotranspiration korreliert (Currie 1991). Diese engen Beziehungen zwischen Artenreichtum und verfügbarer Energie legen eine ursächliche Verknüpfung zwischen der biologischen

Vielfalt und dissipativen Vorgängen nahe. Je mehr Exergie zur Verteilung unter den Spezies zur Verfügung steht, desto mehr Wege gibt es, um die Energie zu nutzen. Die Stufen der Nahrungsketten („Trophieebenen") und die Nahrungsketten selbst bauen auf Stoffen auf, die durch die Photosynthese fixiert wurden. In den Nahrungsketten werden diese Gradienten weiter ausgeglichen, indem Strukturen höherer Ordnung gebildet werden. Daher erwarten wir eine größere Artenvielfalt immer dort, wo mehr Exergie zur Verfügung steht. Die Artenvielfalt und die Zahl der Trophieebenen sind am Äquator besonders hoch, wo fünf sechstel der Sonneneinstrahlung auf die Erde eintreffen. Hier ist ein größerer Gradient zu vermindern.

Thermodynamische Analyse von Ökosystemen

Ökosysteme sind diejenigen biotischen, physikalischen und chemischen Bestandteile der Natur, die als dissipative Nichtgleichgewichtssysteme zusammenwirken. Die Entwicklung von Ökosystemen sollte die Energieausnutzung erhöhen, wenn sie dem neu formulierten zweiten Hauptsatz folgt. Diese Hypothese läßt sich testen, indem man die Energetik der Ökosystementstehung während der ökologischen Sukzession untersucht oder indem man die Ökosysteme einer Belastung aussetzt.

Während Ökosysteme sich entwickeln oder zur Reifung gelangen, sollten sie die Gesamtdissipation erhöhen und komplexere Strukturen mit größerer Vielfalt und zahlreicheren Hierarchieebenen entwickeln, um die Energieausnutzung zu fördern (Schneider 1988; Kay und Schneider 1992). Diejenigen Spezies sind erfolgreich, die Energie auf ihr eigenes Wachstum und ihre Vermehrung konzentrieren und zu autokatalytischen Prozessen beitragen, womit sie die Gesamtdissipation des Ökosystems erhöhen.

Lotka (1922) sowie Odum und Pinkerton (1955) schlugen vor, daß diejenigen biologischen Systeme überleben, die den größtmöglichen „Leistungszufluß" haben. Sie nutzen die Leistung (Energie pro Zeit), um ihre Bedürfnisse bestmöglich zu befriedigen. Eine bessere Beschreibung dieser „Leistungsgesetze" dürfte folgende sein: Biologische Systeme entwickeln sich, damit sie ihre Energiedegradationsrate erhöhen; biologisches Wachstum, die Ausbildung von Ökosystemen und die Evolution stellen die Entwicklung neuer Ausgleichswege dar. Mit anderen Worten: Ökosysteme entwickeln sich so, daß die Menge an Exergie, die sie erlangen und degradieren, sich beständig erhöht. Folglich verringert sich die Exergie der abgegebenen Energie, während sich Ökosysteme entwickeln. Mit der Formulierung „Ökosysteme entwickeln sehr viel Leistung" ist also gemeint, daß sie die

Exergie in der eintreffenden Energie möglichst effektiv nutzen, während sie gleichzeitig die gewonnene Energiemenge erhöhen.

Diese Theorie legt nahe, daß auflösend wirkende Streßbelastungen die Ökosysteme veranlassen, auf Anordnungen mit geringerem Energiedegradationspotential auszuweichen. Gestreßte Ökosysteme sehen Ökosystemen auf einer früheren Entwicklungsstufe oftmals ziemlich ähnlich und befinden sich näher am thermodynamischen Gleichgewicht.

Ökologen haben analytische Methoden entwickelt, die Energie- und Materialflüsse durch Ökosysteme zu messen (Kay, Graham und Ulanowicz 1989). Mit diesen Methoden ist es möglich, den Energiefluß und die Verteilung der Energie im Ökosystem im Detail zu erfassen. Vor kurzem haben wir einen Datensatz über den Kohlenstoff- und Energiefluß in zwei Marschgewässern in der Nähe eines großen Kraftwerks am Crystal River in Florida analysiert (Ulanowicz 1986). Die beiden betrachteten Ökosysteme waren eine „gestreßte" und eine „Kontroll"-Marsch. Das „gestreßte" Ökosystem ist heißem Wasser ausgesetzt, das aus dem Atomkraftwerk abfließt. Das „Kontrollökosystem" kommt mit dem heißen Wasser nicht in Berührung, weist aber ansonsten dieselben Umweltbedingungen auf. Absolut gesehen nehmen alle Flüsse in dem gestreßten Ökosystem ab. Dies beinhaltet die Folge, daß das Ökosystem schrumpft – in seiner Größe, bezogen auf die Biomasse, seinem Rohstoffverbrauch, seinem Material- und Energiekreislauf sowie in seiner Fähigkeit zur Nutzung und zum Abbau der einfließenden Energie.

Insgesamt besteht der Einfluß des heißen Abwassers aus dem Kraftwerk darin, die Größe des „gestreßten" Ökosystems und seinen Ressourcenverbrauch zu verringern. Gleichzeitig greift das Abwasser in die Fähigkeit des Ökosystems ein, die gewonnenen Ressourcen bei sich zu behalten. Diese Analyse weist darauf hin, daß Funktion und Struktur von Ökosystemen dem Entwicklungsweg folgen, der sich aus dem Verhalten thermodynamischer Nichtgleichgewichtsstrukturen und der Übertragung dieses Verhaltens auf die Entwicklungsmuster von Ökosystemen vorhersagen läßt.

Die Energetik von Landökosystemen liefert einen weiteren Test der These, wonach Ökosysteme sich so entwickeln, daß sie Energie effektiver nutzen. Weiter ausgebildete dissipative Strukturen sollten demnach Energie besser nutzten. Folglich erwarten wir, daß ein ausgereifteres Ökosystem den Exergiegehalt der gewonnenen Energie stärker ausnutzt als ein weniger entwickeltes Ökosystem. Der Exergieabfall in einem Ökosystem steht in Beziehung zur jeweiligen Temperaturdifferenz zwischen der „schwarzen" (das heißt reflektionsfreien) Ausstrahlung des Ökosystems und der eingefangenen Sonnenenergie. Wenn mehrere Ökosysteme jeweils derselben Menge Energie ausgesetzt sind, so erwarten wir, daß das ausgereifteste Ökosystem seine Energie mit dem niedrigsten Exergiegehalt zurückstrahlt.

Das bedeutet, daß jenes Ökosystem die niedrigste Schwarzkörpertemperatur hat.

Luvall und Holbo (1989, 1991) haben Oberflächentemperaturen verschiedener Ökosysteme mit einem thermischen Infrarot-Multispektral-Scanner (TIMS) gemessen. Ihre Daten zeigen eine unverkennbare Tendenz: Unter sonst gleichen Bedingungen ist die Oberflächentemperatur um so niedriger und die zurückgestrahlte Energie wird um so stärker genutzt, je höher das Ökosystem entwickelt ist.

TIMS-Daten eines Nadelwaldes in Oregon zeigten, daß sich die Oberflächentemperatur mit der Art und dem Entwicklungsstand des Ökosystems ändert. Die höchsten Temperaturen wurden an einer Kahlschlagslichtung und über einem Steinbruch gemessen. Die kälteste Stelle, mit 299 Kelvin etwa 26 Kelvin kälter als die Lichtung, war ein 400 Jahre alter Wald aus Douglasien mit einer dreischichtigen Pflanzendecke. Der Steinbruch nutzte 62 Prozent der netto einfallenden Strahlung, der 400 Jahre alte Wald 90 Prozent. Mäßig alte Bereiche des Waldes fanden sich zwischen diesen Extremen, das heißt, die Energienutzung nimmt bei höher entwickelten beziehungsweise weniger gestörten Ökosystemen zu. Diese einzigartigen Datensätze lassen erkennen, daß Ökosysteme Strukturen und Funktionen entwickeln, welche die angelegten Energiegradienten möglichst effektiv abbauen (Schneider und Kay 1994).

Unsere Untersuchung der Ökosysteme behandelt diese als offene Systeme, in die Energie von hoher Qualität gepumpt wird, so daß sie aus dem Gleichgewicht gebracht werden. Die Natur widersetzt sich aber der Entfernung vom Gleichgewichtszustand. Also reagieren die Ökosysteme in ihrer Eigenschaft als offene Systeme wo immer möglich mit der spontanen Entwicklung organisierter Verhaltensweisen, aufgrund derer hochwertige Energie zur Bildung und Erhaltung der neu entwickelten Struktur konsumiert wird. Dieser Vorgang verringert die Fähigkeit der hochwertigen Energie, das System weiter vom Gleichgewicht zu entfernen. Jener selbstorganisierende Prozeß wird durch plötzliche Wechsel charakterisiert, die vorkommen, wenn neue Wechselwirkungen sowie Aktivitäten der Einzelbestandteile und des Gesamtsystems auftreten. Man versteht heute das Auftreten organisierten Verhaltens – das Wesen des Lebens – durchaus so, daß es von der Thermodynamik vorhergesagt wird. Sobald Energie höherer Qualität in ein Ökosystem hineingepumpt wird, entsteht eine stärkere Organisation, um die Energie zu nutzen. Demnach haben wir *Ordnung, die aus Unordnung entsteht*, allerdings im Dienst der Erzeugung von noch mehr Unordnung.

Ordnung aus Unordnung und Ordnung aus Ordnung

Komplexe Systeme können anhand eines zusammenhängenden Maßstabs der Komplexität klassifiziert werden, ausgehend von gewöhnlicher Komplexität (Systeme nach Prigogine, Tornados, Bénard-Zellen, autokatalytische Reaktionssysteme) bis hin zu emergenter Komplexität, vielleicht einschließlich der sozioökonomischen Systeme des Menschen. Lebende Systeme stehen am anspruchsvolleren Ende der Meßlatte. Sie müssen innerhalb des übergeordneten Systemkontexts und der Umwelt funktionieren, deren Teil sie sind. Wenn ein lebendes System die Bedingungen des ihm übergeordneten Systems nicht respektiert, wird es ausselektiert. Das übergeordnete System (die Umwelt) legt dem Einzelsystem eine Reihe von Zwängen auf. In der Evolution erfolgreiche lebende Systeme haben mit den Zwängen umzugehen gelernt. Wenn ein neues Lebewesen nach dem Tod eines früheren erzeugt wird, würde es den Selbstorganisationsvorgang effizienter machen, wenn es auf Abänderungen beschränkt wäre, die eine hohe Erfolgswahrscheinlichkeit haben. Genau diese Rolle wird von den Genen übernommen. Sie sind ein Protokoll erfolgreicher Selbstorganisation. Gene stellen nicht den Entwicklungsmechanismus dar; der Mechanismus ist die Selbstorganisation. Gene schränken den Vorgang der Selbstorganisation ein; auf höheren Hierarchieebenen begrenzen ihn andere Schemata. Die Fähigkeit eines Ökosystems sich zu regenerieren ist abhängig von den für den Regenerationsprozeß vorhandenen Spezies.

Vorausgesetzt, daß lebende Systeme einen immerwährenden Kreislauf Geburt-Entwicklung-Regeneration-Tod durchlaufen, so ist es für die Fortsetzung des Lebens entscheidend, ob die Information darüber, was funktioniert und was nicht, bewahrt wird (Kay 1984). Das genau ist die Rolle des Gens und, in einem größeren Maßstab, der biologischen Vielfalt, nämlich als Informationsdatenbanken der funktionierenden Strategien der Selbstorganisation zu wirken. Hier ist die Verbindung der Gedanken Schrödingers von „Ordnung aus Ordnung“ und „Ordnung aus Unordnung“. Leben entsteht, weil die Thermodynamik Ordnung aus Unordnung fordert, wann immer ausreichende thermodynamische Gradienten und Umweltbedingungen vorliegen. Aber wenn das Leben fortbestehen soll, erfordern dieselben Regeln, daß es fähig sein muß nachzuwachsen, das heißt Ordnung aus Ordnung zu schaffen. Leben kann nur mit beiden Prozessen existieren, *Ordnung aus Unordnung, um Leben zu erzeugen,* und *Ordnung aus Ordnung, um den Fortbestand des Lebens zu gewährleisten.*

Leben stellt ein Gleichgewicht zwischen den Imperativen von Überleben und Energienutzung dar. Um Blum (1968) zu zitieren:

»Ich möchte die Evolution gerne mit dem Weben eines großen Bildteppichs vergleichen. Der starke, unnachgiebige Kettfaden dieses Teppichs wird von den wesentlichen Eigenschaften der unbelebten Materie gebildet und der Art, in der diese Materie in der Evolution unseres Planeten zusammengefügt wurde. Bei der Anordnung dieses Kettfadens spielte der zweite Hauptsatz der Thermodynamik eine herausragende Rolle. Den vielfarbigen Schußfaden, der die Einzelheiten des Bildteppichs formt, stelle ich mir gerne so vor, daß er in den Kettfaden hauptsächlich durch Mutation und natürliche Selektion eingewebt wurde. Während der Kettfaden die Dimension und die Grundlagen des Ganzen festlegt, ist es der Schußfaden, der den Sinn für die Schönheit bei denen, die die organische Evolution studieren, am meisten gefangennimmt. Der Schußfaden repräsentiert die Schönheit und die vielseitige Anpassung der Organismen an ihre Umwelt. Aber warum sollten wir dem Kettfaden so wenig Aufmerksamkeit schenken, der letzten Endes der grundlegende Teil der Gesamtstruktur ist? Vielleicht wäre die Analogie vollständiger, wenn man irgendetwas einführte, das man manchmal an Textilien sieht, nämlich die aktive Beteiligung der Kettfäden am Muster selbst. Nur dann, meine ich, erfaßt man die volle Bedeutung des Vergleichs.«

Wir haben hier versucht, die Beteiligung des Kettfadens bei der Herstellung des Bildteppichs des Lebens aufzuzeigen. Um zu Schrödinger zurückzukehren: Leben besteht aus zwei Vorgängen, Ordnung aus Ordnung und Ordnung aus Unordnung. Die Arbeit von Watson und Crick und anderen beschrieb das Gen und löste das Rätsel von „Ordnung aus Ordnung“. Die hier vorliegende Arbeit unterstützt Schrödingers Prämisse von „Ordnung aus Unordnung“ und verbindet die makroskopische Biologie besser mit der Physik.

Literatur

Ahern, J. E. *The Exergy Method of Energy Systems Analysis.* New York (Wiley) 1980.

Blum, H. G. *Time's Arrow and Evolution.* Princeton (Princeton University Press) 1968.

Boltzmann, L. *Der zweite Hauptsatz der mechanischen Wärmetheorie* (1886). [Gekürzter Nachdruck in: Broda, E. (Hrsg.) *Ludwig Boltzmann. Populäre Schriften.* Braunschweig (Vieweg) 1979.]

Brzustowski, T. A.; Golem, P. J. *Second Law Analysis of Energy Processes. Part 1: Exergy – An Introduction.* In: *Transactions of the Canadian Society of Mechanical Engineers* 4/4 (1978) S. 209–218.

Chandrasekhar, S. *Hydrodynamics and Hydromagnetic Stability.* London (Oxford University Press) 1961.

Currie, D. *Energy Exchange in the Biosphere.* New York (Harper & Row) 1962.

Hatsopoulos, G.; Keenan, J. *Principles of General Thermodynamics.* New York (Wiley) 1965.

Kay, J. J. *Self-Organization in Living Systems*. Dissertation, Systems Design Engineering. Ontario (University of Waterloo) 1984.

Kay, J. J.; Graham, L.; Ulanowicz, R. E. *A Detailed Guide to Network Analysis*. In: Wulff, F.; Field, J. G.; Mann, K. H. (Hrsg.) *Network Analysis in Marine Ecosystems*. Coastal and Estuarine Studies Bd. 32. New York (Springer) 1989. S. 16–61.

Kay, J. J; Schneider, E. *Thermodynamics and Measures of Ecosystem Integrity*. In: McKenzie, D.; Hyatt, D.; McDonald, J. (Hrsg.) *Ecological Indicators*. New York (Elsevier) 1992). S. 159–181.

Kestin, J. *A Course in Thermodynamics*. New York (Hemisphere Press) 1968.

Kestin, J. (Hrsg.) *The Second Law of Thermodynamics*. In: *Benchmark Papers on Energy, Vol. 5. Investigations into the Foundations of Thermodynamics, by C. Carathéodory*. New York (Dowden, Hutchinson & Ross) 1976. S. 225–256.

Lotka, A. *Contribution to the Energetics of Evolution*. In: *Proceedings of the National Academy of Sciences USA* 8 (1922) S. 148–154.

Luvall, J. C.; Holbo, H. R. *Measurements of Short Term Thermal Responses of Coniferous Forest Canopies Using Thermal Scanner Data*. In: *Remote Sensing of the Environment* 27 (1989) S. 1–10.

Luvall, J. C.; Holbo, H. R. *Thermal Remote Sensing Methods in Landscape Ecology*. In: Turner, M.; Gardner, R. H. (Hrsg.) *Quantitative Methods in Landscape Ecology*. New York (Springer) 1991.

Nicolis, G.; Prigogine, I. *Self-Organization in Nonequilibrium Systems*. New York (Wiley) 1977.

Nicolis, G.; Prigogine, I. *Exploring Complexity*. New York (Freeman) 1989.

Odum, H. T.; Pinkerton, R. C. *Time's Speed Regulator*. In: *American Scientist* 43 (1955) S. 321–343.

Schneider, E. D. *Schrödinger Shortchanged*. In: *Nature* 328 (1987) S. 300.

Schneider, E. *Thermodynamics, Information, and Evolution: New Perspectives on Physical and Biological Evolution*. In: Weber, B. H.; Depew, D. J.; Smith, J. D. (Hrsg.) *Entropy, Information, and Evolution: New Perspectives on Physical and Biological Evolution*. Boston (MIT Press) 1988. S. 108–138.

Schneider, E.; Kay, J. *Life as a Manifestation of the Second Law of Thermodynamics*. In: *Mathematical and Computer Modelling* 19/6–8 (1994) S. 25–48.

Schrödinger, E. *What is Life? The Physical Aspect of the Living Cell*. Cambridge (Cambridge University Press) 1944. [Aktuell lieferbare deutsche Ausgabe: *Was ist Leben? Die lebende Zelle mit den Augen des Physikers betrachtet*. München (Piper) 1993.]

Ulanowicz, R. E. *Growth and Development: Ecosystem Phenomenology*. New York (Springer) 1986.

Ulanowicz, R. E.; Hannon, B. M. *Life and the Production of Entropy*. In: *Proceedings of the Royal Society* B 232 (1987) S. 181–192.

Watson, J. D.; Crick, F. H. C. *Molecular Structure of Nucleic Acids*. In: *Nature* 171 (1953) S. 737–738.

13. Erinnerungen

Ruth Braunizer

Alpbach, Tirol

Ich bin keine Wissenschaftlerin und empfinde die Einladung, hier zu sprechen, als eine freundliche Geste gegenüber meinem Vater, der dadurch geehrt werden soll. Man möge daher entschuldigen, daß ich auf seine wissenschaftliche Arbeit nicht eingehe.

Im vergangenen Jahr wurde ich bei einem ähnlichen Anlaß in Paris aufgefordert, einige biographische Anmerkungen über das Leben meines Vaters zu machen, und mußte dabei gleich meine Zweifel am Wert biographischer Auslassungen anmelden. Biographien geben oft nur die Ansichten ihrer Verfasser wieder und dienen deren Absichten. Sie werden selten den behandelten Personen gerecht und führen eher dazu, diese in den Augen der Öffentlichkeit zu typisieren. Der so Beschriebene steht dann gleichsam als Denkmal auf einem Podest, bis jemand kommt, der sich ein Vergnügen daraus macht, auf die Schwächen und Fehler des Monumentalisierten hinzuweisen, als ob diese irgendeine Bedeutung hätten.

Voyeurismus ist die Mode unserer Zeit, und kaum eine Figur des öffentlichen Lebens, sei sie mehr oder weniger bedeutend, kann dem entkommen. Die wahre Geschichte von Erwin Schrödingers Leben muß jedenfalls erst geschrieben werden. Um wahr zu sein, wird sie allerdings nur Tatsachen beinhalten dürfen und auf romanhafte Erfindungen und Anbiederungen an den Publikumsgeschmack verzichten müssen.

Ein Ausspruch von Albert Einstein paßt gut hierher: »Das Wesen eines Menschen meiner Art liegt genau in dem, was er denkt und wie er denkt, und nicht in dem, was er tut oder erleidet.« Was E. S. dachte und wie er dachte, ist in der Welt der Physiker allgemein bekannt, und jeder, der die Sprache der Physik versteht, kann es lesen, nachvollziehen, interpretieren und, wenn er will, widersprechen oder zustimmen. Ich kann mich daran nicht beteiligen. Was es war, das ihn so denken ließ, wie er dachte, können wir nicht erraten. Wenn wir es könnten, so hätten wir die Antwort auf die grundlegende Frage des Lebens. Es wäre vermessen, machte ich auch nur den Versuch einer Erklärung. Was ich aber tun kann, ist zurückschauen und hervorheben, welche Einflüsse in seinem Leben entscheidend waren, und vielleicht erahnen, wonach er strebte.

Einen bedeutenden Einfluß hatte zweifellos das Wiener Milieu zwischen der Jahrhundertwende und den zwanziger Jahren. Da ich diese Zeit selbst nicht erlebt habe, konnte ich immer nur fasziniert den Erzählungen älterer Leute zuhören, wenn sie von jenen Jahren sprachen. De Tocqueville hat einmal gemeint, daß niemand, der die Zeit vor der Französischen Revolution nicht erlebt habe, sich vorstellen könne, wie das Leben damals gewesen war. Etwas Ähnliches könnte man wohl auch über die letzten Jahrzehnte des Habsburgerreiches sagen. Es gab ein unglaubliches Aufblühen des geistigen Lebens auf fast allen Gebieten, Dutzende berühmte Namen könnte man hier erwähnen. Die Wiener Universität und die Hochschulen waren ein geistiges Mekka. Es gab die österreichische Schule der Nationalökonomie, die österreichische medizinische Schule, da waren die Maler, die Komponisten, die Architekten, die Bildhauer, die Schriftsteller, die Schauspieler. Die stillen Gewässer des zu Ende gehenden Imperiums waren die Brutstätte für beinahe jede Form des Lebens, nicht zuletzt auch für die bis dahin größtenteils unbekannte Gemeinde der theoretischen Physiker.

Es gab ein ausgezeichnetes öffentliches Schulsystem, das eine möglichst umfassende Allgemeinbildung zum Ziel hatte. Der Schul- und Hochschulbesuch war finanziell erschwinglich, so daß auch Kinder aus ärmeren Schichten dieses Ziel erreichen konnten. Das Ergebnis war eine große Zahl von hochgebildeten Menschen, Männern sowohl als Frauen. Was immer für einen geistigen Beruf jemand aus dieser Zeit hatte, ob Arzt, Beamter, Ingenieur oder Seekapitän, er wäre in der Lage gewesen, zum Beispiel Plato oder Seneca im Original zu lesen, ohne Kommentar oder Wörterbuch. Um so besser beherrschten diese Menschen daher ihre eigene Sprache. An das mußte ich denken, als ich kürzlich den Brief eines jungen Physikers zu lesen bekam und mit wachsendem Erstaunen feststellte, daß der Text von grammatikalischen und Rechtschreibfehlern nur so strotzte. Formal fehlten ihm die Voraussetzungen für einen Hochschulbesuch. Es handelt sich jedoch um eine sehr vielversprechenden und talentierten jungen Wissenschaftler, dem ältere Kollegen eine interessante Zukunft voraussagen. Zu Zeiten meines Vaters hätte das System ihn bereits ausgeschieden gehabt oder ihn gezwungen, etwas für seine Bildung zu tun.

Offensichtlich kann man in unserer Zeit auch etwas erreichen, ohne sich um diesen Aspekt der Kultur zu kümmern. Dieses Beispiel macht nachdenklich. Haben wir es einfach nur mit dem Ergebnis der Spezialisierung zu tun? Mein Vater mochte das Spezialistentum nicht und wollte in jeder Weise Generalist sein. Aber war das eben nur die Einstellung seiner Generation oder war es doch auch etwas ganz Persönliches, Essentielles? Oder ist der erwähnte junge Physiker nur ein Beweis dafür, daß ein genialer Mensch sich unter allen Umständen durchsetzt?

Jedenfalls hätte mein Vater die Aufnahmsprüfung ins Gymnasium ohne gute Rechtschreibung nicht bestanden. Er hätte sich dann ein anderes Gebiet suchen müssen. Vielleicht wäre er ein berühmter Maler geworden; Schriftsteller wohl kaum. Aber wer weiß!

Wenn man allerdings die Bedeutung der Bildung für jene Zeit hervorhebt, so darf man andererseits nicht vergessen, daß 1914 die meisten Staaten von einer Schicht sehr gebildeter, kulturell hochstehender Menschen regiert wurden, die diese Geistigkeit noch dazu gemeinsam hatten. Trotzdem führten sie die Menschheit in die bis dahin größte Katastrophe der Geschichte. Man kann, dies alles so betrachtet, nicht mit Sicherheit sagen, ob sein hoher Bildungsgrad für Erwin Schrödingers wissenschaftliches Werk von entscheidendem Einfluß war. Für den Eindruck, den er als Mensch machte, war es aber jedenfalls so. Er war, was man früher einen Herrn nannte, mit feinen Manieren und liebenswürdig. In seiner Gesellschaft sehnte man sich nach den nie erlebten, alten Zeiten.

Sehr bestimmend war der Einfluß seiner Eltern. Da war die englischstämmige Mutter, deren Zweisprachigkeit und Weltläufigkeit sich auf ihn übertrugen. Sie war sehr musikalisch und spielte wunderschön Violine. Als sie im Alter von 54 Jahren an Brustkrebs starb, setzte sich in ihm der Gedanke fest, die Praxis des Violinübens könnte daran Schuld gewesen sein. Ihr Tod, dem der Tod des Vaters nur zwei Jahre vorausgegangen war, hinterließ in ihm eine tiefe Wunde. Er wandte sich von der Musik ab, der er vorher zugetan gewesen war.

Sein Vater leitete ein Familienunternehmen, dessen Gegenstand die Erzeugung und der Vertrieb von Wachstuch und Spezialtextilien war. Sein Herz aber gehörte der Wissenschaft und Kunst. Im französischen, wahren Sinn des Wortes war er ein Dilettant, was in Frankreich als etwas durchaus Respektables gilt. Man versteht darunter jemanden, der Geist und Talent besitzt und sich für alle möglichen Gebiete außerhalb seines eigentlichen Berufes interessiert. Er besaß auch eine große Bibliothek, derer der Sohn sich praktisch von dem Tag an, da er lesen konnte, frei bedienen durfte. Einige der wenigen, wirklich bitteren Klagen, die ich von meinem Vater hörte, war darüber, daß er diese Bibliothek nach seines Vaters Tod in einem unüberlegten Augenblick verkauft hatte.

Menschen, die man für etwas Besonderes hält und die berühmt werden, laufen Gefahr, wie schon erwähnt, unter Denkmalschutz zu geraten, zu Legenden zu werden. Etwas später kommen dann spitzfindige Historiker, die den Ehrgeiz haben, zu entdecken, daß die Legenden nicht stimmen. Generationen von Schulkindern in der deutschsprachigen Welt haben gelernt, daß die Worte »Mehr Licht!« das letzte waren, das Goethe von sich gab. Jetzt will man wissen, daß es ganz anders war, nämlich, daß er zu einer jungen Dame gesagt hat: »Frauenzimmerchen, gib mir noch einmal dein Pfötchen!« Zerstörte Legenden werden dann oft durch neue Legenden ersetzt. Sogar im engeren Familienkreis entstehen Legenden über Verstorbene. Sie formen die Erinnerung in oft unmerklicher Weise. Um trotzdem möglichst bei der Wahrheit zu bleiben, ist es recht nützlich, sich an einzelne Vorkommnisse und Sätze aus Konversationen zu halten, die im Gedächtnis hängengeblieben sind. Sie ergeben oft ein sehr deutliches Bild davon, was einer von sich selbst hielt oder wie er sich gerne gesehen hätte. Ich erinnere mich genau an eine solche Konversation, etwa zwei Jahre vor meines Vaters Tod. Es ging um die Fortschritte eines Kindes von Bekannten und darum, was dieses Kind etwa in Zukunft studieren solle. Da sagte mein Vater sehr abrupt und bestimmt: »Bevor ich wußte, welches Wissensgebiet ich wählen würde, wußte ich ganz bestimmt, daß ich Lehrer sein wollte!« Dieser Satz, in mein Gedächtnis gemeißelt, ist keine Legende. Er gibt vielmehr den Blick frei auf den wirklichen Erwin Schrödinger. Der war nicht nur, wie ich von vielen seiner Studenten weiß, ein wirklich guter Lehrer, der sich mündlich und schriftlich wunderbar klar und einfach ausdrücken konnte – da half wohl auch seine Vielsprachigkeit –, sondern der Lehrberuf bedeutete ihm noch viel mehr, nämlich die Grundlage für seine Arbeit. Indem er etwas vermittelte, ist er vorangeschritten.

Ich bin sicher, daß es viele Menschen gibt, vielleicht viele Millionen, die sehr oft wichtige und wunderbare Gedanken und Ideen haben. Großartige Theorien und Lösungen vieler Probleme sind in den Köpfen Tausender verschlossen. Es ist nur schade, daß sie niemals ans Licht kommen und immer wieder verlorengehen. Der, der sie hat, erkennt sie vielleicht gar nicht oder kann sie nicht ausdrücken oder verkünden. Der Lehrberuf als solcher hat nichts zu den Erkenntnissen meines Vaters beigetragen, denn Lehrer haben im allgemeinen auch nichts Gescheiteres zu sagen als andere Leute. Aber sein natürliches, starkes Verlangen, diesen Beruf zu ergreifen und als Vehikel für seine Ideen zu benützen, war wahrscheinlich ein Teil der Kraft, die ihn trieb.

Vor mehr als 50 Jahren kamen wir als Flüchtlinge nach Irland. Es gab damals viele Flüchtlinge, und leider hat sich ihre Zahl bis heute nicht verringert. Die Zeiten haben sich aber doch verändert, und wir dürfen die Hoffnung hegen, daß die Epoche der Gewalt und Vertreibung einmal zu Ende geht. Mein Vater, der selbst Flüchtling war, hätte ein Herz für alle, die ihre Heimat verlassen müssen, um ihr Leben zu retten. Er wurde zum Flüchtling, weil er sich öffentlich gegen das Nazi-Regime aussprach. Hätte er es nicht getan, hätte er ruhig zu Hause bleiben und einer von Hitlers wissenschaftlichen Ratgebern werden können, die das Regime heil überstanden und auch nachher weder große Schwierigkeiten noch große Gewissensbisse deswegen gehabt haben.

Anders als Millionen jener armen Menschen, die wegen ihrer Herkunft verfolgt wurden, konnte er wählen. Er hätte bleiben können; doch er entschloß sich zu gehen. Und anders als andere Flüchtlinge wurden wir bevorzugt. Wir mußten nicht darum bitten, in einem fremden Land aufgenommen zu werden, nicht befürchten, abgewiesen zu werden. Wir wurden eingeladen und genossen Gastfreundschaft. Dafür werden wir Irland immer dankbar sein, seinen Menschen und besonders Èamon de Valera, meines Vaters großem Freund.

Ich habe dies schon bei vielen Gelegenheiten gesagt und freue mich, es hier zu wiederholen, mehr als ein halbes Jahrhundert später, bei diesem freudigen Anlaß in dieser schönen Stadt.

Index